高职高专畜牧兽医专业
示范建设丛书

GAOZHI GAOZHUAN XUMU SHOUYI ZHUANYE
SHIFAN JIANSHE CONGSHU

Animal
宠物疾病诊治

CHONGWU JIBING ZHENZHI

主　编　向邦全
副主编　徐茂森　雍　康　袁　听
编　者　王晓燕　向邦全　李思琪
　　　　袁　听　徐茂森　雍　康

西南师范大学出版社
国家一级出版社　全国百佳图书出版单位

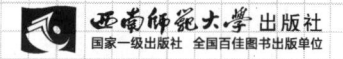

图书在版编目(CIP)数据

宠物疾病诊治 / 向邦全主编. -- 重庆：西南师范大学出版社，2014.6（2021.2重印）
ISBN 978-7-5621-6807-2

Ⅰ.①宠… Ⅱ.①向… Ⅲ.①宠物-动物疾病-诊疗 Ⅳ.①S858.93

中国版本图书馆CIP数据核字（2014）第121087号

宠物疾病诊治
向邦全　主　编

责任编辑：	陈志友　李　玲
封面设计：	李　懋
制作排版：	重庆三周文化传播有限公司
出版发行：	西南师范大学出版社
	地址：重庆市北碚区天生路2号
	市场营销部电话：023-68868624
	网址：http://www.xscbs.com
印刷者：	重庆荟文印务有限公司
开　　本：	787mm×1092mm　　1/16
印　　张：	12.75
字　　数：	322千字
版　　次：	2015年1月　第1版
印　　次：	2021年2月　第6次印刷
书　　号：	ISBN 978-7-5621-6807-2
定　　价：	38.00元

内容提要

《宠物疾病诊治》所指宠物主要是犬、猫。以项目导向和任务驱动的方式精选编写内容，突出项目和任务，打破以知识传授为主要特征的传统学科课程模式。全书共分7个项目82个工作任务。项目一介绍了犬猫的接近与保定方法、犬猫疾病的临床诊断技术、实验室检查技术和特殊检查技术；项目二较为详细地介绍了投药技术、注射技术、灌肠技术、穿刺技术、导尿技术、给氧技术、输血技术等治疗技术；项目三介绍了犬、猫常见手术的方法和注意事项。项目四至项目七详细阐述犬、猫常见的各科疾病（传染病、寄生虫病、内科、外科及产科病)的病因、发生与传播规律、症状、诊断处理和防治方法。

本教材内容全面，取材新颖，叙述简洁明了，实用性好，临床指导性强。编者在广泛收集国内外资料的基础上，结合多年从事宠物疾病的教学研究成果和临床经验，精心编写而成。既注重理论，更偏重实用，不仅能作为高职高专畜牧兽医、动物防疫与检验等相关专业师生的教材，也可供兽医临床工作人员、宠物诊所工作者、中职学校畜牧兽医专业师生以及犬、猫饲养者参考。

前言

随着社会的发展，时代的进步，人们物质、文化生活水平的提高，犬、猫或其他宠物已进入寻常百姓家庭。养犬、猫能调节精神，给人们带来无穷的乐趣，给老年人以精神慰藉，有利于人们的身心健康。随着犬、猫等宠物饲养的不断升温，全国各地宠物诊疗业也应运而生。我国传统的兽医行业历来以诊治畜禽疾病为主，从事宠物诊疗业的技术人才缺口很大，与之相适应的教材也不完善。为了教学所需，根据《教育部关于加强高职高专教育教材建设的若干意见》《教育部关于加强高职高专教育人才培养工作的意见》《教育部关于全面提高高等职业教育教学质量的若干意见》及课程标准等文件精神，在学院教材编委会的指导下，坚持"以服务为宗旨，以就业为导向"的理念，集示范高职院校建设的成果，我们组织具有多年从事宠物疾病诊治和教学科研经历的教师及行业专家编写了本教材。

作为高职教材，在编写中我们以培养学生能力为目的，突出实践性，以项目导向和任务驱动的方式精选编写内容，突出项目和任务，打破以知识传授为主要特征的传统学科课程模式，让学生在完成具体项目和任务的过程中巩固和加深对理论知识的掌握，逐步培养学生学会利用临床诊疗的基本技能进行诊断和治疗宠物常见的疾病。教材尽力体现高职教育"重应用、重技能"的特点，叙述简洁明了，实用性、临床指导性强，力求使学生学习后就能对宠物临床诊疗有实际帮助和指导作用。教材的编写按宠物临床实际需要选择诊疗技能和疾病种类。重点介绍了目前宠物医院常用的操作技能和最新的诊治技术及临床上宠物的常见病、多发病的发病原因、发生规律、临床症状、诊断方法和治疗措施。本书不仅能作为高职高专畜牧兽医类、动物防疫与检验等相关专业师生的教材，也可供兽医临床工作人员、宠物诊所工作者，中职学校畜牧兽医专业师生以及犬、猫饲养者参考。

本教材所指宠物主要是犬、猫。教材编写分工：徐茂森编写临床诊断技术部分；向邦全编写前言、临床常用治疗技术、常见传染病诊治部分；袁昕编写常见外科手术部分；徐茂森、李思琪编写常见寄生虫病诊治部分；雍康编写常见内科病诊治部分；王晓艳编写常见外产科疾病诊治部分。全书由向邦全统稿，承蒙西南大学、重庆友好动物医院技术院长胥洪灿教授对全书进行审阅。

在编写过程中，得到了川、渝两地部分动物医院的支持，特在此表示感谢。

由于时间紧，编者水平所限，书中难免有错漏之处，望广大读者批评指正。

目录

项目一　临床诊断技术 …………………………………………………… 1
　　任务一　犬、猫的接近与保定 ………………………………………… 1
　　任务二　基本检查技术 ………………………………………………… 3
　　任务三　一般检查技术 ………………………………………………… 7
　　任务四　系统检查技术 ………………………………………………… 13
　　任务五　特殊检验技术 ………………………………………………… 18
　　任务六　实验室检验技术 ……………………………………………… 32

项目二　犬、猫临床常用治疗技术 ………………………………………… 49
　　任务一　投药技术 ……………………………………………………… 49
　　任务二　注射技术 ……………………………………………………… 50
　　任务三　灌肠技术 ……………………………………………………… 51
　　任务四　穿刺技术 ……………………………………………………… 52
　　任务五　导尿技术 ……………………………………………………… 53
　　任务六　给氧技术 ……………………………………………………… 54
　　任务七　输血技术 ……………………………………………………… 55

项目三　犬、猫常见外科手术 ……………………………………………… 57
　　任务一　睾丸摘除术 …………………………………………………… 57
　　任务二　卵巢子宫摘除术 ……………………………………………… 59

任务三　胃切开术 ·· 60
　　任务四　膀胱切开术 ·· 62
　　任务五　剖腹产术 ·· 63
　　任务六　肠管吻合术 ·· 65
　　任务七　眼球摘除术 ·· 67
　　任务八　犬断尾术 ·· 68
　　任务九　犬消声术 ·· 69
　　任务十　疝修补术 ·· 70

项目四　犬、猫常见传染病诊治 ······································ 73
　　任务一　犬瘟热 ·· 73
　　任务二　犬细小病毒病 ·· 76
　　任务三　犬传染性肝炎 ·· 79
　　任务四　犬冠状病毒病 ·· 81
　　任务五　犬轮状病毒感染 ·· 82
　　任务六　犬副流感 ·· 83
　　任务七　犬传染性气管支气管炎 ···································· 84
　　任务八　犬疱疹病毒病 ·· 85
　　任务九　狂犬病 ·· 86
　　任务十　猫泛白细胞减少症 ·· 87
　　任务十一　猫传染性腹膜炎 ·· 90
　　任务十二　沙门氏菌病 ·· 91
　　任务十三　大肠杆菌病 ·· 92
　　任务十四　巴氏杆菌病 ·· 94
　　任务十五　布氏杆菌病 ·· 95
　　任务十六　结核病 ·· 96
　　任务十七　土拉杆菌病 ·· 97
　　任务十八　犬埃里希氏体病 ·· 98
　　任务十九　诺卡氏菌病 ·· 99
　　任务二十　钩端螺旋体病 ·· 101
　　任务二十一　皮肤真菌病 ·· 102

项目五 常见寄生虫病诊治 ………………………………………………… 106
  任务一 蛔虫病 ……………………………………………………………… 106
  任务二 恶丝虫病 …………………………………………………………… 108
  任务三 华支睾吸虫病 ……………………………………………………… 110
  任务四 绦虫病 ……………………………………………………………… 111
  任务五 弓形虫病 …………………………………………………………… 112
  任务六 球虫病 ……………………………………………………………… 114
  任务七 体表寄生虫病 ……………………………………………………… 115

项目六 常见内科病诊治 …………………………………………………… 119
  任务一 胃扩张—胃扭转综合征 …………………………………………… 119
  任务二 胃炎 ………………………………………………………………… 121
  任务三 肠炎 ………………………………………………………………… 123
  任务四 肠便秘 ……………………………………………………………… 124
  任务五 胰腺炎 ……………………………………………………………… 126
  任务六 肝炎 ………………………………………………………………… 128
  任务七 感冒 ………………………………………………………………… 130
  任务八 气管支气管炎 ……………………………………………………… 131
  任务九 肺炎 ………………………………………………………………… 133
  任务十 心肌炎 ……………………………………………………………… 135
  任务十一 贫血 ……………………………………………………………… 136
  任务十二 肾炎 ……………………………………………………………… 140
  任务十三 膀胱炎 …………………………………………………………… 142
  任务十四 尿道感染 ………………………………………………………… 143
  任务十五 尿结石 …………………………………………………………… 144
  任务十六 日射病及热射病 ………………………………………………… 146
  任务十七 低血糖症 ………………………………………………………… 147
  任务十八 佝偻病 …………………………………………………………… 149
  任务十九 泌乳惊厥 ………………………………………………………… 151
  任务二十 中毒性疾病 ……………………………………………………… 152

项目七　常见外、产科疾病诊治 …… 160

　任务一　创伤 …… 160

　任务二　挫伤 …… 162

　任务三　骨折 …… 163

　任务四　关节脱位 …… 167

　任务五　椎间盘突出 …… 171

　任务六　脓肿 …… 172

　任务七　疝 …… 174

　任务八　直肠脱 …… 178

　任务九　耳病及眼病 …… 179

　任务十　皮肤病 …… 189

　任务十一　常见产科疾病 …… 190

参考文献 …… 193

项目一 临床诊断技术

知识目标

掌握犬、猫常用的诊断方法：保定、诊断。

能力目标

能在××主人协助下对犬、猫进行临床诊断。

任务一 犬、猫的接近与保定

一、接近

(一)接近的方法

接近动物时，应首先用温和的声音（最好是宠物名字）向动物打招呼，然后再接近。对于温顺的宠物可在其头颈部、腹部轻轻抓痒，使其安静后再进行检查；对于脾气暴躁的宠物应在主人的控制下尝试靠近，并且可以用食物或玩具诱导宠物安静。

(二)接近的注意事项

1. 接近动物前，应事先向宠物主人或有关人员了解动物有无恶癖，做到思想上有所准备。

2. 检查者应熟悉各种动物的习性，特别是异常表现(如瞪眼、龇牙咧嘴、低吼、鸣叫等)，以便及时躲避或采取相应措施。

3. 在接近动物前，应了解患病宠物发病前后的临床表现，初步估计病情，防止恶性传染病的接触传染。

二、保定

(一)犬的保定

1.嘴套保定法

嘴套有皮革制品和铁丝制品两种。选择大小合适的制品给犬戴在嘴上，即可防止咬人。根据诊疗工作的需要，令犬站立或侧卧，保定人员抓住脖圈，固定好头部，防止头部活动即可。如无嘴套，可用绷带代替，即用长 1 m 左右的绷带 1 根，在绷带中间打一活结圈套，将圈套从鼻端套至鼻背部中间，然后拉紧圈套，并将上下颌用绷带拴紧。

2.站立保定法

站立保定最好由犬的主人进行。其他人员保定时，声调要温和，态度要友善，举动要稳妥，避免粗暴的恐吓和突然动作。

保定人员要站于犬的左侧，面向头部，边接近犬，边用温和的声调呼唤犬，右手轻拍犬的颈部和胸下方或挠痒，左手用牵引带套住犬嘴。站立保定适用于一般检查。

3.倒卧保定法

使犬的一侧卧于手术台上，用细绳或绷带将两前肢和两后肢分别捆绑在一起，再用细绳将前后肢系紧在手术台上，以防犬骚动，助手按住犬头部，即可进行诊疗工作。一般静脉注射或局部治疗处理常用此法保定。但在腹部或会阴部进行手术时，常需采用仰卧保定法，即先使犬侧卧于手术台上，然后分别在四肢球节下方拴绳，并在手术台上拴紧，使四肢伸展，仰卧。另用一细绳将犬头保定于手术台上，防止活动，即可进行手术或其他诊疗措施。

4.颈钳保定法

对凶猛咬人的犬，可采用颈钳保定法。颈钳保定法需要一个合适的颈钳，其钳体用铁杆制成，钳柄长 90~100 cm，钳端由两个长 20~25 cm 的半圆形的钳嘴组成。保定时，保定人员手持颈钳，张开钳嘴并套入犬的颈部，合拢钳嘴后，手持钳柄即可将犬保定。此法对凶猛咬人的犬保定可靠，使用也较方便。它也适于捕捉处于兴奋状态的病犬。

5.化学保定法

它是应用化学药物使犬暂时失去正常活动能力，而犬的感觉依然存在或部分减退的一种保定方法。常用药物有：

(1)氯胺酮（又称凯他敏）：犬的肌肉注射量为 4~8 mg/kg 体重，3~8 min 进入麻醉状态，可持续 30~90 min。本剂属短效保定药物，最长不超过 1 h 可自然复苏。氯胺酮注入犬体后，心率稍加快，呼吸变化不明显，眯眼、流泪、眼球突出，口、鼻分泌物增加，喉反射不受抑制，部分犬肌肉张力稍增高。在恢复期，有的犬出现呕吐或跌撞现象，不久即会消失。氯胺酮具有用量小、可肌注、诱导快而平稳、清醒快、少呕吐及骚动等特点。应用时如发现犬的麻醉深度不够时，可随时增加药量，多次反复追补，均不会产生不良后果。

(2)速眠新：使用剂量为 0.04 mL/kg 体重，肌肉注射。本药使用方便，麻醉效果良好。其副作用主要是对犬的心血管系统有影响，表现为心动徐缓，血压降低，出现呼吸性窦性心律失常、房室传导阻滞等。用药量过大时，呼吸频率和呼吸深度受到抑制，甚至出现呼吸暂停现象。出现上述症状时，可用苏醒灵进行急救，用量为 0.1 mL/kg 体重，静脉注射。此外，还可使用新保灵系列制剂、眠乃宁、保定宁等进行药物保定。但上述两种药物使用更方便、成本更低、药效更好。

6.其他保定：伊丽莎白圈保定(项圈保定)。

(二)猫的保定

猫较善解人意，性情温顺，陌生人接触或在诊断和治疗时，会抓和咬人，因此给猫诊治时，应进行适当保定。其保定方法主要有徒手保定、猫袋保定等。

1.徒手保定法：轻摸猫的脑门或抚摸背部以消除敌意，然后用一手抓起猫颈部或背部皮肤，迅速用左手或左小臂抱猫或托起臀部，这样既方便又安全；如果捕捉小猫，只需用一只手轻抓颈部或腹背部即可。

2.猫袋保定法：猫袋可用人造革或粗帆布缝制而成。袋的一侧或两侧缝上拉锁，将猫装进去后，拉上拉锁，便成筒状；袋的前端装一根能抽紧及放松的带子，把猫装入猫袋后先拉上拉锁，再抽紧袋口，此时拉住猫露出的后肢。

三、注意事项

1.保定过程中不能造成人员受伤。
2.保定动物要确定牢固，防止挣脱、逃跑。
3.保定要易于解除。
4.保定过程中不能造成动物的伤害。
5.保定过程中要畜主配合。

任务二　基本检查技术

一、问诊

(一)应用

通过与宠物主人交流，了解宠物相关信息，进行病例记录，帮助诊断。

(二)主要内容

1.现病历

即关于现在发病的情况与经过。应重点了解。

(1)发病的时间与地点

发病可在饲前或喂后，使役中或休息时，舍饲时或放牧中，清晨或夜间，产前或产后等，不同的情况和条件，可判断不同的可能性疾病，并可借以估计可能的致病原因。

(2)发病后的表现

指发病后有关疾病现象，如腹痛、咳嗽、喘息、便秘、腹泻或尿血，乳房及乳汁变化，反刍情况等。必要时可提出某些类似的征候、现象。

(3)发病的经过

注意目前与开始发病时疾病程度的比较，是减轻或加重；观察症状的变化，又出现了什么新的病状或原有的什么现象消失；询问是否经过治疗，若治疗，则治疗情况如何等。有时还可以让有经验的畜主或饲养员估计可能致病的原因，这一点尤其对刚走上工作岗位的兽医来讲很重要。

(4)其他

包括饲养动物的来源及饲养期限、免疫接种、动物中同种动物有否类似疾病的发生、邻舍及附近最近是否有什么疾病流行等情况。这些对传染性疾病的诊断有重要意义。

2.既往史

既往史的主要内容是：患病宠物过去患病的情况，是否发生过类似疾病，其经过与结局如何。这些对现病与过去疾病的关系，对传染性疾病和地方性疾病的分析有很重要的意义。

3.饲养、管理

通过对动物的饲养、管理、使役与生产性能的了解，查找饲养、管理的失宜与发病的关系，也有利于制订合理的防治措施。

(1)饲料日粮的种类、数量与质量，饲喂制度与方法。

(2)畜舍的卫生和环境条件。

(3)动物的使役情况及生产性能。

二、视诊

(一)应用

1.用肉眼直接观察病犬、猫的整体状况或某些部位的状态。

2.利用各种诊断工具对犬、猫的内脏器官变化情况进行观察。

(二)方法

视诊的一般程序是先检视动物，判断其总的营养、发育状态，继而对患病的个体进行观察。个体观察一般应先距患病宠物一定距离，以观察其全貌，然后由前到后、由左到右地边走边看，围绕患病宠物行走一周，以做细致的检查；先观察其静止姿态的变化，再行牵遛，以发现其运动过程及步态的改变。

(三)主要内容

1.整体状态

如体格的大小、发育的程度、营养的状况、体质的强弱、躯体的结构、胸腹及肢体的匀称性等。

2.精神及体态、姿势与运动、行为

如精神的沉郁或兴奋，静止间的姿势或运动中步态的变化，有无腹痛不安、运步强拘或强迫运动等病理性行动等。

3.表被组织

如被毛状态，皮肤和黏膜的颜色及特性，体表的创伤、溃疡、疹疱、肿物等外科病变的位置、大小、形状及特点。

4.与外界直通的体腔

如口腔、鼻腔、阴道等黏膜的颜色改变及完整性的破坏，并确定其分泌物、排泄物及其混合物的数量、性状。

5.生理与病理活动

如呼吸动作及喘息、咳嗽、采食、咀嚼、吞咽、反刍等有无异常，有无呕吐、腹泻或排粪、排尿的姿态及粪便、尿液的数量、性状与混合物异常。

三、触诊

(一)浅表触诊法

1.应用

检查体表、心搏动、肌肉紧张性、骨关节肿胀变形等状况。

2.方法与内容

用手轻压或触摸被检部位，以确定从体表可以感觉到的变化。主要用于检查体表温度、湿度、局部炎症、肿胀性质及心脏的搏动；检查肌肉、肌腱、骨骼、关节变化；检查体表淋巴结的变化等。

(二)深部触诊法

1.应用

检查腹腔、盆腔脏器，以触感器官的部位、大小、敏感性及异常肿块等。

2.方法与内容

根据检查的目的不同可采用下面的方法。

(1)按压触诊法

检查者用手掌平放于被检部位(检查中、小动物时，可用另一手放于对侧而做衬托)，轻轻按压，以感觉其内容物的性状与敏感性。常用于检中、小动物的腹腔器官及其内容物。

(2)冲击触诊法

检查者用拳或手掌在被检部位连续进行2~3次用力地冲击，以感觉腹腔深部器官的性状。在腹侧壁冲击触诊感觉有回击波或振荡音，提示腹腔积液或肠管中存有大量液状内容物。

(3)切入触诊法

检查者用一个或几个并拢的手指，沿一定部位切入（压入），以感觉内部器官的敏感性。常用于检查肝、脾。

(4)直肠检查

具体内容见消化系统检查。

四、叩诊

对动物体表的某一部位进行叩击，借以引起其振动并发出音响，根据产生的音响的特征，去判断被检查的器官、组织的物理状态。

(一)应用

1.检查浅在的体腔(如胸腔与腹腔等)及体表的肿物，以判定内容物性状(气体或液、固体)与含气量的多少。

2.检查含气器官(肺脏、胃肠)的含气量及病变的物理状态。

(二)方法与内容

分为直接叩诊法与间接叩诊法。直接叩诊法是用一个或数个并拢且屈曲的手指，向动物体表的一定部位轻轻叩击。由于动物体表的软部组织（皮肤、肌肉、皮下脂肪等)振动不良，所以应用不多。间接叩诊法是在被叩击的体表部位上，先放一振动能力较强的附加物，而后向这一附加物体上进行叩击。间接叩诊主要有指叩诊法及槌板叩诊法。

叩诊音

叩诊动物体的不同部位时，可产生三种基本的叩诊音，即浊音、清音、鼓音。

1.浊音

叩诊厚层的肌肉部位(如臀部)及不含气的实质器官(如心脏、肝脏、脾脏)与体壁直接接触的部位时所产生的声音。

2.清音

叩诊正常肺区时所产生的声音。

3.鼓音

当小动物胃内臌气严重时，叩击所发生的声音。

三种基本音之间，可有程度不同的过渡阶段(如清音与浊音之间可有半浊音等)。

五、听诊

(一)应用

听诊是利用听觉去辨识音响的一种检查方法。常用于听取患病宠物的心音、呼吸音、胃肠蠕动音，呻吟、喘息、咳嗽、嗳气、咀嚼的声音等，以判别动物的病理状态。

(二)方法

听诊分为直接听诊法与间接听诊法。直接听诊是将耳直接贴于动物体表的相应部位进行听诊。具有方法简单、声音真实的优点，但因检查不方便，也不安全，临床应用较少。间接听诊是用听诊器听诊的方法。随器械的改进，现均用软质听诊器。

(三)内容

临床上听诊的主要内容包括心音的频率、强度、性质、节律以及有否附加的心杂音；

喉、气管以及肺泡呼吸音的频率、强度、节律、啰音、摩擦音和胃肠的蠕动音频率、强度及性质等。

(四)注意事项

1.尽可能选择在安静的室内进行

听诊时保持周围环境安静;防止听诊器胶管与手臂、衣服等的摩擦造成干扰。

2.听诊器的接耳端

要适宜地插入检查者的外耳道(不松也不过紧);接体端(听头)要紧密地放在动物体表的检查部位,但也不应过于用力压迫。

3.检查者在听诊时要注意观察动物的动作

如听呼吸音的同时应观察其呼吸活动。

六、嗅诊

通过嗅闻患病宠物的呼出气体、口腔的臭味以及分泌物、排泄物是否带有特殊臭味,判别相关病理状态。嗅诊不是临床上主要的检查方法,但是在特定疾病的诊断上有着重要的意义。如呼出气体及鼻液的特殊腐败臭味,提示呼吸道及肺脏的坏疽性病变;尿液及呼出气息的酮味,提示酮尿症;阴道分泌物的化脓、腐败臭味,可提示子宫蓄脓症或胎衣滞留等。

任务三 一般检查技术

一、全身状态的观察

观察患病宠物的全身状态,着重观察其体格与发育情况、营养程度、精神状态、姿势与体态、运动与行为的变化和异常表现。

(一)体格与发育

体格、发育状况一般可根据骨骼与肌肉的发育程度来确定。一般依视诊结果,可确定体格的大、中、小或发育良好与发育不良。

发育不良的患病宠物,常呈发育迟缓甚至发育停滞状态。一般可提示营养不良或慢性消耗性疾病(慢性传染病、寄生虫病或长期的消化紊乱)。

(二)营养程度

通常根据肌肉的丰满度,特别是皮下脂肪的蓄积量而判定,被毛的状态和光泽,也可作为参考。临床上一般可将营养程度划分三级,或以膘成来表示:营养良好(八九成膘);营养中等(六七成膘);营养不良(五成膘以下)。动物肌肉丰满,皮下脂肪充盈,被毛有光泽，躯体圆满而骨骼棱角不突出，乃是营养良好的标志。营养不良表现为消瘦，被毛蓬乱、无光，皮肤缺乏弹性，骨骼表露明显(如肋骨)。

(三)精神状态

可根据其对外界刺激的反应能力及其行为表现而判定。正常时中枢神经系统的兴奋与抑制两个过程保持动态的平衡。当中枢神经机能发生障碍时，兴奋与抑制过程的平衡被破坏，临床上表现为过度兴奋或抑制。兴奋时患病宠物对外界的轻微刺激表现强烈的反应，见于中毒病、营养代谢病（如钙缺乏症、维生素缺乏症等）、脑及脑膜的充血和颅内压增高等病症。精神抑制轻则表现为沉郁，对外界反应迟钝，常见于各种发热性疾病及消耗性、衰竭性疾病等；重则表现为嗜睡，甚至呈现为昏迷状态。

(四)姿势与体态

健康状态时，动物的姿势自然、动作灵活而协调。常见的病理状态有以下几种：

1.站立间的异常姿态

(1)木马样姿态

呈头颈平伸、肢体僵硬、四肢关节不能屈曲、尾根挺起、鼻孔开张、瞬膜露出、牙关紧闭等。

(2)站立困难

站立困难见于四肢发生病痛，如单肢疼痛则患肢呈免重或提起；多肢的蹄部剧痛(如蹄叶炎时)则常将四肢集于腹下而站立；如有肢体的骨骼、关节或肌肉的带痛性疾病(如骨软症、风湿症等)时，四肢常频频交替负重等；两前肢疼痛则两后肢极力前伸，两后肢疼痛则两前肢极力后送以减轻病肢的负重。

(3)站立不稳

指动物站立时呈躯体歪斜、四肢叉开或依墙靠壁而立的特有姿态，见于中枢神经系统疾病，特别是小脑受侵害的情况。

2.姿势、运动和行为

动物的种类不同，正常姿势也不一样。健康马、骡夜间休息时呈卧下姿势，偶尔于昼间卧地休息，但姿势很自然，常将四肢屈集于腹下，而呈背腹立卧姿势等。

(1)强迫躺卧姿势

强迫躺卧姿势见于四肢的骨骼、关节、肌肉的带痛性疾病；高度瘦弱、衰竭(如长期慢性消耗性病、重度的衰竭症等)；脑、脑膜的重度疾病、中毒病的后期；某些营养代谢紊乱性疾病等。

(2)瘫痪

四肢瘫痪见于脊椎炎、脑炎、肝性脑病、弓形体病、特发性和多发性肌炎、特发性神经炎、重症肌无力等；后肢瘫痪见于椎间盘突出、变形性脊椎炎、血孢子虫病；不特定瘫痪见于脑水肿、脑肿瘤及其他脑损伤。瘫痪多伴有后躯的感觉、反射功能障碍及粪、尿失禁等。

(3)痉挛

痉挛又称抽搐或惊厥。强直性痉挛见于破伤风、中毒、脑膜炎、癫痫、低血糖症、低血钙症；症状性痉挛见于脑炎、尿毒症等。热射病、甲状腺功能减退亦可引起抽搐。

(4)共济失调

指运动中四肢配合不协调，而呈醉酒状，行走欲跌、走路摇摆或肢蹄高抬、用力着地，步态似涉水样。见于脑脊髓的炎症或寄生虫病（如脑脊髓丝虫病等）；某些中毒以及营养缺乏与代谢紊乱性疾病；急性脑贫血（如大失血、急性心力衰竭或血管机能不全）等。

(5)盲目运动

无目的地徘徊，直向前冲、后退不止，绕桩打转或呈圆圈运动，或以一肢做轴而呈时针样动作。见于脑、脑膜的充血、出血、炎症或某些中毒性疾病（霉玉米中毒等）。

(6)跛行

运动过程中如用患肢着地，负重时因疼痛而表现有变化称为支跛；当患肢提举时有障碍者，称悬跛；兼而有之者称为混合跛。跛行多因四肢的骨骼、关节、肌腱、蹄部或外周神经的疾病而引起。

二、表被状态的检查

(一)被毛及羽毛

健康动物的被毛整洁、有光泽。被毛蓬乱而无光泽，提示缺乏营养，见于慢性消耗性疾病（如传染性贫血、内寄生虫病、结核病等）及长期的消化紊乱、代谢紊乱性疾病。局限性脱毛见于皮肤病，如真菌感染、细菌感染、螨病。

(二)皮肤的颜色

白色皮肤的患病宠物颜色变化容易辨识；有色素的皮肤不易分辨颜色变化。颜色变化主要表现为苍白、黄染、发绀及潮红，有时会出现出血斑点，其病理状态可视黏膜颜色变化而定。

(三)皮肤的温度、湿度及弹性

1.温度的检查

触诊动物躯干、股内等部位，判定皮温变化，触诊鼻端、角根、耳根及四肢的末梢部位，判定皮温分布的均匀性。全身性皮温增高见于热性病；局限性皮温增高提示局部发炎。皮温降低见于衰竭症、营养不良、大失血、重度贫血、严重脑病及中毒。皮温分布不均而末梢冷厥，见于重度循环障碍。

2.湿度的检查

多汗见于高热性病、中暑与中热（热射病与日射病）、剧烈疼痛性疾病、高度呼吸困难和中毒病等。

犬、猫的鼻镜，正常时湿润并附少许水珠。表现为干燥常见于发热病及重度消化障碍与全身病。严重时可出现龟裂，揭示犬瘟热、恶性卡他热等。

3.弹性的检查

将颈侧、肩前等部位皮肤捏成皱褶并轻轻拉起，然后放开，根据其皱褶恢复的速度判定皮肤弹性。拉起放开后，皱褶很快恢复平展，则皮肤弹性良好；恢复很慢，则皮肤弹性降低，见于机体严重脱水以及慢性皮肤病（如疥癣、湿疹等）。老龄动物的皮肤弹性降低，是自然现象。

(四)皮肤及皮下组织的肿胀

1.浮肿

触诊呈生面团样硬度且指压后留有指压痕，多见于胸、腹下的大面积肿胀或阴囊、阴筒与四肢末端浮肿。依发生原因可分为营养性、肾性及心性浮肿。营养性浮肿见于重度贫血或高度的衰竭（低蛋白血症）；肾性浮肿见于肾炎或肾病；心性浮肿见于心脏衰弱与末梢循环障碍。

2.气肿

触诊有捻发感，一般见于肘后、颈侧等处。颈侧的皮下气肿，常因肺间质气肿时空气沿气管、食管周围组织窜入皮下而引起；肘后的气肿可于附近皮肤损伤（裂创）后，随运动空气窜入皮下而引起。

3.脓肿、血肿、淋巴外渗

体表圆形肿胀，不同阶段触诊呈波动感或坚实感，多发于躯干（颈侧、胸腹侧）或四肢的上部。形成的原因不同，必要时进行穿刺抽取内容物来判别肿胀类别。

4.疝

常见疝有腹壁疝、脐疝、阴囊疝。分别表现为腹壁、脐部和阴囊部触诊呈波动感的肿胀。进行深部触诊可探索到疝孔，听诊时局部或有肠蠕动音。

体表肿胀还有骨质增生、肿瘤、淋巴结肿胀、肿瘤等。

三、可视黏膜的检查

健康动物的可视黏膜湿润，有光泽，呈微红色。动物种类不同，可视黏膜颜色稍有差别，在临床上常检查可视黏膜的眼结膜。现以眼结膜检查为例描述如下：

(一)检查方法

犬眼结膜检查常用两手拇指打开上下眼睑检查。检查眼结膜时，应进行两眼的对比。在判定眼结膜颜色时，应在自然光线下进行。

(二)颜色变化

眼结膜的颜色变化临床意义最为重要，眼结膜的颜色变化主要包括潮红、苍白、发绀、黄疸和出血。

1.潮红

结膜下毛细血管充血引起潮红。单眼潮红见于局部炎症；双侧均潮红见于眼病和全身循环障碍；弥漫性潮红见于各种热性病及某些器官、系统的广泛性炎症；树枝状小血管充血见于血液循环或心机能障碍。

2.苍白

结膜苍白见于各型贫血。急性发生见于大创伤、内出血或偶见于内脏破裂(如肝、脾破裂)；慢性见于慢性营养不良或消耗性疾病（如衰竭症、慢性传染性病或寄生虫病、贫血等)。贫血分为溶血性和再生障碍性，溶血性贫血结膜苍白的同时常带不同程度的黄染。

3.发绀

表现为结膜呈蓝紫色。见于呼吸困难（如上呼吸道高度狭窄），肺呼吸面积的显著减少（如各型肺炎、胸膜炎）而引起动脉血的氧饱和度增加，全身性瘀血，心脏机能障碍（如心脏衰弱与心力衰竭），某些毒物中毒、饲料中毒(如亚硝酸盐中毒等)或药物中毒等。

4.黄疸

表现为结膜黄染，见于肝实质的病变，胆管被结石、异物、寄生虫所阻塞，红细胞被大量破坏。

5.出血

表现为结膜上出现出血点或出血斑，提示出血性素质，见于血斑病、焦虫症等。

四、浅表淋巴结的检查

临床常检的浅表淋巴结有：下颌淋巴结、耳下及咽喉周围的淋巴结、颈部淋巴结、肩前及膝上淋巴结、腹股沟淋巴结、乳房淋巴结等。淋巴结的检查方法以触诊为主，必要时可配合应用穿刺检查。

淋巴结的病理变化主要表现为急性、慢性肿胀和化脓。

(一)急性肿胀

一般呈明显肿大，表面光滑，且伴有明显的热、痛（局部热、敏感）反应。

(二)慢性肿胀

一般呈肿胀、硬结、表面不平，无热、无痛，且多与周围组织粘连而固着，难于活动。

(三)化脓

淋巴结呈肿胀、热感、疼痛反应，触诊有明显的波动。如配合进行穿刺，则可吸出脓性内容物。

五、体温测定

(一)方法

1.将水银柱甩至 35 ℃以下，用消毒棉球擦拭并涂以润滑剂。

2.位于被检动物的左侧后方，左手提起尾根并稍推向对侧，右手持体温表经肛门慢慢捻转插入直肠，再将其上的夹子夹于尾根上。

3.经 3~5 min 后，取出读数。

4.读数后，应甩动体温计，使水银柱下降至 35 ℃以下，并消毒擦拭干净，备下次再用。

(二)病理变化

1.体温升高

(1)过高热

体温升高 3 ℃以上，见于某些严重的急性传染病，如炭疽、脓毒败血症、日射病及热射病等。

(2)高热

体温升高2℃~3℃，见于急性感染性疾病与广泛性炎症，如巴氏杆菌病、败血性链球菌病、流行性感冒、急性胸膜炎与腹膜炎等。

(3)中等热

体温升高1℃~2℃，见于呼吸道、消化道一般性炎症及某些亚急性、慢性传染病，如小叶性肺炎、支气管炎、胃肠炎及布氏杆菌病等。

(4)微热

体温升高0.5℃~1℃，见于局限性炎症，如感冒等。

2.体温降低

体温低于常温，主要见于某些中枢神经系统的疾病、中毒病、重度营养不良、严重的衰竭症、顽固性下痢、各种原因引起的大失血及陷入濒死期的患病宠物等。

3.热型变化

热型是将每日测温结果绘制成热曲线。根据热曲线特点，发热类型可分为稽留热、弛张热和间歇热。

(1)稽留热(图1-1)

体温升高到一定高度，可持续数天，而且每天的温差变动范围较小，不超过1℃。见于纤维素性肺炎、炭疽等。

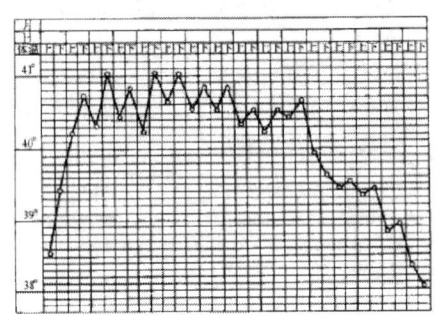

图1-1 稽留热

(2)弛张热(图1-2)

体温升高后，每天的温差变动范围较大，常超过1℃以上，但体温并不降至正常。见于败血症、化脓性疾病、支气管肺炎等。

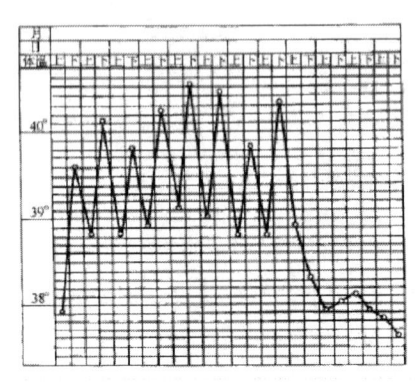

图1-2 弛张热

(3)间歇热(图1-3)

高热持续一定时间后，体温下降到正常温度，而后又重新升高，如此有规律地交替出现。见于慢性结核等。

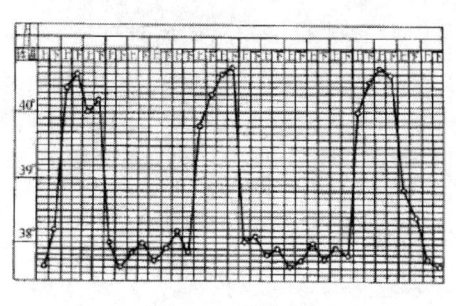

图1-3　间歇热

任务四　系统检查技术

一、心血管系统的检查

(一)心脏叩诊

心脏叩诊可判定心脏的大小、位置及有无疼痛等。叩诊方法见临床基本检查方法。

(二)心音的听诊

1.心音听诊的部位

在距房室瓣口和动脉瓣口较近处的胸壁相应部位听取心音最清楚，又称心音最佳听取点(如表1.1)。

表1.1　犬心音最佳听取点

畜别 \ 部位 \ 心音	第一心音		第二心音	
	二尖瓣口	三尖瓣口	主动脉口	肺动脉口
犬	左侧第五肋间	右侧第三肋间	左侧第四肋间	左侧第三肋间

2.正常心音

正常心音为类似"咚-嗒"的音响。第一心音称心缩音，是心室收缩时产生的音响，产生于心室收缩过程，与心搏动及动脉脉搏同时出现。第二心音称心舒音，是心室舒张时产生的音响，产生于心室舒张过程，与心搏动及动脉脉搏时间不一致。

犬的心音清晰，第一心音与第二心音的音调、强度、间隔及持续时间均大致相等。

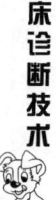

3.异常心音

(1)心音增强

第一心音增强,常见于大失血、重剧腹泻、休克及虚脱等动脉血压显著下降的病理过程。第二心音增强,通常由肺动脉及主动脉血压升高所致,可见于肺气肿或肾炎。

(2)心音减弱

第一、第二心音均减弱,可见于渗出性心包炎、心包积水、渗出性胸膜炎及胸腔积水等。第二心音减弱甚至消失是临诊常见的变化,常见于大失血、高度心力衰竭、休克与虚脱等,若同时伴有明显的节律不齐,常为垂危之兆,遇后谨慎。

(3)心音分裂

第一心音或第二心音变为两个音响。第一心音分裂,见于重度心肌损害而致的传导机能障碍;第二心音分裂,可见于主动脉口或肺动脉口一方的狭窄,或左、右任一心房、室间隔缺损等,也可见于重度的肺充血或肾炎。

(4)心杂音

心杂音是伴随心脏活动而产生的正常心音以外的附加音响。其分类与产生原因(见表1.2)。

表1.2 心杂音及其病理性原因

心内杂音		心外杂音	
器质性	机能性	摩擦音	拍水音
瓣膜闭锁不全、瓣膜狭窄	瓣膜相对闭锁不全、严重贫血	心包炎、纤维素肺炎、纤维素性胸膜炎等	心包积液、胸腔积液等

(5)心律失常

心律失常为心脏活动的快慢不均,心音的间隔、强弱不一。心律失常常见于心脏的兴奋性与传导机能障碍或严重的心肌损害。

心脏听诊

临床对心血管系统的检查以心脏听诊为主。检查心音的频率、强度、性质、节律及有无心杂音。主要内容见听诊部分。

(三)脉搏检查

在心室收缩期,有一定量的血液搏入动脉,在进入血液的冲击下,动脉壁被动地伸展而激起波动。

二、呼吸系统的检查

(一)呼吸动作检查

1.呼吸数

健康动物,每分钟的呼吸数,虽不绝对一致,但有一定的标准范围。在生病、运动、高温、兴奋、惊慌、采食或妊娠期间等,呼吸次数都有增加。

呼吸数可以通过观察胸廓起伏、鼻翼开张、腹壁运动、呼出气流或听诊气管、胸廓等方法检查。呼吸数增加，常见于肺脏、胸膜、心脏、胃肠疾病及兴奋性增高的神经性疾病。呼吸数减少，常见于产后瘫痪、脑膜炎、狂犬病的末期及其他大脑皮层功能受阻的脑部疾患。

2.呼吸类型

健康动物大多为胸腹式呼吸型，即吸气时，胸廓及腹壁开张，呼气时，胸廓及腹壁收缩。呼吸时，胸廓运动占优势，叫作胸式呼吸，见于膈肌破裂、膈肌创伤、膈肌炎、膈肌麻痹、胃扩张、肠臌气、肝肿大、腹水以及急性腹膜炎等疾病。呼吸时，腹壁运动占优势，叫作腹式呼吸，见于胸膜炎、肋骨骨折、肋间肌炎、胸水、心包炎及严重的肺泡气肿等疾病。犬的正常呼吸式较为特殊，为胸式呼吸。胸腹式呼吸和腹式呼吸多见于胸膜炎、胸积水和肋骨骨折。

3.呼吸节律

吸气和呼气的时间比例为呼吸节律(如表1.3)。

表1.3 动物正常呼吸节律

动物	犬、猫
吸、呼比	1∶1.6

吸气后立即呼气，之后，有一极短的间歇，再吸气，这是正常而有节律的呼吸。病理性呼吸节律有吸气或呼气延长、陈-施二氏呼吸、库斯茂尔氏呼吸、毕欧特氏呼吸等。

(二)上呼吸道检查

上呼吸道检查包括呼出气、鼻液、鼻黏膜、喉及气管等的检查。

1.呼出气

健康动物呼出气无特殊臭味，两鼻孔气流相等。两鼻孔呼出气流不一致，或只用一鼻孔呼吸，见于鼻道狭窄或堵塞，如：鼻黏膜炎症、肥厚、肿胀，额窦蓄脓症及头部骨质疾病等。

2.鼻液

一个鼻孔有鼻液，见于一侧性鼻孔有炎症。鼻液混有血液见于急性鼻卡他（初期）、肺水肿等病。鼻液有泡沫混入或混有异物见于异物性肺炎，严重时期泡沫内也含有血液或脓汁。鼻液中含有多量白细胞时，呈黄油状，见于支气管或肺的化脓症、急性气管卡他（末期）、开放性鼻疽等。脓性鼻液见于细菌感染或鼻窦炎、齿槽脓漏引起的上颌窦炎时。

3.咳嗽检查

咳嗽是气管内有炎性分泌物或其他异物引起的一种复杂的反射动作。必要时可以用人工诱咳的方法来诊断。常见病理性咳嗽分为：

(1)干咳：见于喉和气管内有异物、慢性支气管炎、胸膜炎等。

(2)湿咳：往往随咳嗽从鼻孔喷出多量渗出物，当咳嗽后有吞咽动作时亦为湿咳，见于咽喉炎、支气管肺炎、肺脓肿等。

(3)稀咳：见于感冒、肺结核等。

(4)阵咳：见于急性喉炎、传染性上呼吸道卡他、上呼吸道异物及异物性肺炎等。

(5)痛咳：见于急性喉炎、喉水肿等。

4.呼吸音听诊

听诊时发现异常呼吸音，应在附近及对侧相应部位进行听诊，加以比较，确定其性质(如图1-4)。常见异常呼吸音及病理变化有以下几种：

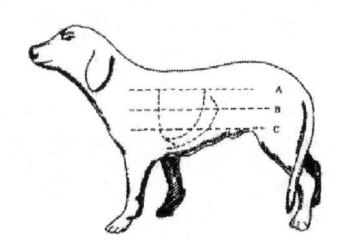

图1-4 犬呼吸音听诊区
A.髋结节水平线　B.坐骨结节水平线　C.肩关节水平线

(1)病理性肺泡呼吸音

肺泡呼吸音增强见于支气管肺炎和大叶性肺炎；肺泡呼吸音粗厉常见于支气管炎、肺炎等；肺泡呼吸音减弱可见于肺气肿、细支气管炎、肺炎、胸膜炎、大叶性肺炎(肝变期)及传染性胸膜肺炎等病变。

(2)病理性支气管呼吸音

常见于大叶性肺炎，在胸部听到异常明显的支气管呼吸音。

(3)啰音

根据病理性产物性状的不同可分为干啰音、湿啰音和捻发音。干啰音声音尖锐，似蜂鸣、笛音，是由于支气管分泌物黏稠或支气管黏膜肿胀、狭窄，气流通过时产生的音响。见于慢性支气管炎、结核等。湿啰音又称水泡音，其特征类似水泡破裂的声音，是由于支气管分泌物稀薄、呼吸时气流冲击而产生的音响。常见于支气管炎及支气管肺炎等。捻发音为一种极细微而均匀的噼啪音。捻发音常提示肺实质的病变，如肺泡炎症、肺充血、肺水肿等。

(4)胸膜摩擦音

可见于犬瘟热等。

三、消化系统的检查

(一)饮食欲的检查

饮食欲的检查包括食欲减退、食欲废绝、食欲不定、食欲暴进等。

(二)口腔检查

徒手或用开口器打开口腔检查唇颊黏膜、齿龈、牙齿、口盖、舌、口腔内的干湿程度、气味以及温度等。口腔干燥，多见于各种热性病和肠闭结；口腔湿润，多见于痉挛疝、口膜炎、唾液腺炎、中毒症等。

(三)咽部及食道检查

用手触摸咽部及食道外部，以了解是否发炎肿胀，食道及咽头有无其他异物阻塞等。

小动物可用手将嘴掰开检查。

(四)腹部检查

1.腹部视诊

观察腹围大小及局限性肿胀。

2.腹壁叩诊

胃内有大量食物积滞时，叩诊发浊音。腹腔两侧同时发现上界呈水平的浊音区，而且此浊音区随身体的变形而有变动，见于腹腔积液。

3.腹部触诊

犬、猫等中小动物的腹壁薄软，腹腔浅显，便于触诊。腹部触诊对胃肠道疾病、腹膜腔疾病及泌尿生殖道疾病的诊断十分重要。肝区触诊有助于急性肝炎诊断；胃触诊对胃扩张、胃内异物、胃炎及胃溃疡的诊断等具有重要意义。肠道触诊对于检查肠便秘、肠套叠、肠扭转、肠嵌闭、肠内异物等具有重要意义。此外，腹部触诊还可用于早期妊娠诊断。

4.胃肠蠕动音的听诊

听取胃肠的蠕动音，判定其频率、强度、性质以及腹腔的振荡音，借以判断动物的病理变化。

(五)直肠检查

适用于公犬前列腺检查、母犬发情鉴定和妊娠诊断等。

四、泌尿生殖系统的检查

(一)肾脏检查

动物的肾脏可用触诊和叩诊等方法进行检查，大动物比较可行的方法是通过直肠进行触诊，检查肾脏的大小、形状、硬度、有无压痛、活动性、表面是否光滑等。小动物则进行外部触诊，观察有无压痛反应、肾脏的敏感性等。

(二)膀胱的检查

大动物以直肠触诊的方法检查膀胱，膀胱位于盆腔的底部，空虚时触之柔软，大如梨状；中度充盈时，轮廓明显，其壁紧张，且有波动；高度充盈时，可占据整个盆腔，甚至垂入腹腔，手伸入直肠即可触知。

小动物可将食指伸入直肠进行触诊，或在腹部盆腔入口前缘施行外部触诊。检查膀胱时，应注意其位置、大小、充盈度、膀胱壁的厚度以及有无压痛等。

(三)尿道检查

对尿道可通过外部触诊、直肠触诊和导尿管探诊进行检查。

母畜的尿道，开口于阴道前庭的下壁，宽而短，检查最为方便。检查时可将手指伸入阴道，在其下壁可触摸到尿道外口；也可用金属制、橡皮制或塑料制导尿管进行探诊。

公畜的尿道，位于骨盆腔内的部分（连同贮精囊和前列腺）可在直肠内触诊；位于骨盆及会阴以外的部分，可行外部触诊。

(四)外生殖器官检查

公畜外生殖器官主要检查阴囊、睾丸和阴茎的大小、形状,尿道口是否有炎症、肿胀、分泌物或新生物等。

母畜外生殖器主要检查阴道和阴门。检查时可借助阴道开张器扩张阴道,观察阴道黏膜的颜色、湿度、损伤、炎症、肿物及溃疡。子宫颈的状态及阴道分泌物的变化对于诊断某些泌尿生殖器官疾病有重要意义。

五、神经系统的检查

同全身状态观察与视诊。

任务五 特殊检验技术

一、超声波检查

(一)超声波检查的基本原理

超声波是指振动频率在 20 000 Hz 以上,超过人耳听阈的声音。用于动物超声诊断的超声波是连续波(如 D 型)或脉冲波(如 A 型、B 型和 M 型),其频率多在 1.8~10 MHz。

1.超声波的发生与接收

(1)超声波的发生

利用压电晶体的压电效应,在仪器产生的高频交变电压作用下,压电晶体在厚度上产生胀缩现象,即机械振荡,成为超声波的声源,该振动引起临近介质形成疏密相间的波,即超声波。

(2)超声波的接收

当回声信号作用于压电晶体上时,相当于对其施加一外力(机械能),压电晶体两边将产生携带回声信息的微弱电压信号,将这种电压信号放大、处理之后,即能在荧屏上显示出用于诊断的声像图。

2.超声波的传播特点

(1)指向性:超声波在一定的距离内可沿直线传播,具有较强的方向性。

(2)反射与折射:当一束超声波入射到比自身波长大很多倍的两种介质交界面上时,就会产生反射与折射现象。超声波的反射与折射分别遵循反射定律和折射定律。反射和折射主要与入射角和声阻抗两种因素有关:入射角越大,反射角越大;声阻抗越大,反射越强,折射越弱。反之,亦然。

(3)散射和绕射:当超声波与直径小于其波长的微粒相互作用时,大部分超声能量继续向前传播,小部分超声能量被吸收后再向四面八方辐射声波,这种现象称为散射。散射时微粒成为新的声源。如果物体的界面大小与波长相接近,超声波将绕过障碍物而传播,称为绕射。人体组织内细微结构对超声波的散射和绕射回声是超声波成像的基础。

(4)衰减:超声波在介质中传播时,入射波随传播距离的增加而减少的现象称为衰减,其原因有反射、折射、扩散和吸收。

(二)超声波检查的类型

根据超声波回声显示方式的不同,兽医超声检查分为A型、B型、D型和M型四类,这也是超声检查最主要的分类方法。

1. A型超声检查法

A型超声检查法是将超声回声信号以波的形式显示出来,纵坐标表示波幅的高度即回声的强度,横坐标表示回声的往返时间即超声所探测的距离或深度。有些A型超声诊断仪将超声所探测的深度以液晶数字显示出来(如A型超声测膘仪)。A型超声检验法现主要用于动物背膘的测定。目前,动物临床极少使用。

2. B型超声检查法

此法又称超声断层显像法或辉度调制型超声诊断法,简称B型超声或B超。B型超声检验法是将回声信号以光点明暗,即灰阶的形式显示出来。光点的强弱反映回声界面反射和衰减超声的强弱。这些光点、光线和光面构成了被探测部位的二维断层图像或切面图像,这种图像称为声像图。因此本法是目前临床使用最为广泛的超声诊断法。用于兽医临床诊断的B型超声波诊断仪多为便携式仪器。其携带方便、易于操作。

3. M型超声检查法

此法是在单声束B型扫描中加入慢扫描锯齿波,使反射光点自左向右移动显示。纵坐标为扫描空间位置线,代表被探测结构所在位置的深度变化;横坐标为光点慢扫描时间。探查时,以连续方式进行扫描,从光点移动可观察被测物在不同时相的深度和移动情况。所显示出的扫描线称为时间的运动曲线。此法主要用于探查心脏,临床称其为M型超声心动图描记术。本法与B型扫描心脏实时成像结合,诊断效果更佳。

4. D型超声检查法

此法是利用超声波的多普勒效应,以多种方式显示多普勒频移,从而对疾病做出诊断。本法多与B型探查法结合,在B型图像上进行多普勒采样。临床多用于检测心脏及血管的血液动力学状态,尤其是先天性心脏病和瓣膜病的分流及返流情况,有较大的诊断价值。

(三)超声波检验的基本概念

1. 超声仪器基本概念

(1)主机和探头:主机主要由电路系统组成,包括由主控电路、高频发射电路、高频信号放大电路等组成的基本电路,显示器和记录部分,可配录像、照相和自动打印设备;探头,又称为换能器,是发射并回收超声波的装置,具有换能、定向、集束、聚焦和定额的作用。探头与超声波诊断仪的灵敏度、分辨力等密切相关,是超声波诊断仪的最重要组成部分。目前广泛使用的探头多为脉冲式多晶探头,通过电子脉冲激发多个压电晶片发射超声。

(2)聚焦:将声束中的超声能量会聚成一点的方法称为聚焦。有利于减小声束,提高横向分辨率。

(3)动态聚焦：使声束在整个深度范围均得以聚焦的方法，称为动态聚焦。为3点或4点聚焦，所聚焦点越多，成像速度越慢。

(4)增益：将超声波信号加以放大的方法称为增益。

(5)灰阶：即灰度(亮度)的等级。目前最大的灰阶范围是256级，一般B超仪取8~16灰阶。

2.超声图像基本概念

(1)无回声区：病灶或正常组织内不产生回声的区域。

(2)低回声：又称弱回声，为暗淡的点状或团块状回声。

(3)等回声：病灶的回声强度与其周围正常组织的回声强度相等或近似。

(4)中等回声：中等强度的点状或团块状回声。

(5)强回声：超声图像上非常明亮的点状或团块状回声。

(6)点状回声：即通常所说的光点。

(7)浓密回声：图像上密集且明亮的光点。

(8)实性回声：在图像上的某一区域，无厚壁和厚壁增强效应，可肯定为实性的回声。

(9)暗区：超声图像上无回声或仅有低回声的区域。

(10)声影：由于障碍物的反射或折射，声波不能到达的区域，即强回声后方的无回声区域。

(四)工作步骤

1.检查设备，建立外部工作环境，必须稳定电压在190~240 V；选用合适的探头。

2.打开电源，选择超声类型，调节辉度并聚焦。

3.动物保定，剪(剔)毛，涂耦合剂(包括探头发射面)。

4.扫描动物，调节辉度、对比度、灵敏度和视窗深度，对动物进行详细检查。当得到满意图像时，立即"冻结"使声像图定格，以便对探测到的图像进行观察和诊断。

5.存储图像，对图像进行编辑、打印。

6.关机，断电源。

(五)动物超声检查的特点

1.由于各种动物解剖生理的差异，其检查体位、姿势均各有不同，尤其是要准确了解有关脏器在体表上的投影位置及其深度变化，由此才能识别不同动物、不同探测部位的正常超声影像。

2.由于各种动物体表均有被毛覆盖，毛丛中存在有大量空气，致使超声难以透过。因此，在超声实践检查中，除体表被毛生长稀少部位(软腹壁处)外，均须剪毛或剃毛。

3.人为的保定措施，是动物超声诊断不可缺少的辅助条件。由于动物种类、个体情况、探测部位和方式的不同，其繁简程度不一。

4.兽医超声诊断仪不仅限于室内进行，而且应在动物畜舍或现场进行。为此要求超声诊断仪器功率要大、检测深度长、分辨率高、体积小、重量轻、便于携带及可使用直流或交直流两用电源。

(六)超声波检查注意事项

在超声探查中，有许多影响超声的透过和反射的因素，致使示波屏的影像失真，反射波数减少或波幅降低，难以做出准确的分析和判断，故其注意事项如下。

1. 耦合剂的选择

为使探头紧密接触皮肤，消除探头与皮肤之间的空气夹层所使用的一种介质称为耦合剂。临床上多选择与机体组织声阻抗率相接近，而且必须是对人畜无害、价格便宜、来源方便的物质。常用的耦合剂有蓖麻油、液体石蜡、凡士林或其他无刺激性的中性油类，还有多种优质商品超声胶已进入临床使用，这些产品使用方便而且效果好。

2. 皮下脂肪组织的衰减

各种动物或同种动物的不同个体，皮下脂肪的厚度不等，因此对超声的吸收衰减不同。此外，动物的品种、类型、肥胖程度等均对超声反射有不同影响。

3. 界面与探查角度

脉冲反射式超声，在相同的介质中，反射的强弱与探头面和被测界面是否垂直有密切关系。体内脏器并不处处与皮肤平行，因此在具体探查时要不断摆动探头，以便与被测脏器界面垂直。

4. 超声诊断仪性能要求

(1)电源性能稳定。外接电源电压上下波动10%对仪器灵敏度几乎无影响，持续工作3~4 h时仪器性能无改变。

(2)辉度和聚焦良好。在室内日常光照条件下，A型超声诊断仪波型清晰，B型超声诊断仪光点明亮。

(3)时标距离和扫描深度应准确且符合其机械和电子性能。

(4)探测灵敏度的确定与反射回波的多少及高低有密切关系。灵敏度过高，致使所有反射波和一些杂波被放大，于是波型密集，波幅饱和，无法分辨组织结构，易于误诊；灵敏度过低时，有些界面反射回波信号均被抑制，于是波稀少，波幅小，波型简单，同样不能完全反映组织结构的变化而造成遗漏。

(5)超声频率越高，波束的方向性越好，分辨力越强，但穿透力反而变弱，即组织吸收系数高；反之，频率低，方向性差，但穿透力较强。因此，当选择频率时，既要考虑穿透力，又要注意分辨率。一般在声波衰减不大的情况下，既要满足探测深度的要求，又要尽可能选用较高的频率。

(七)超声诊断仪的维护

1. 仪器应放置平稳，防潮，防尘，防震。

2. 仪器持续使用2 h后应休息15 min，一般不应持续使用4 h以上，夏天应有适当的降温措施。

3. 开机前和关机前，仪器各操作键应复位。

4. 导线不应折曲、损伤。

5.探头应轻拿轻放,切不可撞击;探头使用后应揩拭干净,切不可与腐蚀剂或热源接触。

6.经常开机,防止仪器因长时间不使用而出现内部短路、击穿以至烧毁。

7.不可反复开关电源(间隔时间应在 5 s 以上)。

8.配件连接或断开前必须关闭电源。

9.仪器出现故障时应请人排查和修理。

二、X 射线诊断技术

(一)X 射线诊断的应用原理

X 射线是一种电磁波,波长范围为 0.000 6~50 nm,用于医学诊断的 X 射线波长为 0.008~0.031 nm,X 射线以光速直线传播。无论是荧光透视或摄影检查,必须使检查的部位在荧光屏上或 X 射线片上所显示的组织器官与周围组织产生不同密度的对比阴影。因此,X 射线用于诊断主要取决于 X 射线的特殊性质、动物体组织器官密度的差异和人工造影技术的应用。

1.X 射线特性

(1)穿透作用:X 射线具有很强的穿透性。穿透能力与 X 射线的波长、被穿透物质的密度和厚度有关。X 射线管电压越高,波长越短,穿透力就越大;反之,管电压越低,波长越长,穿透力越弱。管电压以千伏(U_p)为单位。被穿透物质的密度与厚度越大,吸收的 X 射线越多,穿透能力越弱;反之,密度与厚度越小,吸收的 X 射线越少,穿透能力越强。这种特性是 X 射线用于检查的基础。

(2)荧光作用:当 X 射线照射到硫化锌镉、铂氰化钡等荧光物质时,可使之发出肉眼可见的荧光。当 X 射线透过动物体投射在含有上述荧光物质的荧光屏上时,就可以看到动物体内组织结构和器官的荧光影像。观察其荧光影像,就可进行疾病诊断,即透视检查。

(3)感光作用:当 X 射线透过动物体后投射到 X 射线胶片时,使 X 射线胶片感光,经暗室显影、定影处理后就可获得动物体组织和器官的 X 射线影像,观察其影像即可进行疾病诊断,即 X 射线摄影检查。

(4)电离作用:X 射线可使空气或其他物质发生电离,使其分子分解为正负离子。空气的电离程度与空气所吸收 X 射线的量成正比。

(5)生物学作用:经 X 射线照射后,有机体组织、细胞的生长可受到抑制、损害或破坏。损害的程度与细胞分化有关,分化程度低的细胞如生殖细胞、血细胞等,对 X 射线极其敏感;分化程度高的细胞如骨细胞,则对 X 射线的敏感性较差。因此,X 射线可用于肿瘤的放射治疗,但必须注意防护。

2.自然对比

当 X 射线通过动物体时,被吸收的 X 射线也必然会有差别,也就是 X 射线到达荧光板或胶片上时,要有不同的衰减差别。这种差别就可以形成黑白明暗不同的阴影。动物体中自然存在的差别,称为"自然对比"(图 1-5)。动物体的自然对比可分为四类。

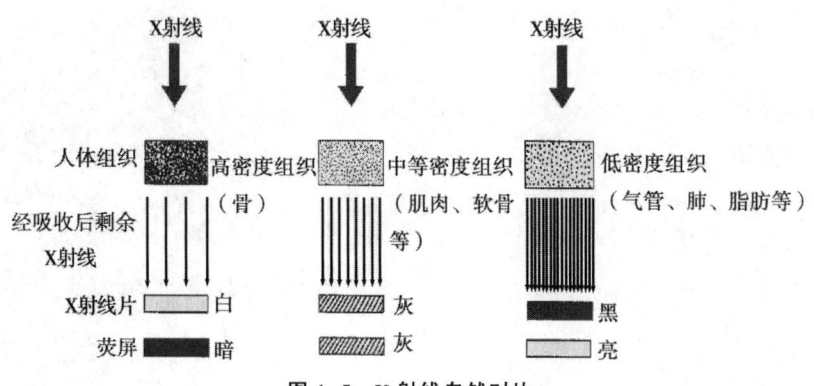

图 1-5　X 射线自然对比

(1)骨骼：含有 65%~70%的钙质，密度最大。X 射线通过时多被吸收，在照片上显示为浓白色的骨骼影像。

(2)软组织和体液：它们之间密度差别很小，缺乏对比，在照片上皆显示为灰白色阴影。如腹部的各种器官和组织，就不能清楚地看到它们的各自影像。

(3)脂肪：密度低于软组织和体液，在照片上呈灰黑色，如皮下脂肪阴影。

(4)气体：密度最低,呈黑色。如胸部照片可以清晰地看到两肺，甚至肺内的血管由于气体的衬托，可以显示出肺纹理，就是存在自然对比的结果。

3.人工对比

动物体内的大多数软组织和实质器官彼此密度差异不大，又互相连接或重叠，缺乏自然对比，用普通的 X 射线检查方法就不能区分其形态和结构，影像不易分辨。为了达到良好的影像效果，必须用人工的方法将高密度或低密度造影剂灌注到器官的内腔或其周围，改变器官内腔的密度，借此识别正常和异常，称为人工对比(也称造影检查)。

4.病理对比

动物体某些部位的病变，也可与周围正常组织形成不同密度的天然对比，根据病变的表现形式，作为 X 射线诊断的基础。如炎症、积液、增生或异物等，使病变部位的密度增加。另外，组织缺损、破坏或积气等，则使病变部位的密度降低。

(二)X 光机的类型

1.固定式 X 光机

组成：机头、悬挂支架、移动装置、视诊台、摄影台、高压发生器和控制台。

管电压：100~150 kV

管电流：100~500 mA

曝光时间：0.01 s

焦点：分大、小两个焦点

应用：大型动物医院，可做大、小动物的透视和摄影检查。

2.移动式 X 光机(图 1-6)

组成：机头、支架、控制台、底座、3 个或 4 个轮子

管电压：45~90 kV

管电流：50 mA、30 mA

曝光时间：0.1~6 s

焦点：一个

应用：中小型动物医院

3.便携式X光机(图1-7)

组成：机头、支架和小型控制台

管电压：45~75 kV

管电流：10 mA

曝光时间：0.2~10 s

焦点：一个

应用：小型动物医院，可做大动物四肢下部摄影检查和小动物全身检查。目前在许多宠物医院使用日本进口的高频便携式电脑全自动动物专用X光机。

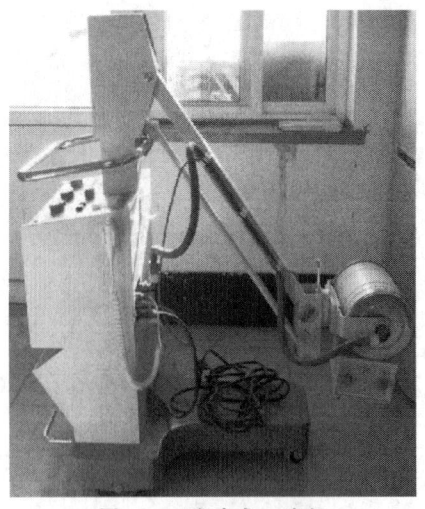

图1-6 移动式X光机

(三)造影

造影检查就是应用人工的方法介入对比剂（也称造影剂），造成密度明显增高或降低，使缺乏天然对比的组织器官或结构清楚显现，以便进行检查的方法。

1.造影剂的种类

X射线造影剂分为高密度造影剂和低密度造影剂。高密度造影剂，在照片上显示为白色阴影，也称阳性造影剂。如医用硫酸钡制成的钡糊、钡胶浆、混悬液以及用碘制成的碘化钠、碘化油和各种碘水(如泛影葡胺、胆影葡胺等)，其中最常用的有钡剂、碘剂等。低密度造影剂，在照片上呈黑色，又称阴性造影剂。常用的阴性造影剂有空气、CO_2、O_2等气体，其中最常用的是空气。不同的造影检查，需用不同的造影剂。有关造影剂的选择、浓度、用量和配制，应由专业人员决定，不可滥用，否则会影响造影效果，甚至会给患病动物造成危害。

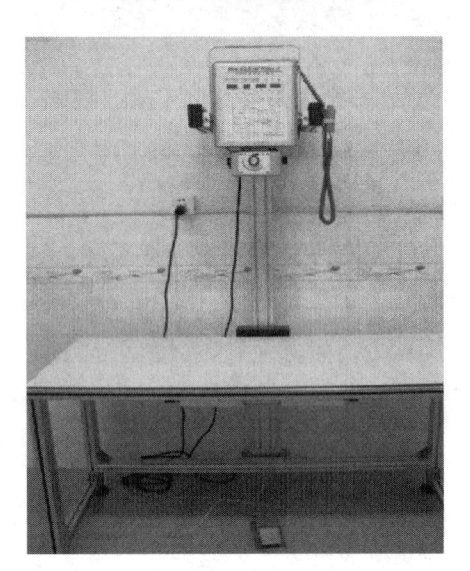

图1-7 日本高频便携式X光机

2.主要造影检查

(1)食管造影

适应证：食管肿瘤、憩室、扩张、狭窄、异物以及食管邻近器官的占位性病变。

准备：将硫酸钡配制成较稠的钡胶浆，硫酸钡与水之比约为1:1(m/v)并加1%~2%的阿拉伯胶或西黄蓍胶以保持良好的悬浮状态；投药管一根；漏斗一个。

方法：造影前动物禁食12 h。先将投药管经鼻或口插入食管内一定深度。然后接好漏斗，放低，并将硫酸钡悬浮液倾入漏斗内。在透视下，助手慢慢抬高漏斗，使钡剂沿食管徐徐移动,检查者通过荧光影像进行观察。发现异常时,可摄取局部食道照片。

(2)胃肠造影

适应证:胃及小肠病变,如肿瘤、炎症、溃疡、异物、憩室、肠梗阻、畸形等。

准备:检查前24 h内禁服影响胃肠功能或阻碍X射线透过的药物,如泻剂、收敛剂、碘钙剂等;动物禁食12 h以上;将硫酸钡配制成硫酸钡与水之比约为1∶(1~2)(m/v)的悬浮液。

方法:钡剂经插管灌入或经口灌服。可做站立侧位和正位、侧卧位透视检查。检查时对腹部进行推压,以详细观察胃黏膜情况,根据需要相隔一定时间进行复查。一般小肠造影隔0.5~1 h,结肠造影隔4~6 h。发现异常变化时,可做点片照相。

(3)结肠钡灌肠造影

适应证:对结肠肿瘤、息肉、局限性炎症和结肠套叠等有诊断价值。

准备:检查前禁饲24 h,造影前12 h投服轻泻剂,并于灌肠前用盐水洗肠,将内容物排净。

方法:将动物全身麻醉,灌注15%~20%(m/v)硫酸钡悬浮液,剂量根据动物大小而定。在透视下使钡剂充满结肠即可。必要时可注入适量的气体,行结肠双重造影检查。需要照相时行点片照相。

(4)膀胱造影

适应证:对动物的膀胱肿瘤、息肉、炎症、损伤、结石和发育畸形等有诊断价值。

准备:检查前禁饲12~24 h,灌肠排出结肠内粪便。

方法:膀胱内插导尿管,排尽膀胱内的尿液,并将血凝块和其他沉积物冲洗排尽。经导尿管注入5%~10%(m/v)泛影钠,剂量以适度充盈为宜。拍摄正位(腹背位)和侧位片。拍摄成功后放出造影剂,再注入等量空气作阴性造影检查。

(5)支气管造影

适应证:对支气管扩张、支气管狭窄、移位及支气管和肺肿瘤、慢性肺脓肿、肺不张等疾病有诊断价值。

准备:动物术前应用阿托品,并轻度地全身麻醉,同时准备气管导管一根。

方法:每次只能检查一侧支气管,以受检侧肺置于卧侧做侧卧保定,经鼻或口插管,透视下确定导管已经越过气管分叉进入支气管处止,即可缓慢注入40%的碘化油,边注边转动体位,透视下使造影剂均匀分布于各肺叶支气管后,拍摄侧位或背腹位片。另一侧支气管应在2 d后进行。

(6)脊髓造影

适应证:对犬、猫等中小动物椎管内占位性病变、椎间盘突出或蛛网膜粘连等疾病有诊断价值。

准备:动物全身麻醉,呈头高尾低,侧卧或伏卧保定,手术部位剪毛、消毒,铺消毒手术巾。

方法:犬脊髓造影时,根据检查目的,选择在小脑延髓池或腰部脊髓蛛网膜下腔穿刺(腰部多在L4-L5-L6水平位置穿刺),按0.30~0.45 mL/kg的剂量向脊髓蛛网膜下腔注入300 mg/mL的欧乃派克(也称碘苯六醇),通过调整动物体位以促进造影剂在蛛网膜下腔的分布，透视并适时摄取正、侧位片，必要时可摄取斜位片。

(四)工作步骤

1.透视

透视检查是利用X射线的穿透作用和荧光作用，观察X射线透过被检体后在荧光屏上显现出的荧光影像进行诊断的方法。

(1)透视前的准备

检查者应详细了解患畜的病情、临床诊断的初步意见，以及提出检查的目的要求。

透视前必须进行充分的眼睛暗适应。一般戴暗适应眼镜或在暗环境中适应10~15 min。

对动物进行所需体位的保定，清除被检动物体表上的泥沙污物以及敷料、油膏，尤其是高原子序数的药物如碘、汞等，以免造成伪影误诊。

根据被检动物的种类、被检部位及X光机的性能，确定适宜的透视条件。一般来说，管电压为50~70 kV、管电流2~3 mA、距离50~70 cm。

工作人员及助手必须穿防护用的铅胶皮围裙，戴铅胶皮手套，最好戴铅玻璃眼镜。

(2)检查方法

把荧光屏贴近动物体，对准被检部位，并与X射线中心垂直。

透视时，先适当开大光门，对被检部作全面观察，注意有无异常，然后再缩小光门，分区观察，一旦发现有可疑病变时，则缩小光门做重点深入观察。最后把光门开大复核一次并与对称部位比较。透视曝光时间由脚踏开关控制，每次曝光3~5 s，间隙2~3 s，可防止X射线管过热而受损坏，也可减少检查者眼睛的疲劳。

记录检查结果，必要时进一步做摄影检查。

(3)常用透视部位及应用

胸部：宠物可采取直立背胸位、直立侧位、俯卧位或侧卧位检查。常用于肺脏、心脏、胸腔疾患的诊断。

腹部：采取侧卧位、背腹位检查。动物若有胃肠道穿孔、胃内异物、肠内异物、肠套叠、膀胱结石时，普通透视可以明确诊断。

四肢：透视常用于检查有无骨折、关节脱位及软组织异物等，也可在透视下对骨折及关节脱位施行整复等。

2.摄影检查

摄影检查是利用X射线的穿透作用和感光效应，观察X射线透过被检体后在X胶片上形成的影像进行诊断的方法。摄片的一般步骤：

(1)摄片人员根据检查目的和要求，决定摄片方法、投照体位、遮线器种类、胶片大小、数目。胶片的大小与片夹相一致，摄片时将胶片装入带有增感屏的片夹内。通常摄正、侧位片，必要时再摄取斜位片。

(2)测量投照部位的体厚，确定曝光条件，即管电压(kV)、管电流(mA)、曝光时间(s)、焦点胶片距离(FFD)。

(3)尽量除去被检部位的敷料及污物。

(4)用铅号码统一编排X射线号、年、月、日、左右等标志，置于片夹上的一侧。

3.洗片技术

洗像包括显影、漂洗、定影、冲洗和干燥5个步骤，前三步在暗室内进行。

(1)显影

显影温度为18 ℃~20 ℃，显影时间为4~6 min。显影时一手拿起显影桶盖，另一手把夹好胶片的洗片架放入显影桶的药液内，上下移动数次再放好，把盖盖回。显影完毕即可取出。如无把握者，可在显影2~3 min后取出在红灯下短暂观察一次。发现曝光过度或曝光不足时，及时调整显影时间以图补救。

显影剂配方：取50℃温水800.0 mL，加入对甲基氨基酚3.5 g，无水亚硫酸钠60.0 g，对苯二酚9.0 g，无水碳酸钠40.0 g，溴化钾3.5 g，按顺序溶解后，加水定容至1000.0 mL。

(2)洗影

即洗去胶片上附着的残余显影液。显影完毕后取出胶片，滴回多余的药液于显影桶内，即置入洗影桶内清水中上下移动数次。

(3)定影

定影温度为18 ℃~20 ℃，定影时间为15~20 min。取出已洗影的胶片，滴去多余的清水，即放入定影桶内加盖定影。

定影剂配方：取温水(50 ℃)600.0 mL，加入硫代硫酸钠240.0 g，无水亚硫酸钠15.0 g，99%冰醋酸14.0 mL，硼酸7.5 g，钾矾15.0 g，按顺序溶解后，加水定容至1000.0 mL。

(4)冲影

定影完毕后，取出胶片，滴回多余的药液于定影桶内，即放入冲洗池内用缓慢流动清水冲洗30~60 min。

(5)干燥

冲洗完毕的胶片，取出后置于晾片架上晾干或在胶片干燥箱内干燥。胶片干燥后，从洗片架中拆下并装入封套，登记后送交兽医师阅片诊断并保存。

三、心电图检查技术

心电图检查是一项重要的特殊检查方法。在每个心动周期中，从窦房结发出的兴奋，按一定途径顺序向全心脏扩布。在兴奋传导过程中，在已兴奋部位与暂未兴奋部位的膜电位之间，或者在已复位部位与尚处兴奋状态的部位的膜电位之间存在电位差，机体中含有大量的体液和电解质，具有一定的导电性能，因而是一个容积导体。根据容积导体导电的原理，可以从体表上间接测出心肌的电位变化。利用心电图机（又称心电描记器）将机体表面的心电变化，描记于心电图纸上所得到的曲线图，称为心电图。心电图能够较精确地记录心脏激动的时序和过程，能够较清晰地描记激动通过心肌和传导组织每一过程中的电压变化和时间，因而对心律失常、心脏肥大、心肌梗死和电解质紊乱等心脏疾病的诊断具有重要意义。

(一)导联

电极在动物体表放置的部位不同，与心电图描记仪连接方式也存在差异，可以描记出波形、波向、电压不同的心电图。为了便于对不同病畜和同一病畜在不同时期的心电图进行比较，必须对电极在动物体表的放置部位以及与心电图描记仪正、负极的连接方法做出统一的规定。这种电极在动物体表的放置部位及其与心电图描记仪正、负极的连接方法，就称为导联。动物中常用的导联有双极肢导联、加压单极肢导联、单极胸导联、双极胸导联。

1.双极肢导联

由3个导联组成，它们分别以罗马数字"Ⅰ""Ⅱ""Ⅲ"表示。双极肢导联的电极放置部位和连接方法如下：

Ⅰ导联：心电图描记仪的正极置于左前肢内侧与胸廓交界处；负极置于右前肢内侧与胸廓交界处。

Ⅱ导联：心电图描记仪的正极置于左后肢膝内侧上方（相当于股内侧下方）；负极置于右前肢内侧与胸廓交界处。

Ⅲ导联：心电图描记仪的正极置于左后肢膝内侧上方；负极置于左前肢内侧与胸廓交界处。

以上3个导联的接地线电极均置于右后肢膝内侧上方。

2.加压单极肢导联

双极肢导联只是反映出动物体表两个部位之间电位差的变化，不能探测某一点的电位变化。加压单极肢导联描记出的心电图波形与单极肢导联的相同，但波的电压可增加50%，便于观察、测量与分析，因此，在临床实践中，加压单极肢导联已经完全代替了单极肢导联。加压单极肢导联的3个导联分别以符号"aVR""aVL""aVF"表示。

(1)aVR：探查电极的部位在动物右前肢，负电极的连接方法是，动物左前肢与动物左后肢电极各通过5 000 Ω电阻后相互连接。

(2)aVL：探查电极的部位在动物左前肢，负电极的连接方法是，动物右前肢与动物左后肢电极各通过5 000 Ω电阻后相互连接。

(3)aVF：探查电极的部位在动物左后肢，负电极的连接方法是，动物右前肢与动物左前肢电极各通过5 000 Ω电阻后相互连接。

3.单极胸导联

在兽医临床心电图学中，研究者根据各种动物心脏的解剖学位置和心肌除极化的特点设计了许多单极胸导联系统。

犬和猫的单极胸导联：

CV5RL：右侧第5肋间胸骨缘。

CV6LL：左侧第6肋间胸骨缘。

CV6LU：左侧第6肋间，肋骨与肋软骨连接处。

V10导联：背中线第7胸椎棘突处。

4.双极胸导联

根据心脏解剖学纵轴以及心肌除极化方向应与爱氏三角平面平行的原则，将原来放置在肢体上的肢导联电极R、L和F，移到胸(背)部的相应部位，使它们构成一个与心脏纵轴和心肌除极化方向平行的近似等边三角形，组成双极胸导联。

(二)心电图的组成与命名

动物的典型心电图模式及各波段的组成和命名见图1-8。

1.P波：P波代表左、右心房激动时的电位变化。P波的持续时间(P波时限)表示兴奋在两个心房内传导的时间。P波增大，表现为P波增宽、时限延长，主要见于交感神经兴奋、心房肥大、房室口狭窄等；P波呈锯齿状，见于心房颤动；P波分裂或重复，表示左、右心房不同时收缩，或激动沿心房壁传导时间延长，如心房局部病变；P波增高、尖锐，见于窦性心动过速；P波呈阴性，表示有异位兴奋灶存在。

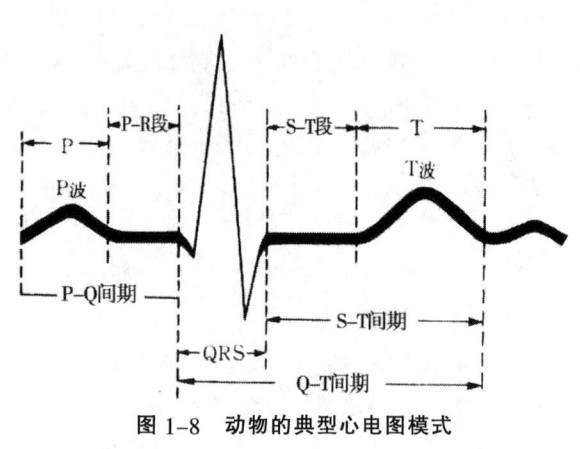

图1-8 动物的典型心电图模式

2.P-R段：P-R段是从P波结束到QRS综合波起点的一段等电位线，其距离代表心房肌除极化结束到心室肌开始除极化的时间，亦即激动从心房传到心室的时间。P-R间期延长，见于房室传导阻滞、迷走神经紧张度增高；P-R间期缩短，见于预激症候群，即在房室间激动传导中，除正常传导途径外，同时存在一个附加的传导路径，并快于正常传导系统，使QRS综合波提前。

3.P-Q间期：P-Q间期，又称P-R间期，是指从P波起点到QRS综合波起点的距离，其时限代表激动从窦房结传到房室结、房室束、浦肯野氏纤维，引起心室肌除极化的时间，相当于P波时限与P-R段时限之和。为了与P-R段相区别，并与以后的Q-T间期之间衔接，这一段距离以P-Q间期命名比以P-R间期命名更加合适。

4.QRS综合波：又称QRS波群或QRS复波，由向下的Q波、陡峭向上的R波与向下的S波组成，代表心室肌除极化过程中产生的电位变化。QRS综合波的宽度表示激动在左、右心室肌内传导所需的时间。

QRS综合波的波形极其多样化，而且在动物的正常心电图上常常不一定全部具有Q波、R波和S波3种波，可能具有其中的一种、两种或几种波。习惯上将先出现的向下的负向波称为Q波，向上的正向波称为R波，在R波以后出现的负向波称为S波。如在S波以后再出现一个正向波，则称为R′波，它的后面再出现的负向波称为S′波。如此类推，可能还有R″波和S″波。此外，还根据各波振幅的大小，用大写或小写的字母表示。QRS综合波中振幅最大的波称为主棘波。主棘波为正向的QRS综合波，波型有R型、qR型、qRs型、Rs型等；主棘波为负向的波型有QS型、Qr型、rS型、rSr′型等；主棘波为双向的波型有RS型、QR型等。

QRS时间延长，见于心室内传导障碍；QRS综合波振幅缩小，见于心脏功能不全、心肌损伤、心包积液；Q波增大或加深与心肌梗死有关。

5.S-T段：S-T段是指QRS综合波终点到T波起点的一段等电位线，相当于心肌细胞动作电位的2位相期。此时全部心室肌都处于除极化状态，所以各部分之间没有电位差而呈一段等电位基线。S-T段上升见于心肌梗死；S-T段下降见于冠状血管供血不足、心肌炎、贫血。

6.T波：T波系心室肌复极化波，代表左、右心室肌复极化过程的电位变化，相当于心肌细胞动作电位的 3 位相期。T波一般呈尖顶状或钝圆形，其上升支与下降支通常不对称，上升支坡度较小而下降支较陡峭。其意义尚待研究。

7.Q-T 间期（Q-T interval）：Q-T 间期是指从 QRS 综合波起点到 T 波终点之间的距离，其时限代表心室肌除极化和复极化过程的全部时间。Q-T 间期缩短，见于高钙血症；Q-T 间期延长，见于心肌缺血、瘀血性心功能不全。

8.R-R 间期：指前一心动周期 R 波的顶点(或 P 波的起点)到下一心动周期 R 波的顶点（或 P 波的起点）之间的距离，其时限相当于一个心动周期所需的时间。

(三)工作步骤

1.心电图的描记方法

(1)被检动物要绝缘，站立或卧于橡皮垫上，周围勿接触铁器，如有铁器应缠以薄橡皮。置放电极部位要剪毛，并以酒精棉球充分擦拭脱脂，然后用鳄鱼夹电极牢固地夹持。

(2)连接电源、地线，打开电源开关，校正标准电压。标准电压以 1 mV 使描记笔上下摆动 10 cm 为宜，此时 1 mm 相当于 0.1 mV。

(3)连接肢导线，并将肢导线的总插头连于心电图机上。肢导线要按如下规定连接，切勿接错。

红色导线，连接右前肢电极。

黄色导线，连接左前肢电极。

绿色导线，连接左后肢电极。

黑色导线，连接右后肢电极。

白色导线，连接胸导联电极。

(4)按下或转动导联选择器，基线稳定，无干扰时，即可描记。一般按 LⅠ、LⅡ、LⅢ、aVR、aVA、aVF、V1、V2 的顺序描记。每个导联描记 4~6 个心动周期，并打一个标准电压。

(5)描记完毕，关闭电源开关，旋回导联选择器，卸下肢导线及地线，并用铅笔在心电图纸上注明动物号及描记日期。

2.分析心电图的步骤

(1)按描记顺序将各导联心电图剪下，并依次贴好，各导联第一个心动周期的 P 波要对齐，以便观察。

(2)找 P 波，确定心律。当 aVR 导联 P 波为阴性、aVF 导联 P 波为阳性时，为窦性心律。

(3)测量 P-P 或 R-R 间期，计算心率，即：每分钟心率=60/P-P 或 R-R 间期(s)

(4)测量 P-R 间期及 Q-T 间期，测定 QRS 时限。

(5)检查各导联，注意 P 波、Q 波、QRS 综合波、S-T 段的形状、电压时间及其互相间的比例有无变化，S-T 段有无移位等，并结合临床，做出心电图诊断。

四、内窥镜检验技术

内窥镜是用来直接观察动物内腔并能进行手术的医疗器械，在微创外科手术中起着极为重要的作用，是疾病诊疗不可缺少的工具之一。内窥镜能够清晰地观察病变，并可摄影或录像、活检取材，提高了对病变部位的早期诊断水平，而且开辟了内窥镜治疗的新领域。早年内窥镜技术主要应用于大动物疾病的检查和治疗方面，近年来，随着动物医疗水平的提高，内窥镜在小动物诊疗方面的应用逐渐增多，目前国内外应用于犬、猫疾病方面的内窥镜主要有胃镜、结肠镜、腹腔镜、胸腔镜、肠镜及关节镜等。

(一)内窥镜的组成

电子内窥镜的主要结构由CCD耦合腔镜、腔内冷光照明系统、视频处理系统和显示打印系统等部分组成。

CCD耦合腔镜将CCD耦合器件置于腔镜先端，对腔内组织或部位进行直接摄像，经电缆传输信号到图像中心。

视频处理器的作用是将电子内窥镜CCD提供的模拟信号转换为二进制代码的数字信号，并可以用多种方式记录和保存图像，如：用录像机录制的方式保存清晰的动态图像；用35 mm照相机在监视器图像"冻结"的状态下拍摄并保存静止的图像；用激光光盘记录动态或静止的图像；用软盘记录静止图像。

(二)工作步骤

在使用之前，应先用清水清洗内窥镜，然后放在2%戊二醛溶液中浸泡20 min，然后用无菌水冲洗，去掉残留的戊二醛。

1.胃镜

胃镜主要用来检查胃及十二指肠的疾病，也可检查气管或食道异物，通过胃镜食物检查术评估动物对食物的敏感性。在许多例子中，在诊断胃或十二指肠上，用胃镜要比X射线照相术要好，这也包括鉴定在这个区域是否有异物。另外，内窥镜检查时，麻醉是比较安全的。

2.咽喉镜

方法：动物需横卧保定，并牢牢固定头部。先将器械在温水中稍加温，并涂以润滑剂。然后经鼻道插至咽喉部，并用拇指紧紧将其固定于鼻翼上。打开电源开关使前端照明装置将检查部照亮，即可借反射镜作用而通过镜管窥视咽喉内情况，如黏膜变化、有无异物、是否破裂、软骨陷没状况等。

3.肠镜检查

结肠镜检查主要应用于当犬和猫表现有大肠或直肠慢性疾病时，而回肠内窥镜检查则应用于动物表现有典型的大肠或小肠疾病时。直肠镜检查时，宜先灌肠并排空直肠内宿便，然后从肛门内插入直肠镜。

4.腹腔镜检查

局部按常规剃毛消毒，将腹部先以无菌手术切开小口，通过切口插进腹腔镜，打开光源，进行检查。利用腹腔镜可以观察腹膜颜色、光滑度，某些脏器（如肝脏）表面平滑度、颜色、是否肿大（边缘锐、钝情况）、有无肿瘤等。腹腔镜技术在兽医中用于非侵袭性的器官评估，包括肝脏、肝外胆道系统、胰腺、肾脏、脾脏、肠道和生殖泌尿道。腹腔镜尚可完成某些手术，如切取小片组织（如肿瘤）进行实验室检验等。器械用前及用后应清洗、消毒，按规定保存。检查后的动物也应做一般的护理。

5.关节内窥镜

犬的关节内窥镜是近10年中意义重大的技术和科学进步。关节内窥镜的进路和在治疗疾病中的应用被许多学者讨论。毋庸置疑，犬的关节内窥镜将极大地推动犬关节疾病的诊断和治疗。

任务六　实验室检验技术

一、血液学常规检验

1.红细胞计数与形态观察

红细胞(Red blood cell，RBC)计数

红细胞计数是将一定量供检血液经一定倍数稀释后，计算其一定容积内的红细胞数，并换算为每升血液内的红细胞含量。

(1)工作步骤

红细胞计数时血液的稀释方法有试管法和吸管法两种。目前临床上因使用和洗涤方便，多采用试管法：取小试管一支，准确吸取红细胞稀释液4.0 mL（按理应加3.98 mL）放于试管中，用沙利氏吸血管准确吸取20 μL血液用干脱脂棉擦吸管外多余的血液，然后将血红蛋白吸管插入已装稀释液的试管底部徐徐放出血液，反复吸、吹数次，以便吸出沙便氏吸血管中的血液，充分振摇试管，使血液与稀释液充分混合；取清洁、干燥的计数板和血盖片，将血盖片紧密覆盖于血细胞计数板上，并将血细胞计数板置于显微镜镜台上，用低倍镜先找到计数室，然后用沙利氏吸血管吸取已摇匀的稀释血液一滴，使吸管尖端接触血盖片边缘和计数室空隙处，释放的血液即可自然引入并充满计数室；计数室充液后，静置1~2 min，待红细胞分布均匀并下沉后开始计数。计数红细胞用高倍镜，一般计数中央大方格中四角4个及中央1个中方格(共5个中方格)，即80个小方格内的红细胞数。5个中方格内红细胞的最高、最低数相差不得超过±10%，否则表示血液稀释混合不匀。

红细胞在高倍镜下呈圆形、淡黄色、发亮。为避免重复和遗漏，计数时应按一定顺序进行。应用中央大方格分为25个中方格的改良牛鲍氏计数板时，压在双线上的红细胞都应计算在内；而应用划为16个中方格的牛鲍氏计数板时，三线只计压内线上的红细胞。两种计数板对于压在线上的红细胞，每格都只计处上方和左侧线上的，而压在下方和右侧线上的红细胞则均不计入。

计算按下列公式进行：

$$每立方毫米血液内的红细胞总数 = \frac{x}{80} \times 400 \times 200 \times 10$$

式中：x—计数5个中方格（即80个小方格）的红细胞数；
400—一个大方格，即1 mm² 面积内共有400个小方格；
200—稀释倍数；
10—血盖片与计数板之间的实际高度为1/10 mm，乘10后则为1 mm。
上式化简后为 $x \times 10\,000 =$ 红细胞数/mm³。
最后换算成红细胞 $\times 10^{12}$/L。

(2) 注意事项
①吸血样一定要准确；
②血液与稀释液混合要均匀；
③充液不能产生气泡；
④显微镜载物台要平放；
⑤计数时视野要暗；
⑥计数力求准确；
⑦计数板、沙利氏吸血管要洗净。

2. 血红蛋白含量测定

(1) 血红蛋白含量的测定（Hb, Hemoglobin）原理

红细胞遇酸溶解，游离出血红蛋白，并被酸化为褐色的酸性血红蛋白，稀释后与标准色柱比色，即可求出血红蛋白的含量。

(2) 工作步骤

沙利氏法：

取沙利氏比色管1支；

加入 N/10 盐酸（或3%的盐酸或冰醋酸）5滴；

用沙利氏吸血管吸取血液 20 μL（擦去管外黏附的血液）；

缓缓吹入沙利氏比色管内，勿使之产生气泡，反复吸、吹数次以利吸出沙利氏吸血管中的血液，轻轻振动比色管，使血液与盐酸充分混合；

静置 10 min，血液变成褐色后，缓缓滴加蒸馏水，每加1滴，用细玻棒搅动一次，直至颜色与标准色柱完全相同为止；

读取液柱凹面所指的刻度数，即为每 100 mL 血液中的血红蛋白克数。最后换算成每升血液中的血红蛋白克数（g/L）。

(3) 注意事项
①吸血量应准确；
②血红蛋白吸管中、比色管中均应避免产生气泡；
③搅拌应均匀，防止血液产生凝块；
④稀释时滴加蒸馏水，应多次逐滴加入，以免液体颜色淡于标准色柱颜色；
⑤室温静置时间不能低于 10 min，30 min 内应比色完毕；

⑥如测定管由有机玻璃制成，禁用有机溶剂（如酒精）洗涤；烘干时不应超过60℃。

(4)临床意义

红细胞数增多：见于各种原因所致的脱水，如剧烈呕吐、腹泻、大出汗、急性胃肠炎、肠便秘、肠变位、渗出性胸膜炎、日射病与热射病、某些传染病及发热性疾病等。肺慢性疾病、充血性心衰等缺氧也会引起单位体积血液内红细胞数增多。

红细胞数减少：见于各种原因引起的贫血、营养代谢病、血孢子虫病、白血病及恶性肿瘤等。此外，红细胞的生成不足或破坏增多也导致红细胞数显著减少。

3.白细胞测定

(1)白细胞(White blood cell，WBC)计数原理

用稀释液将红细胞破坏后，计算出一定容积内的白细胞，并换算成每升血液内的白细胞含量。

(2)工作步骤

白细胞计数的方法也有试管法和吸管法两种，临床多采用试管法：

取小试管一支，加白细胞稀释液0.38 mL，用沙利氏吸血管吸取被检血样20 μL，擦去吸管外多余的血液，吹入小试管的稀释液中，反复吸、吹数次，以洗净管内的血液，充分振荡混合，再用沙利氏吸血管吸取稀释的血液一滴，充入已盖好血盖片的计数室内，静置1~2 min后，低倍镜观察。

计数步骤与红细胞计数相同。但白细胞计数一般以低倍镜检视之。计数四角处4个大方格内的白细胞总数。

计算：

$$白细胞数=\frac{x}{4}\times20\times10$$

最后换算成"$\times10^9/L$"。

x——四角4个大方格内的白细胞总数。

$x/4$——一个大方格(面积为1 mm²)内的白细胞数。

20——稀释倍数。

10——血盖片与计数板之间的实际高度是1/10 mm，乘10后则为1 mm。上式化简后为$x\times50=$白细胞个数/mm³。

(3)注意事项

同红细胞计数。

(4)临床意义

见白细胞分类计数。

4.白细胞分类计数

(1)白细胞分类计数原理

白细胞分类计数(Differential count，DC)是将血液制成涂片，通过将各种类型的细胞应用染色的方法显示出细胞形态和着色特点，然后在油镜下进行分类，求出各种类型白细胞的比值(百分数)。

(2)工作步骤

①血涂片制作

取清洁、干净、脱脂的玻片数张做载片,选择边缘光滑、平整的载片作为推片。于动物的耳尖,针刺采血。用左手的大拇指及中指夹持载片,右手持推片。先取被检血一小滴,放于载片的一端,将推片倾斜 30°~40°角,使其一端与载片接触,并放于血滴之前,向后拉动推片,使之与血滴接触,待血液扩散开后,以均等速度轻轻向前推动推片,则血液均匀地被涂于载片上而形成一薄膜。

良好的血片,血液应分布均匀,厚度要适当。对光观察时呈霓虹色,血膜应位于玻片之中央,两端留有空隙,以便注明畜种、编号及日期。

②染色方法(常用瑞氏染色法)

将自然干燥的血片用蜡笔于血膜两端各划一道线,以防染色液外溢。置血片于染色缸水平架上,滴瑞氏染液于血片上,并记录其滴数,直至将血膜浸盖为止,染色 1~3 min 后,滴加等量的缓冲液或蒸馏水,轻轻吹动使之混匀,再复染 4~10 min,然后用水冲洗,干燥后,油镜观察。

③分类计数

先用低倍镜检视血片上白细胞的分布情况,一般是粒细胞、单核细胞及体积较大的细胞分布在血片的上、下缘及尾端,淋巴细胞多在血片的起始端。滴加香柏油,转过油镜头进行分类计数。

计数时,为避免重复和遗漏,可用四区、三区或中央曲折计数法,记录每一区的各种白细胞数。每张血片至少计数 100 个白细胞,连续观察 2~3 张血片,求出各种白细胞的百分比。

记录时,可用"白细胞分类计数器",也可先设计一表格,用画"正"字的方法记录,以便计算百分数。

(3)临床意义

①白细胞总数与中性粒细胞变化

由于外周血中细胞的组成主要是中性粒细胞和淋巴细胞,尤其是中性粒细胞数量最多,占白细胞的 50 %~70 %。因此在大多数情况下,白细胞的增多或减少,主要受中性粒细胞的影响。白细胞增多或减少通常与中性粒细胞的增多或减少有着密切关系和相同意义。嗜中性粒细胞增多,见于多数细菌性传染病初期、急性炎症过程、化脓感染等;嗜中性粒细胞减少,见于某些病毒性传染病、某些药物(如抗生素)中毒、许多严重疾病的末期等。分析嗜中性粒细胞的增减变化时,应特别注意核象的变化。未成熟的嗜中性粒细胞增多,即嗜中性髓细胞、幼稚型和杆状核嗜中性粒细胞的比例升高,称为核左移。白细胞总数增多的同时出现核左移,表示造血机能加强,机体处于积极防御阶段;而白细胞总数减少时见有核左移,标志着骨髓机能减退。分叶核嗜中性粒细胞大量增多,且核的分叶数目也较多,称为核右移,反映骨髓造血机能减退,遇后宜慎重。

②嗜酸性粒细胞变化

嗜酸性粒细胞增多,见于变态反应性疾病(如过敏反应)、寄生虫病(如肝片吸虫病、球虫病、旋毛虫病等)、皮肤病(如湿疹、疥癣等)以及某些恶性肿瘤等。嗜酸性粒细胞减少，见于毒血症、尿毒症、严重创伤、中毒、饥饿及过劳等。大手术后的5~8 h后，嗜酸性粒细胞常常消失，2~4 d后又常常急剧增多，临床症状也见好转。在长期应用肾上腺皮质激素后也可出现嗜酸性粒细胞减少的现象。

③嗜碱性粒细胞的变化

嗜碱性粒细胞由骨髓干细胞所产生，其生理功能中突出的特点是参与超敏反应。嗜碱性粒细胞的增多与减少比较少见，在外周血中本来不易见到，故其减少无临床意义。

④淋巴细胞变化

淋巴细胞增多，主要见于某些感染性疾病，如流行性感冒、结核、鼻疽、布氏杆菌病等，也可见于淋巴细胞白血病。

淋巴细胞减少常见于急性传染病初期。当嗜中性粒细胞绝对值增多时，伴随减少的常常是淋巴细胞，说明机体与病原处于激烈斗争阶段，以后淋巴细胞由少逐渐增多，常为预后良好的象征。

⑤单核细胞

单核细胞与中性粒细胞有共同的前体细胞即粒–单核细胞系祖细胞，在骨髓内经原单核细胞、幼单核细胞发育为成熟单核细胞而进入血液。成熟的单核细胞在血液中仅逗留1~3 d即逸出血管进入组织或体腔内，转变为巨噬细胞，形成单核–巨噬细胞系统而发挥其防御功能。单核细胞增多见于某些原虫性疾病如焦虫病、锥虫病，某些慢性细菌性疾病如结核、布氏杆菌病以及某些病毒性疾病等。单核细胞减少见于急性传染病的初期和各种疫病的垂危期。

二、尿液检验

1.尿液化学检查

(1)尿液酸碱反应的测定

取广泛pH试纸一条浸于被检尿液中，数秒钟后取出试纸条，根据此试纸条的颜色改变与标准色板比色以判定尿液的pH。

临床意义：尿液pH降低见于某些发热性疾病、长期饥饿（或营养不良）、酸中毒。尿液pH增高见于尿道阻塞和膀胱炎，代谢性碱中毒，摄入较多量乳酸钠、碳酸氢钠、枸橼酸钠等盐类。

(2)尿中蛋白质的检验

原理：蛋白质遇酸类物质可发生凝固或沉淀。

[硝酸法] 取中试管一支，加35%硝酸1~2 mL（20~40滴），再沿管壁缓缓滴加尿液，使两液重叠，静置5 min，观察结果。两液重叠而产生白色环者为阳性。白色环愈宽，表示蛋白质含量愈高，可用1~3个"+"号表示之。

[磺柳酸法] 取酸化尿液1~2滴置载玻片上或凹玻片中，滴加20%磺柳酸液1~2滴，在黑色背景下观察。如果有蛋白质存在，立即产生白色混浊。此法灵敏度高。

临床意义：蛋白尿见于急性肾炎、慢性肾炎、肾盂肾炎等肾脏器质性病变；重金属、有机溶剂、霉变饲料等引起的中毒性肾脏损伤；肿瘤、创伤、代谢性酸中毒、肾脏梗死等引起的肾病；急性热性传染性疾病；血红蛋白尿和肌红蛋白尿等。

(3)尿中葡萄糖的检验

原理：葡萄糖含有醛基，在热碱性溶液中，能将硫酸铜还原成黄色的氧化铜或砖红色的氧化亚铜。

健康动物尿中仅含微量的葡萄糖，一般化学试剂无法检出。若用一般方法能检出尿中含葡萄糖时，称之糖尿，表示机体的碳水化合物代谢障碍或肾的过滤机能严重破坏。

取普通试管一支，加班氏试剂 5 mL，加尿液 0.5 mL（约 10 滴），充分混合，加热煮沸 1~2 min，静置 5 min 后观察结果。

判断：管底若出现黄色或黄红色沉淀者为阳性反应。黄色或砖红色沉淀愈多，表示尿中葡萄糖含量愈高。亦可按下表估计葡萄糖的大约含量。

表 1.4　尿中葡萄糖的大约含量(g/L)

符号	反应	葡萄糖大约含量
−	试剂仍呈清晰蓝色	无糖
+	仅在冷却后才有微量绿色沉淀	5~10 g 以下
++	静置后，管底有少量黄绿色沉淀	10~20 g
+++	静置后，管底有大量黄色沉淀	10~20 g
++++	静置后，管底有大量砖红色沉淀	20 g 以上

注意事项：

①尿中如含有蛋白质，应把尿液加热煮沸，经过滤后再检验；

②尿液与试剂一定要按规定的比例加入，若尿液加得过多，由于尿中某些微量的还原性物质，也可产生还原作用而呈现假阳性反应；

③应用水杨酸类、水合氯醛、维生素 C 及链霉素治疗时，尿中可能有还原性物质而呈假阳性反应。

2.尿中潜血的检验

(1)原理：尿中的血红蛋白或红细胞被破坏后所产生的血红蛋白，有过氧化物酶的作用（但并非酶，因为被煮沸后仍有酶促作用），它可以分解过氧化氢而产生新的氧，使联苯胺氧化呈蓝色的联苯胺蓝。

(2)工作步骤

[联苯胺法] 取中试管一支，加联苯胺少许(约一刀尖)，加冰醋酸 2 mL，摇匀，加双氧水 2~3 mL，混合，加 4~5 mL 尿液，摇匀后观察。如液体变成绿色或蓝色，表示尿中有血红蛋白存在。本法简便且比较灵敏，但尿中含有大量磷酸盐时，可产生乳白色沉淀，影响结果判定。遇此情况，可选用下述"改良联苯胺法"。

[改良联苯胺法] 取中试管一支，加尿液 10 mL，加热煮沸以破坏可能存在的过氧化物酶，冷却后，加冰醋酸 10~15 滴，使尿液呈酸性，再加乙醚约 3 mL，加塞充分振摇，静止片刻，使乙醚分层（如乙醚层呈胶状不可分离时，可加入 95%乙醇数滴以促其分离），血红蛋白在酸性环境下可溶于乙醚内，取滤纸一小片，滴加联苯胺冰醋酸饱和溶液数滴，再在此处滴加上述乙醚浸出液数滴，待乙醚挥发后，再滴新鲜过氧化氢液 1~2

滴，观察结果。若尿中含有血液，滤纸上可显蓝色或绿色，其颜色深度与含量成正比。

根据颜色深浅，用1~4个"+"号报告结果（绿色+，蓝绿色++，蓝色+++，深蓝色++++）。

(3)注意事项：

①尿液应先加热煮沸，以破坏可能存在的过氧化氢酶，防止产生假阳性；

②所用试管、滴管等器材，必须清洁。

(4)临床意义：

血尿见于泌尿系统的炎症或肿瘤，如急性肾炎、输尿管炎、膀胱炎、尿结石、尿道炎、肾或膀胱内肿瘤；中毒性疾病、寄生虫病等。血红蛋白尿见于各种溶血性疾病，如溶血梭菌感染、钩端螺旋体感染、血液原虫病、新生仔畜溶血症等；大面积烧伤、中毒性疾病等。

3.尿沉渣的检查

(1)尿中的有机沉渣

①上皮细胞：肾上皮细胞，呈圆形或多角形。细胞核大而明显，核呈圆形或椭圆形，位于细胞中央。细胞质中有小颗粒。

肾盂及尿路上皮细胞：比肾上皮细胞大，肾盂上皮细胞呈高脚杯状，细胞核较大，偏心。尿路上皮细胞多呈纺锤形，也有呈多角形和圆形者，核大，位于中央或微偏心。

膀胱上皮细胞：为大而多角的扁平细胞，内有小而圆或椭圆形的核。

②血细胞、脓球及黏液：

红细胞：小而圆，淡黄褐色，无细胞核。

白细胞：比红细胞略大，有细胞核。

脓球：为变性的嗜中性分叶核粒细胞。结构模糊，细胞核隐约可见，常聚集成堆。

黏液：为无结构的带状物，被稀碘液染成淡黄色，比透明管型宽，称为假管型。

③管型(尿圆柱)

当肾脏发生病变时，经肾小球滤出的蛋白质于肾小管内变性凝固或由蛋白质与某些细胞成分相互黏合而形成的管状物，称为管型或尿圆柱。

依其结构分析：

透明管型：为大小长度不一、无色、均匀半透明、两端钝圆、两边平行的圆柱状体。一般平直或略有弯曲。偶尔可见到半透明柱状体上附有少量颗粒或细胞。

上皮管型：由脱落的肾上皮细胞与蛋白性物质黏合而成。能看到其中的细胞。

颗粒管型：为肾上皮细胞变性、崩解所形成的管型。细胞结构不明显，表面散在大小不等的颗粒。

红细胞管型：由红细胞与蛋白性物质黏合而成，是红细胞聚集在透明管型之中而形成的。

脂肪管型：为上皮管型和颗粒管型脂肪变性而成，是一种较大的管型，表面有脂肪滴和脂肪结晶。

蜡样管型：质地均匀，轮廓明显，具有毛玻璃样的闪光，表面似蜡块，长而直，很少有弯曲，较透明管型宽。

(2) 尿中的无机沉渣

①碱性尿中的无机沉渣

碳酸钙结晶：圆形，具有放射状线纹。此外有哑铃状、磨刀石状、饼干状等。

磷酸铵镁结晶：为多角棱柱体及棺盖状结晶，也有雪花片状或羽毛状。

磷酸钙(镁)结晶：为无定形浅灰色颗粒。有时呈三棱形，聚集成束。

尿酸铵结晶：为黄色或褐色，圆形，表面有刺突，类似曼陀罗果穗状。

②酸性尿中的无机沉渣

草酸钙结晶：为四角八面体，如信封状，有十字形折光体。

硫酸钙结晶：为长棱柱状或针状，有时聚集成束状、扇状。

尿酸结晶：为棕黄色的磨刀石状、叶簇状、菱形片状、十字状或梳状。

尿酸盐：呈棕黄色小颗粒状，聚积成堆。

(3) 工作步骤

制作尿沉渣标本常用新鲜尿液，以免管型和细胞成分发生破坏。

①取新鲜尿液 5~10 mL，以 1 000~1 500 r/min 的速度，离心 5~10 min；或静置 1 h，使其自然沉淀。

②弃去上清液，取沉淀物 1 滴，置于载玻片上，用玻棒轻轻涂布使其分散开来。加盖玻片，低倍镜观察。

③镜检时，宜将聚光器降低，缩小光圈，使视野稍暗，用低倍镜观察得到大体印象后再转换高倍镜仔细观察。

三、粪便检验

1.显微镜检查

(1)粪便中病理性混杂物的观察

粪便中除饲料残渣外，在病理情况下，混有血细胞、脓球、上皮细胞等。

红细胞：为小而圆、无细胞核的发亮物，常内散存在或与白细胞同时出现。

白细胞：为圆形有核、结构清晰的细胞，常分散存在。

脓球：结构模糊不清，核隐约可见，常常聚集在一起，甚至成堆存在。

上皮细胞：柱状上皮细胞来自肠黏膜，扁平上皮细胞来自肛门附近。

伪膜：形状大小不定，可看到细丝状结构，缺乏细胞成分。它是纤维蛋白原渗出后变成的纤维蛋白膜。

粪便中寄生虫卵的观察

原理：比重较小的线虫卵、绦虫卵及球虫卵囊等，可悬浮在饱和盐水中；比重较大的吸虫卵，可离心沉淀。用这些方法处理粪便，涂制在载玻片上观察。

观察：寄生虫虫卵大小不一致，观察时注意形状、大小、卵壳及卵盖、卵细胞等，按照寄生虫图谱所描绘的各种动物寄生虫虫卵进行辨认。

(2)工作步骤

①粪便中病理性混杂物的观察

粪便涂片方法

从粪便的不同部位采取少许粪块，置载玻片上，加少量生理盐水，用玻棒混匀并涂成薄片，以能透视书报字迹为宜，加盖玻片，用低倍镜观察整个涂片，然后用高倍镜仔细观察。

②粪中寄生虫卵的观察

[饱和盐水漂浮法] 取约 50 mL 的烧杯一个，加少量饱和盐水，用竹签挑取不同部位的粪便5~10 g，在饱和盐水中调成糊状，再加饱和盐水搅成稀水样，挑取大块粪渣，加饱和食盐水至满，覆以载玻片。静置 30 min 后，小心翻转载玻片，加盖玻片镜检。

[沉淀法] 取烧杯一个，加被检粪便 5 g，加 50 mL 水搅拌均匀，用金属筛过滤，滤液静置沉淀20~40 min，倾去上清液保留沉渣，再加水混匀，再沉淀，如此反复操作直到上层液体透明后，吸取沉渣涂片镜检。

(3)注意事项：

①涂片不能太厚，以能透视书报字迹为宜；

②先低倍观察，按上下左右方向逐次移动以检查全片，必要时转换高倍镜观察。

2.化学检查

(1)动物粪便正常 pH：草食动物的粪便呈碱性。

临床意义：粪便酸碱度与饲料成分及肠内容物的发酵或腐败过程有关。一般来讲草食动物的粪便偏碱性(马的粪便内部常呈弱酸性)，肉食动物的粪便偏酸性。胃肠炎症时，胃肠内蛋白质分解腐败旺盛时产生游离氨而使粪便呈较强的碱性；胃肠卡他时，胃肠内食物发酵过盛时粪便呈较强的酸性。

(2)粪便的潜血检验原理、结果测定及注意事项

原理与尿液潜血检验相同。

结果测定：

根据颜色的深浅及出现的时间，记录检验结果：

加试剂后立即出现深蓝色或深绿色者为最强阳性反应(++++)；

加试剂后出现浅蓝色，0.5 min 内渐现深蓝或深绿色者为强阳性反应(+++)；

加试剂 0.5 min 后，1 min 内出现绿蓝色者为阳性(++)；

加试剂 1 min 后，2 min 内出现绿色者为弱阳性反应(+)；

加试剂 2 min 后，5 min 内出现浅绿色者为痕迹反应(±)；

若 5 min 后仍不出现浅绿色者为阴性(-)。

(3)工作步骤

①粪便酸碱度的测定：

广泛 pH 试纸一条，用蒸馏水浸湿 (若粪便稀软则不浸湿)贴于粪便表面数秒钟，取下试纸条与 pH 标准色板进行比较，即可测得粪便的 pH。也可用"手指式酸度计"，将电极直接与粪球接触，即可读出 pH。

②粪便的潜血检验方法：

取绿豆大小的粪块，置洁净的载玻片上涂成直径约 1 cm 的范围 (粪便干燥时可加少量蒸馏水调和涂布)，将载玻片在酒精灯上缓缓通过数次，以破坏粪中的过氧化氢酶，冷

却后，滴加联苯胺冰醋酸液 10~20 滴及新鲜 30%过氧化氢溶液 10~20 滴，用玻棒搅动混合，将玻片置于白色背景上观察。

(4)注意事项：

①所有器材应清洁无血迹；

②一定要将粪便标本加热处理，以防出现假阳性；

③所有试剂宜新鲜配制，否则不易发生颜色反应。

临床意义：

胃肠道各部位的出血均表现为粪便潜血检查阳性结果，故见于各种原因引起的胃肠出血，如犬钩虫病等。

四、临床生化检验

1.血糖及血清蛋白质的测定

(1)血糖测定

原理：(邻甲苯胺法)葡萄糖在热的醋酸溶液中与邻甲苯胺结合成蓝色的西夫氏碱(Schiff base)(表 1-5)。

血糖测定的方法有化学法和自动生化分析仪测定等。

表 1.5 血液葡萄糖邻甲苯胺法操作试剂

试剂	空白管(mL)	标准管(mL)	测定管(mL)
邻甲苯胺试剂	5.0	5.0	5.0
血浆(或血清)	/	/	0.1
葡萄糖标准应用液	/	0.1	/
蒸馏水	0.1	/	/

混合后置沸水中加热 15 min。取出，用流水或冷水冷却。用 630 nm 进行光电比色。以空白管校正光密度到 0 点，读取各管光密度数。

计算：

(测定管光密度/标准管光密度)×150=葡萄糖 mg/100 mL

(2) 血清总蛋白测定(微量凯氏定氮法)原理：

血清蛋白质经强酸消化变为铵盐，以硫酸铵溶液为标准，两者同时加入纳氏试剂，比色，求得总氮量，减去非蛋白氮量，乘以系数 6.25，即得总蛋白量。

准确吸取血清 1.0 mL，置于 100 mL 容量瓶内，以 0.85 %氯化钠溶液稀释至刻度，混匀。

取普通试管，按下表操作：

表1.6 操作试剂

试剂	标准管	测定管	空白管
稀释血清(mL)	/	0.2	/
硫酸铵标准应用液(mL)	0.5	/	/
消化液(mL)	0.1	0.1	0.1
测定管加热(电炉、煤气灯)消化，待管中充满白烟，管口加玻璃，直至管底液体由黑变为透明为止。			
蒸馏水(mL)	3.5	3.5	3.5
纳氏试剂(mL)	1.5	1.5	1.5

混匀，将空白管调零，用440 nm进行光电比色，读取光密度值。

计算：

测定管光密度/标准管光密度×0.015×100/0.002=总氮 mg/100 mL

(总氮量−非蛋白氮量)×6.25/1 000=总蛋白 g/100 mL

注意事项：

①本法多用以鉴定标准血清的蛋白质，应取同一样品3~5份进行测定，求其平均值，冷却备用；

②显色后，测定管与标准管的色泽应该近似，否则要重新调整血清稀释倍数或减少血清的用量；

③"消化"关系到测定的成败，消化不足或太过，溶液均会变得混浊。

(3)血清白蛋白和球蛋白盐析测定法

原理：用盐析法沉淀血清中的球蛋白，用双缩脲法测定上清液中的白蛋白，同时测定血清总蛋白。血清球蛋白的量从两者的差值求得。

①总蛋白测定管的配制：取被检血清0.2 mL，置于10 mL试管内，加入球蛋白沉淀剂3.8 mL，塞住管口，反复颠倒混合10次(不宜过多)，然后吸取1.0 mL混悬液(相当于血清0.05 mL)置另一支试管内，作为总蛋白测定管。

②白蛋白测定管配制：剩余的混悬液另加入乙醚2.0 mL，捺住管口，在约20 s内颠倒混合40次，然后以2 500 r/min的速度离心沉淀5 min。此时试管内分成三层：上层为乙醚，中层为球蛋白，下层为澄清的白蛋白溶液。将试管斜置在桌面片刻或轻击试管，待球蛋白块片自管壁分离后，将1.0 mL吸管插入白蛋白液中，并吸取此溶液1.0 mL（小心、准确，且不可触及球蛋白块片)置另一试管内作为白蛋白测定管。

③标准管配制：取普通试管一支，加 NaCl 标准血清贮存液 0.2 mL（实际血量0.05 mL），加球蛋白沉淀剂0.8 mL，作为标准管。

④空白管配制：取普通试管一支，加球蛋白沉淀剂1.0 mL作为空白管。

⑤于上述总蛋白测定管、白蛋白测定管、标准管和空白管各管中分别加入双缩脲试剂4.0 mL。充分混匀后置室温暗处30 min，用540 nm进行比色，以空白管校正光密度至"0"点，读取各管光密度数。

⑥计算：

$$\frac{总蛋白测定管光密度}{标准管光密度} \times 标准血清蛋血质浓度（g/100\ mL）=血清总蛋白\ g/100\ mL$$

$$\frac{白蛋白测定管光密度}{标准管光密度} \times 标准血清蛋血质浓度(g/100\ mL)=血清白蛋白\ g/100\ mL$$

血清总蛋白－血清白蛋白＝血清球蛋白 g/100 mL

血清白蛋白÷血清球蛋白＝血清白蛋白与球蛋白比值(A/G)。

2.血清无机离子的测定

（1）血清钠的测定(焦性锑酸钾法)

原理：

利用焦性锑酸钾使钠沉淀，与同样处理的钠标准液进行比浊，求出血清钠的含量。

取普通试管三支，按下表操作。

表1.7　操作试剂

试剂	空白管	标准管	待测管
血清(mL)	/	/	0.1
钠标准液(mL)	/	0.1	/
蒸馏水(mL)	1.0	0.9	0.9
0.75%焦性锑酸钾溶液(mL)	1.0	1.0	1.0
无水乙醇(mL)	1.0	1.0	1.0
蒸馏水(mL)	2.0	2.0	2.0

混匀后,用530 nm进行光电比色,以空白管校正0点,读取各管光密度

计算：$\dfrac{待测管光密度}{标准管光密度} \times 0.3 \times \dfrac{100}{0.1} =$ 钠 mg/100 mL

注意事项：

①加入无水乙醇时应用力冲击和振摇，以快速形成沉淀；

②操作完毕后应立即比色，久置使沉淀颗粒变粗，影响光密度。

（2）血清钾测定(四苯硼钠比浊法)

原理：血清中的钾离子与四苯硼钠作用，形成不溶于水的四苯硼钾，其浓度与钾离子的浓度成正比，与同样处理的钾标准液比浊，即可求得血清中钾的含量。

无蛋白血滤液的制备：取小离心管一支，加待测血清0.2 mL，蒸馏水1.4 mL、10%乌酸钠0.2 mL、2/3 M硫酸0.2 mL，混匀，离心（3 000 r/min）5 min，取上清液按下表操作：

表1.8　操作试剂

试剂	测量管	标准管	空白管
无蛋白血滤液(mL)	1.0	/	/
钾标准应用液(mL)	/	1.0	/
1%四苯硼钠(mL)	1.0	1.0	1.0
蒸馏水(mL)	3.0	3.0	4.0

混匀，5 min 后，用 520 nm 进行光电比色，空白调"0"点，读取各管光密度。

计算：$\dfrac{测定管光密度}{标准管光密度} \times 0.02 \times \dfrac{100}{0.1} =$ 钾 mg/100 mL

注意事项：

①待测血样不能溶血，血清中不能混有血球；

②四苯硼钠药品应保存于阴暗干燥处，否则时间过长会逐渐变质；

③不同牌号或不同批次的四苯硼钠所显浊度不同，不同温度所显浊度也各不相同，因此不宜采用标准曲线，而应同时做测定管和标准管；

④四苯硼钠溶液混匀后应待 5 min 后，方进行比色。否则时间过早，其浓度尚未达到最高度。

(3) 血清钙测定(乙二胺四乙酸二钠滴定法)

原理：血清中的钙离子在碱性溶液中与钙红指示剂结合成可溶性的复合物，使溶液成深红色。乙二胺四乙酸二钠 (EDTA-2Na) 盐对钙离子的亲和力很大，能与该复合物中的钙离子结合，使指示剂重新游离，溶液呈现蓝色。故以乙二胺四乙酸二钠盐滴定血清钙时，溶液由红色转变成蓝色，即表示滴定终点，由此可计算出血中钙的含量。

取普通试管一支，加血清 0.25 mL，加 0.2 mol/L 氢氧化钠 2.5 mL，加钙红指示剂 2 滴，混匀，以 EDTA-2Na 溶液滴定至呈淡蓝色为止，记录 EDTA-2Na 溶液消耗量。

计算：

EDTA-2Na 溶液消耗量(mL)×0.1×100/0.25=EDTA-2Na 消耗量(mL)×40=钙 mg/100 mL

注意事项：

①钙指示剂种类繁多，不同指示剂所显滴定终点常不同，受血清中其他离子的干扰作用也不一样。钙红(钙-羟酸)指示剂终点明显，且不受镁离子等干扰；

②滴定所用的吸管刻度应精确，最好用微量滴定管。玻璃器皿应以蒸馏水洗涤，干燥而不附着钙质。

(4) 血清无机磷测定(磷钼酸法)

原理：

以三氯醋酸沉淀血清中蛋白质，血清无机磷仍保留在酸性滤液中。加钼酸试剂于滤液中，则与滤液中的磷结合成磷钼酸。再用氯化亚锡把它还原成蓝色的化合物钼蓝。与同样处理的标准液比色，求得无机磷的含量。

采血后尽快分离血清，取血清 1.0 mL，加 10% 三氯醋酸 4.0 mL，混匀，静置 1 min，过滤。每毫升滤液中含血清 0.2 mL，按下表操作：

表 1.9　操作试剂

试剂	标准管	测定管	空白管
无蛋白血滤液(mL)	/	1.0	/
磷酸盐应用标准液(mL)	1.0	/	/
蒸馏水(mL)	2.5	2.5	3.5
钼硫酸试剂(mL)	1.0	1.0	1.0
混匀后立即加入氯化亚锡应用液(mL)	0.5	0.5	0.5

混匀,静置 1 min,用 640~700 nm 进行光电比色,空白管校正"0"点,读取各管光密度。

计算：$\dfrac{测定管光密度}{标准管光密度} \times 0.01 \times \dfrac{100}{0.2} =$ 磷 mg/100 mL

注意事项：

①采血后应及时分离血清,并严防溶血,否则,其中的有机磷水解为无机磷,会使测定结果偏高；

②本项测定都用血清,如果急需结果,可改用血浆,但抗凝剂草酸钾每毫升血液不能多于 2 mg,以免影响最后显色结果；

③氯化亚锡为还原剂,其应用液应在临用时用贮存液稀释配制。

五、血清酶学检验

1.血清酶学检验

(1)血清乳酸脱氢酶(LDH)总活性的测定(以乳酸作为基质比色法)

原理：

以辅酶Ⅰ作为递氢体,LDH 可使乳酸脱氢生成丙酮酸,丙酮酸与 2,4-二硝基苯肼作用生成丙酮酸二硝基苯腙,后者在碱性溶液中显棕红色,颜色深浅与丙酮酸的浓度成正比,由此可以推算出 LDH 的活力。

取无溶血之血清,用生理盐水或蒸馏水作 1:5 稀释,然后按下表操作：

表 1.10　操作试剂

试剂	测定管	空白管
1:5 稀释血清(mL)	0.05	0.05
缓冲基质液(mL)	0.05	0.05
混匀,置 37 ℃水浴中 3 min		
辅酶Ⅰ溶液(mL)	0.1	/
立刻置 37 ℃水浴中 15 min		
2,4-二硝基苯肼(mL)	0.5	0.5
辅酶Ⅰ溶液(mL)	/	0.1
混匀,置 37 ℃水浴中 15 min		
0.4 mol/L 氢氧化钠(mL)	5.0	5.0

混匀,用440 nm进行光电比色,以测定空白管调整"0"点,读取各管光密度,全部比色应在5~15 min内完成,否则读数将会变低。然后查标准曲线,即得乳酸脱氢酶活力单位。

标准曲线的制备,按下表操作:

表1.11 操作试剂

试剂	空白	1	2	3	4	5
丙酮酸钠标准液(mL)	0	0.05	0.10	0.15	0.20	0.25
缓冲基质液(mL)	0.50	0.45	0.40	0.35	0.30	0.25
蒸馏水(mL)	0.15	0.15	0.15	0.15	0.15	0.15
2,4-二硝基苯肼溶液(mL)	0.5	0.5	0.5	0.5	0.5	0.5
混匀,37℃水浴中15 min						
0.4 mol/L氢氧化钠	5.0	5.0	5.0	5.0	5.0	5.0
相当于乳酸脱氢酶活力单位	0	500	1000	1500	2000	2500

混匀,用440 nm进行光电比色,以空白管校正光密度至"0"点,读取各管光密度,与其相应的单位作图,绘制标准曲线。

注意事项:

①红细胞内乳酸脱氢酶活力较血清内高100倍,故标本不能有丝毫溶血;

②草酸盐可抑制乳酸脱氢酶活力,故不能用草酸盐抗凝血浆测定;

③血清标本在冰箱内可保存数日,在室温中可保存48 h时,酶活力无明显改变。全血在室温中放置6 h,无溶血,不影响测定结果。

(2)血清碱性磷酸酶(ALP)测定(改良布登斯法)

原理:血清中存在的碱性磷酸酶在pH 9.3左右时,能将所加入的β-甘油磷酸钠水解成无机磷,然后测定无机磷总量,减去血清中原有的无机磷量和甘油磷酸钠试剂中的磷量,由所得无机磷的含量即可求得碱性磷酸酶的活力。

取小试管2支,分别标明"A"和"B",然后按以下步骤操作:

A管:血清0.1 mL,加已预温的基质0.9 mL,37 ℃保温60 min,取出后加入20%三氯醋酸1 mL,摇匀。

B管:血清0.1 mL,加入20%三氯醋酸1 mL,边加边摇匀,再加基质0.9 mL混匀。将以上两管放置10 min后,高速离心10 min,按下表操作:

表1.12 操作试剂

试剂	空白	标准	A管	B管
20%三氯醋酸(mL)	0.5	0.5	/	/
磷标准应用液(mL)	/	1.0	/	/
A管上清液(mL)	/	/	1.0	/
B管上清液(mL)	/	/	/	1.0
蒸馏水(mL)	4.5	3.5	4.0	4.0
钼酸试剂Ⅱ(mL)	0.25	0.25	0.25	0.25
氨萘磺酸试剂(mL)	0.1	0.1	0.1	0.1

混匀放 25℃暗处 8 min 后，以空白管调整"0"点，用 660 nm 进行光电比色，读取各管光密度。

计算：$\dfrac{A-B}{标准管光密度} \times 10 = $ 布氏（Bodansky）单位

布氏单位：即指 100 mL 血清与甘油磷酸钠基质混合在 37 ℃保温 1 h，血清中的碱性磷酸酶水解甘油磷酸钠，释放出 1 mg 无机磷，则称为一个布氏单位。

注意事项：
①基质贮存液放置冰箱保存可用 2 个月，时间太久，基质会自动水解一部分，影响结果；
②收集标本后应立即测定，若不能测定，一定要得到滤液，然后置冰箱中保存；
③所有血清标本必须不含红细胞，亦不能溶血；
④水解时温度和时间必须严格控制；
⑤显色后放置 8 min，立即比色，久放会发生混浊，室温高时更易发生。

(3) 血清丙氨酸转移酶（ALT）和天冬氨酸转移酶（AST）测定（赖氏法）

原理：血清中的丙氨酸转移酶作用于由丙氨酸及 α-酮戊二酸组成的基质产生丙酮酸和谷氨酸。血清中的天冬氨酸转移酶作用于天门冬氨酸（也称天冬氨酸）及 α-酮戊二酸组成的基质，产生草酰乙酸和谷氨酸。草酰乙酸在酸性环境中虽可自行脱羧成丙酮酸，但不完全，所以可加柠檬酸苯胺促其完全脱羧，以便与标准比较。丙酮酸与 2,4-二硝基苯肼反应生成丙酮酸 2,4-二硝基苯腙。丙酮酸 2,4-二硝基苯腙在酸性环境中呈现草黄色，加碱后显棕红色，与标准液进行比色，以计算出酶的活力。

标准曲线的制备：ALT 和 AST 不能用一个标准曲线，在制标准曲线时应分别加入基质液。取普通试管 6 支，按下表进行操作：

表 1.13 操作试剂

试剂	空白	1	2	3	4	5
0.1mol/L 磷酸盐缓冲液（mL）	0.1	0.10	0.10	0.10	0.10	0.10
丙酮酸钠标准液（mL）	/	0.05	0.10	0.15	0.20	0.25
ALT 或 AST 基质（mL）	0.50	0.45	0.40	0.35	0.30	0.25
相当于丙酮酸实质含量（μm）	0	0.10	0.20	0.30	0.40	0.50
相当于 ALT 活力（单位）	0	28	57	97	150	200
相当于 AST 活力（单位）	0	24	61	114	190	
置 37 ℃水浴中预温 5 min						
2,4-二硝基苯肼	0.50	0.50	0.50	0.50	0.50	0.50
置 37 ℃水浴中保温 20 min						
0.4 mol/L 氢氧化钠	5.0	5.0	5.0	5.0	5.0	5.0

混匀，10 min 后将试管从水浴箱中取出，冷却至室温。用 520 nm 进行光电比色，以蒸馏水调"0"，读取各管光密度。将各管光密度减去空白管的光密度，所得差值与其对应的酶活力单位数作图。每次制备标准曲线时应将试剂空白管读数的平均值记在标准曲线图上，供常规测定中校验试剂空白管用。

表 1.14 血清 ALT 或 AST 活力测定

试剂(mL)	ALT 空白	ALT 测定	AST 空白	AST 测定
血清	/	0.10	/	0.10
0.1mol/L 磷酸盐缓冲液	0.10	/	0.10	/
置 37 ℃水浴中预温 5 min					
已预温的 ALT 基质	0.50	0.50	/	/
已预温的 AST 基质	/	/	0.50	0.50
置 37℃水浴中	30 min		60 min	
2,4-二硝基苯肼	0.50	0.50	0.50	0.50
混匀,置 37 ℃水浴中保温 20 min					
0.4 mol/L 氢氧化钠	5.0	5.0	5.0	5.0

混匀,10 min 后将试管从水浴箱中取出,冷却至室温。用 520 nm 光电比色,以蒸馏水调"0",读取测定管和空白管的光密度。将测定管光密度减去空白光密度值后,查标准曲线,即得血清标本的酶活力单位。

注意事项:
①测定步骤、加试剂的量和保温时间均应准确,否则结果不准;
②基质中加入麝香草酚 0.1 g/100 mL 防腐,比用氯仿防腐效果好。

复习思考题

1. 宠物疾病临床诊断技术主要包括哪些内容?如何对犬、猫疾病进行正确的诊断?
2. 犬的常用保定方法有哪些?
3. 常见姿势异常有哪些表现?其临床意义如何?
4. 眼结膜颜色变化及其临床意义是什么?
5. 呕吐检查的内容有哪些?呕吐检查在犬、猫疾病诊断中有何意义?如何鉴别呕吐综合征?
6. 腹部触诊检查在犬、猫疾病诊断中有何作用?
7. 排粪动作及粪便检查的内容、异常现象及其临床意义有哪些?
8. 临床上如何判断心脏功能的好坏?
9. 犬猫等宠物肺部听诊音有何特点,常见的病理性呼吸音的种类、性质及其临床意义有哪些?
10. 简述常用特殊检查(内窥镜、X 射线、心电图、超声波检查)的适应证及操作方法。
11. 血常规检验的操作方法及诊断意义是什么?
12. 血液生化检验的操作方法及诊断意义是什么?
13. 尿常规检验的操作方法及诊断意义是什么?
14. 粪常规检验的操作方法及诊断意义是什么?

项目二 犬、猫临床常用治疗技术

知识目标

掌握投药、注射、灌肠、穿刺、洗胃、导尿、给氧、输血等治疗技术的应用、方法与注意事项。

技能目标

能在xx主人协助下对犬、猫实施投药、注射、灌肠、穿刺、洗胃、导尿、给氧、输血等治疗。

任务一 投药技术

一、拌食投药法

对有一定食欲的犬、猫,将无异味、刺激性小、用量少的药物与犬、猫最爱吃的食物拌匀,让其自行吃下去。为使犬、猫能顺利吃完拌药的食物,最好吃药前先让其饿一顿。

二、灌服法

指将药物强行经口灌入胃内的方法。灌服前,先将药物加入少量水,调制成泥膏或稀糊状。灌药时,将犬站立保定或侧卧保定,助手用手抓住犬的上下颌,将其上下分开,投药者用圆钝头的竹片刮取泥膏状药物,直接将药涂于舌根部,或用药匙将药直接倒入。

稀糊状的药物倒入口腔深部或舌根上,慢慢松开手,让犬自行咽下。药量较多时,站立保定,令助手拉紧脖圈并固定好上下颌,投药者一手持药瓶或金属注射器,一手从一侧打开口角,缓缓倒进药液让其自咽,咽完再灌。胶囊或片剂药物,可在打开口腔后,用药匙或竹片将片、丸剂、胶囊剂药物送到口腔深部的舌根上迅速合拢口腔,并轻轻叩打下颌,使犬将药物咽下。

需注意的是，经口灌药时，犬头不能抬得过高，并要固定好头部，嘴不可高于耳朵，灌药的动作要慢，要有耐心，切忌粗暴，以免灌入气管及肺内。对有刺激性的大剂量水剂药物，不适合口服。

三、胃管投药法

应用胃管投药时，先用一个有插胃管的小孔的开口器放入犬口内，投药者将涂有润滑剂的胃管或人用14号导尿管，自开口器的小孔内插入，随犬的吞咽动作将胃管推入食管内，再插入胃内，然后装上注射器，将药液通过注射器及胃管缓缓注入胃内。对大剂量的液体药物应用此法。

任务二　注射技术

一、皮下注射法

将易溶解、无强刺激性的药品及疫苗等注射于皮下组织内，经毛细血管、淋巴管吸收的注射方法。一般经5~10 min呈现效果。

1.部位

犬、猫在颈背部皮下组织较疏松的部位。

2.方法

局部剪毛消毒，用左手的拇指和中指捏起皮肤，食指压其顶点，使形成三角凹窝。右手持注射器，迅速将针头刺入凹窝中心的皮肤内，深2 cm左右，回抽注射器无回血时，注入药液。药液多时应分点注射，注射完毕拔出针头，局部涂以消毒剂。

二、肌肉注射法

指将刺激性较轻的药液和较难吸收的药液，注入肌肉丰富的部位的方法。

1.部位

脊柱两侧的腰部肌肉或股部肌肉。

2.方法

局部皮肤消毒，绷紧，将针头与皮肤成60°角刺入肌肉2~2.5 cm，抽拔活塞无回血后缓慢注入药液。注射完毕后，局部应再次消毒。

三、静脉注射法

将剂量较大且有刺激性的药液（如氯化钙、高渗葡萄糖液、高渗盐水等)注射到静脉血管内。

1.部位

前肢外侧静脉、后肢外侧隐静脉、颈静脉和后肢的股内静脉。

2.方法

犬、猫伏卧保定，用采血胶带套紧，使静脉怒张，消毒后，左手握住前肢掌部，右手持针沿着血管以 15°~45°角刺入静脉血管内，见到回血后，将针头顺血管走向推进约 1 cm，血液回流时，取掉采血压迫绷带（胶带），接上注射器或输液接头。注射完毕，左手拿酒精棉球压紧针孔，右手迅速拔出针头。

3.注意事项

(1)注射器必须配套，必须畅通，注射部位严格消毒。

(2)要认真核对注射药物的名称、用途、剂量和是否过期。同时注射两种以上药物时，应注意有无配伍禁忌。

(3)注射前要排尽输液管内的气泡，注射时要防止药物对心脏的负担，防止注射液漏于血管外。注射过程中要防止过快而引起急性心力衰竭。

(4)有刺激性的药物漏入皮下时，一般可向周围组织注入生理盐水或蒸馏水，以便稀释后易被吸收。漏出药物是氯化钙等时，可注入适量 10 %的灭菌硫酸钠溶液，并在肿胀局部热敷，促进消散吸收。

四、腹腔注射法

对于重危病例的犬、猫常因血液循环障碍，静脉注射十分困难，而腹膜的吸收速度很快，且可大剂量注射。在这种情况下，可采用腹腔注入无刺激性药物如生理盐水和葡萄糖溶液等。

1.部位

下腹部耻骨前缘 3~5 cm 腹白线的侧方。

2.方法

将犬、猫两后肢提起，在耻骨前缘 3~5 cm 腹白线侧方(1.5 cm)左右，针头垂直刺入腹腔。固定好针头，以防刺伤腹腔脏器。注射剂量：犬 1 次可注入 200~1 500 mL。

任务三　灌肠技术

一、浅部灌肠技术

将药液灌入直肠或结肠内。一般用于病犬、猫食欲废绝时，进行人工营养；便秘时，冲洗直肠或结肠积粪；病畜兴奋不安时，灌入镇静剂以及灌造影剂做 X 射线诊断等。药物灌入量在成年犬每次 100~200 mL，幼年犬或猫 50~100 mL。

灌肠时犬、猫站立保定，助手将尾拉向一侧，抬起，犬用灌肠器，猫用导尿管，操作者将灌肠器或导尿管徐徐插入肛门，使药液流入直肠。由于猫的肠管、胃和食道整个长度不到 2 m，灌液多了有可能从口腔出来，因此其量不宜过多。

灌肠后使动物保持安静，以免引起排粪动作而将药液排出。对以人工营养、消炎和镇静为目的的灌肠，在灌肠前应先把直肠内的宿粪排出。

二、深部灌肠技术

将大量药液灌到前部肠管或胃内。多用于治疗急性胃肠炎、肠套叠或肠扭转、胃内有异物或食入毒物等。操作时，取人用高压灌肠器，助手提起两后肢和吊筒，操作者将灌肠器开口慢慢插入肛门，另一助手按压气囊将液体或药液挤入肠内，直至病犬从口中流出灌入液体或药液为止，液体温度以39 ℃为宜。灌入量：幼犬800~1 000 mL，成年犬1 500~2 000 mL。

注意事项

1.直肠内存有宿粪时，应先灌入少量药液软化粪便，待排出后灌肠。

2.防止粗暴操作，以免损伤肠黏膜，甚至造成肠穿孔。

3.溶液注入后由于排泄反射，溶液易被排出，为防止排出，随时用手指刺激肛门周围，使肛门紧缩或按摩腹部，防止注入的溶液流出。最好的办法是用塞肠器压定肛门。

任务四　穿刺技术

一、胸腔穿刺法

1.应用

用于检查胸腔内有无渗出液或吸取胸腔内渗出液、积血、积脓等；洗涤胸腔或胸腔内给药。

2.穿刺部位

右侧胸壁第6肋间或左侧胸壁第7肋间，肘头水平线上缘沿着肋骨前缘刺入。

3.操作方法

犬、猫躺卧，术部剪毛消毒，左手将皮肤稍向前移动，右手持套管针沿肋骨前缘垂直刺入1~2 cm，操作完毕，拔出针头用碘酒棉球重压，以免发生气胸。

4.注意事项

穿刺前必须做全身检查，尤其是要注意心脏情况，如心力衰弱，则应强心补液后再穿刺。吸取胸腔积液时要间歇吸取，速度不宜过快以防止不良反应。

二、腹腔穿刺法

1.应用

主要用于诊断肠变位、胃肠破裂、内脏出血等；顽固性腹膜炎时的局部冲洗与用药；小动物腹腔麻醉和补液。

2.穿刺部位

脐与耻骨前缘连线的中间，脐与耻骨前缘的腹白线中点上刺入。

3.操作方法

犬、猫侧卧保定，术部剪毛消毒，用套管针或注射针头刺入腹壁。

4.注意事项

保定要做好，以免动物挣扎时针头损伤内脏器官。大量吸取积液时应缓慢以防止不良反应。

三、膀胱穿刺术

1.应用

用于防止因尿道阻塞、排尿困难或尿闭而引起膀胱内尿潴留。

2.穿刺部位

一般为耻骨前缘 3~5 cm 处腹白线一侧腹底壁上。也可根据膀胱充盈程度确定其穿刺部位。

3.穿刺方法

动物前躯侧卧，后躯半仰卧保定。术部剪毛、消毒，0.5％盐酸普鲁卡因溶液局部浸润麻醉。膀胱不充盈时，操作者一手隔着腹壁固定膀胱，另一手持接有 7~9 号针头的注射器，其针头与皮肤呈 45°角向骨盆方向刺入膀胱，回抽注射器活塞，如有尿液，证明针头在膀胱内。如膀胱充盈，可选 12~14 号针头，当刺入膀胱时，尿液便从针头射出。可持续地放出尿液，以减轻膀胱压力。穿刺完毕，拔下针头消毒术部。

任务五　导尿技术

临床上常用导尿的方法收集尿液进行化验、排尿或将药物注入膀胱。

一、公犬导尿法

犬侧卧保定，上后肢前方转位，暴露腹底部。助手一手将阴茎包皮向后退缩，一手在阴囊前方将阴茎向前推，露出龟头。用低刺激消毒液（0.1％新洁尔灭）清洗尿道外口，并在导尿管前端涂以少量润滑剂。操作者一手固定阴茎龟头，一手持导尿管从尿道口内插入尿道或用止血钳夹持导尿管徐徐推进，缓慢插入膀胱，即有尿液排出，导尿管外端置于盛尿器内以收集尿液，或连接 20 mL 注射器抽吸。

操作者洗手并严格消毒，导尿管、注射器和其他用具也应煮沸消毒。

二、母犬导尿法

犬站立保定，先用 0.1％新洁尔灭溶液清洗外阴，操作者戴灭菌乳胶手套，一手食指伸入阴道，另一手将涂有润滑剂的导尿管顶端在前食指的引导下，向前下方缓缓插入尿道外口直至膀胱内。注射器抽吸或自动排出尿液。导毕拔出导尿管。

三、公猫导尿法

先使猫镇静，仰卧保定，两后肢前方转位。清洗消毒尿道外口。操作者将阴茎鞘向后推，拉出阴茎，在尿道外口周围喷洒1%盐酸丁卡因溶液。将顶端涂有润滑剂的灭菌导尿管，经尿道外口插入膀胱内，即有尿液流出。导毕拔出导尿管。

四、母猫导尿法

母猫的保定与麻醉同母犬。导尿前，先清洗外阴，后用1%盐酸丁卡因溶液喷洒尿生殖前庭和阴道黏膜。将猫尾拉向一侧，助手捏住阴唇并向后拉。操作者一手持导尿管，沿阴道底壁前伸，另一手食指伸入阴道触摸尿道结节，引导导尿管插入尿道外口。

任务六　给氧技术

氧气疗法的目的在于提高吸入气体中氧的浓度，提高动物的血氧含量及饱和度，以促进组织新陈代谢，维持机体的生命活动。

一、适应证

肺充血、肺水肿、肺气肿、大叶性肺炎、异物性肺炎、气胸、上呼吸道堵塞、心力衰竭、心肥大、心脏瓣膜病、心丝虫病、急性失血、严重贫血、休克。

二、给氧的方法

1.静脉注射输氧法

犬、猫以3%的过氧化氢溶液5~10 mL，加入10%葡萄糖注射液250~500 mL，缓慢地一次性注射。

2.鼻导管给氧法

备氧气筒和医用流量表等吸入装置一套。检查流量表开关是否关紧，打开总开关，再慢慢打开流量表开关，连接鼻导管，观察氧气流出是否通畅，然后关闭流量表开关。用湿棉签清洁鼻腔，将鼻导管用水滑润后，自鼻孔轻轻插入鼻腔，用胶布将鼻导管固定于鼻面部；打开流量表开关，调节流量以3~4 L/min为宜，每次吸5~10 min。

3.皮下输氧法

此法给氧后一般6 h内，通过皮下毛细血管内红细胞逐渐吸收而达到给氧的目的。方法是将注射针头刺入肩后或两肋皮下疏松结缔组织中，把氧气输入导管和针头相连接，打开流量表，以速度1~1.5 L/min，输入氧气，皮肤逐渐膨起，待皮肤比较紧张时停止输入。如一次注入量不足，可另加一处。

三、给氧时注意事项

1. 为保证安全，给氧时犬、猫需妥善保定，周围严禁烟火以防燃烧和爆炸。
2. 输氧导管宜选用便于穿插、较为细软的橡皮管，以减少对鼻、咽黏膜的刺激。给氧前应检查导管是否通畅，并清洁鼻腔。
3. 吸入氧气时，其流量大小应按犬、猫呼吸困难的状况进行调节；皮下给氧时，不能把氧气注入血管内，以防形成气栓。

任务七　输血技术

输血是利用输入正常生理机能的血液进行补血、止血、解毒的一种抢救犬、猫，增强犬、猫机体全身抵抗力的有效临床治疗措施。

一、适应证

适用于大失血、外伤性休克、脱水性休克、中毒性休克、溶血性贫血、再生障碍性贫血、营养性贫血、白细胞减少症、白血病、低蛋白血症、恶病质等。但在心脏病、并发心脏血管机能不全的肺脏疾病及肾脏疾病时禁用。

二、血液相合性判定

犬、猫首次输血可以选用同种动物作供血者，不必考虑它与受血者血型是否相符，通常不会发生严重危险。但受血后3~10 d内产生免疫抗体，如果此时又以同一供血动物再次输血，就容易产生输血反应。因此，在3 d以内需多次输血的动物，应准备多个供血动物。

异型血液的血清和红细胞相混合，会迅速凝集成团，随后发生溶血，从而出现输血反应，所以在输血前进行血液相合检验就更为安全。方法是受血犬猫→采一滴血→加入3 mL生理盐水试管中→A液，供血犬猫→采一滴血→加入3 mL生理盐水试管中→B液，在干燥的玻片上→加A、B液各一滴→混合均匀(3~5 min，室温下)→观察结果→有无凝集(或低倍镜下观察有无红细胞粘叠)→适合或者不适合输血。

三、血液的采取

供血犬、猫轻度麻醉后，用100 mL玻璃注射器接上带胶管的12号针头，先按1:9的比例吸取抗凝剂（3.8%~4%的枸橼酸钠溶液），从颈静脉或左心室采血，边抽边摇动注射器，以保证血液与抗凝剂充分混合，防止血液凝固。

四、输血方法及输血量

用5~7号针头的输液器先导入前肢正中静脉，固定好，先输入生理盐水5~10 mL，然后将采集的血液注入输液袋中，以每分钟1~2 mL的速度滴入血液，一般情况下，一次输血量不能超过受血动物全血量的20%（失血性休克除外），受血动物的全血量等于80 mL/kg体重，输入血量过多或过快，可引起肺水肿或急性心脏扩张。

五、输血反应及应急处理

输血的主要表现：发热、不安、呕吐、恶寒战栗、心惊、亢进、痉挛、荨麻疹、呼吸困难等。

应急处理：立即停止输血，注射强心剂、高渗葡萄糖、碳酸氢钠溶液，同时给予VB_6、VC、VK_3。过敏时注射扑尔敏、地塞米松等。

六、输血禁忌证

严重的心脏疾病、肾脏疾病、肺水肿、肺气肿、脑水肿等均不能采用输血疗法。

七、输血中应注意的事项

1.在输血中的一切操作均应严格无菌操作。

2.采血时，须注意抗凝剂的应用量，血采入瓶中后，应充分混匀，以防出现血凝块；摇晃时要轻，以免破坏血球和产生气泡。在输血过程中，严防空气注入血管。

3.输血时，密切注意病犬、猫的表现，出现异常反应，应立即停止输血。

4.用枸橼酸钠作抗凝剂进行输血后，应立即补充钙制剂。

5.严重溶血的血液，不宜用，应废弃。

复习思考题

1.叙述犬、猫静脉采血的主要静脉血管名称和部位。

2.静脉注射时有哪些注意事项？

3.麻醉前应做好哪些准备工作？

4.输血时应注意哪些反应？如何处理？

5.在××主人协助下在动物教学医院练习犬、猫常用的诊疗技术。

项目三 犬、猫常见外科手术

知识目标

熟悉犬、猫常用外科手术的适应证、手术操作方法及注意事项。

技能目标

能根据犬、猫所患疾病正确选择手术操作技术。

任务一 睾丸摘除术

一、概念

睾丸摘除术又叫去势术,即摘除或破坏动物生殖机能。

二、适应证

绝育、老龄犬前列腺肿大、肛门腺囊肿、雄性过强、睾丸癌、改变不良习性。

三、保定

仰卧保定。

四、麻醉

全身麻醉。

五、消毒

用5%碘酊涂擦阴囊,再用75%酒精脱碘。

六、术式

1.显露睾丸：用手握住阴囊颈部并挤压固定两侧睾丸到阴囊底部，在此作 1~2 cm 切口，切开皮肤及总鞘膜，显露睾丸并挤压出切口(图 3-1)。

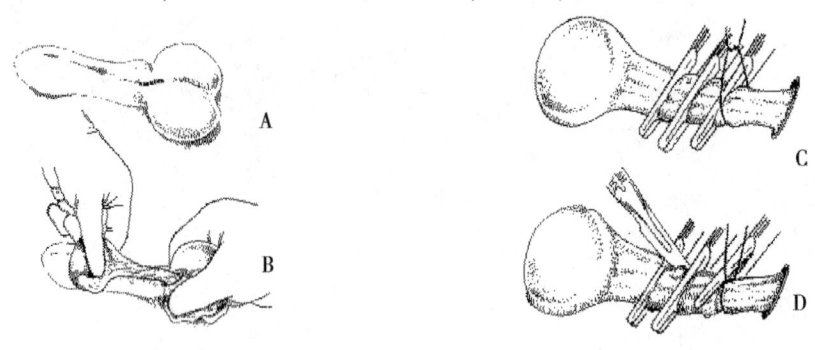

图 3-1　公犬去势

A.切口定位　B.显露睾丸，充分显露精索　C.精索上钳夹 3 把止血钳，在紧靠第一把止血钳处的精索上结扎精索　D.松去第一把止血钳，使线结扎在钳痕处，在第二把与第三把止血钳之间切断精索

(引自《兽医外科学手术》第四版，林德贵主编)

2.结扎并摘除睾丸：钝性分离鞘膜韧带，显露精索及血管，在睾丸腹侧 3~5 cm 处贯穿结扎精索及血管，切断精索和血管摘除睾丸。切开阴囊纵隔用同样方法摘除另一侧睾丸。

七、术后护理

给予广谱抗生素治疗。

八、并发症

阴囊浆液性水肿或血肿。

九、注意事项

此方法可不做缝合，促进分泌物排出。

任务二 卵巢子宫摘除术

一、适应证

绝育、子宫坏死、性功能障碍、子宫蓄脓、子宫肿瘤等。

二、保定

仰卧保定。

三、麻醉

全身麻醉。

四、术式

1.显露腹腔：以脐孔为参照标准，沿尾侧方向 1~3 cm 处依次切开腹部正中线皮肤、皮下结缔组织、腹白线、腹膜，打开腹腔，切口为 3~10 cm。

2.勾出子宫角：用手紧贴腹壁向背部移行，寻找肾脏，向尾侧移行 2~4 cm，勾出子宫角，找到卵巢。

3.卵巢切除：在卵巢头侧端约 1 cm 处，通过卵巢系膜开一小口，穿线结扎卵巢悬吊韧带和血管（图 3-2），打结，切断（图 3-3）。另一侧方法相同。再集束结扎子宫体（图 3-4），切除（图 3-5）。

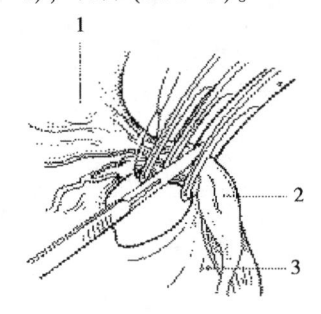

图 3-2 三钳钳夹法结扎卵巢血管　　图 3-3 在松钳瞬间结扎卵巢血管，
　1.肾脏　2.卵巢　3.卵巢系膜　　　　　　　　然后切断卵巢系膜和血管

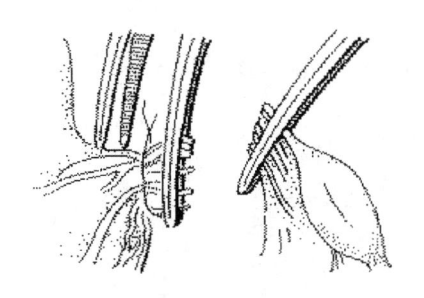

(引自《兽医外科学手术》第四版，林德贵主编)

4.子宫切除：沿子宫角牵拉出子宫体，在子宫体两侧分别进行贯穿结扎子宫动脉。

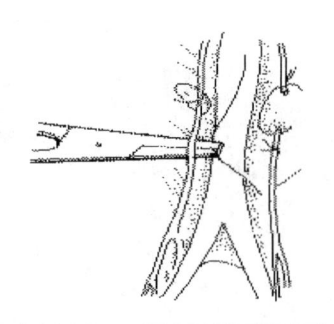

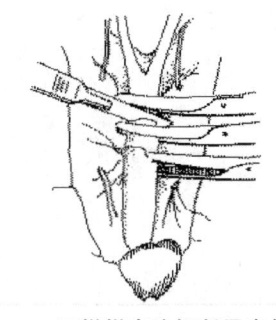

图 3-4 贯穿结扎子宫血管　　图 3-5 三钳钳夹法切断子宫体

(引自《兽医外科学手术》第四版，林德贵主编)

5.缝合：依次缝合腹腔。

五、术后护理

给予广谱抗生素治疗。

六、注意事项

卵巢切除不彻底易导致性行为滞留。

任务三　胃切开术

一、适应证

胃内异物、急性胃扩张(扭转)、胃壁坏死、胃内肿瘤等。

二、术前准备

禁食 24 h 以上，调节酸碱平衡，防休克。

三、保定

仰卧保定。

四、术式

1.显露胃：从剑状突末端到脐孔沿腹中线切口，依次切开皮肤、皮下结缔组织、腹白线、腹膜，打开腹腔，并切除镰状韧带，显露胃。

2.胃切开：在胃大弯和胃小弯之间无血管区预定切口，并在切口两端用7号丝线穿过浆膜肌层作牵引线，牵引胃壁到腹壁切口外，用温生理盐水浸过的纱布填塞在胃和腹壁切口之间，切开胃壁。检查胃内有无异物、肿瘤、溃疡及是否有坏死的胃壁(图3-6)。

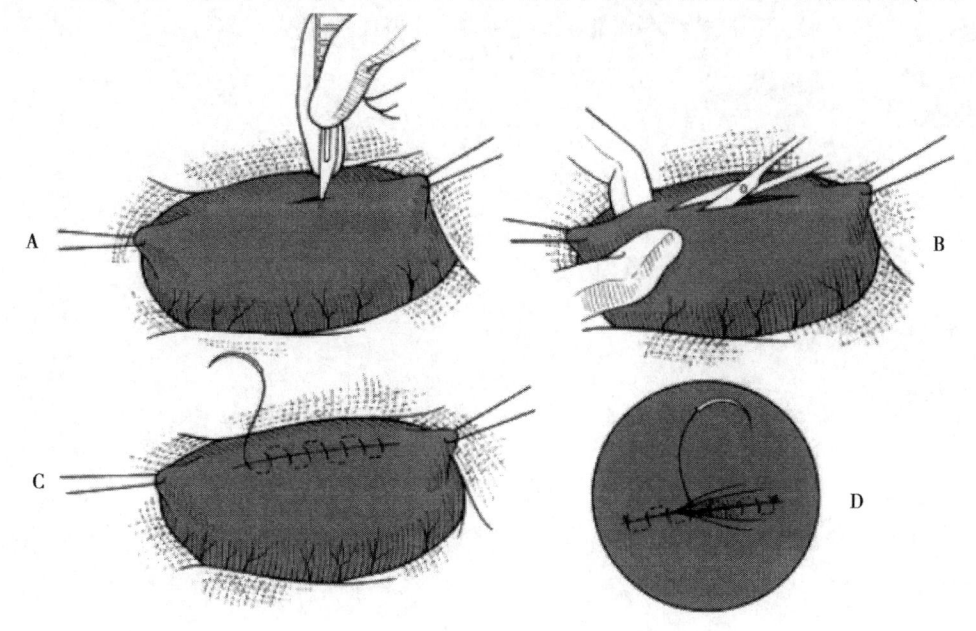

图3-6 胃切开术

A.用手术刀在切口部位刺入一小口进入胃腔　B.用组织剪扩大切口　C、D.两层内翻浆肌缝合法缝合胃壁

(引自《小动物外科学》第二版，Theresa Welch Fossum等编著，张海彬等译)

3.胃壁缝合：一般采用两层缝合，第一层用3-0可吸收肠线进行康乃尔氏缝合，第二层用3-0可吸收肠线进行伦贝特氏缝合，拆除牵引线，清洗胃壁，除去纱布。

4.缝合：依次缝合腹壁。

五、术后护理

术后禁食禁水48~72 h，然后给予易消化的流体食物，并遵循少量多餐的原则。应用抗生素，调节酸碱平衡及电解质平衡。

六、注意事项

该手术为污染手术，应准备两套手术器械。

任务四 膀胱切开术

一、适应证

膀胱结石、膀胱肿瘤、膀胱息肉。

二、保定

仰卧保定。

三、术式

1.显露膀胱：公犬在耻骨前向前，阴茎一侧作切口（图3-7），切口2~5 cm，依次切开皮肤、皮下结缔组织、腹白线、腹膜，显露膀胱。母犬在耻骨前后切口，其他同公犬（图3-8）。

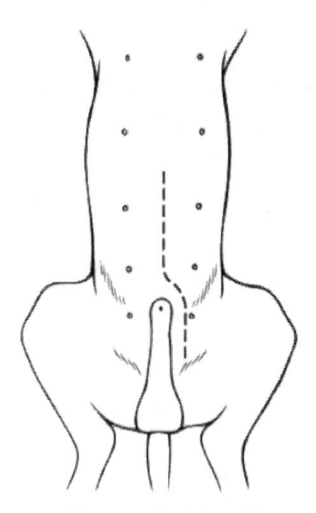

图3-7 公犬切口图　　　　图3-8 母犬切口图

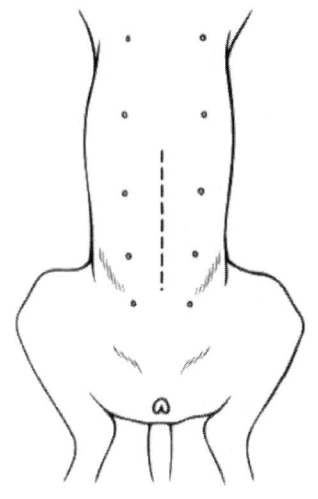

（引自《小动物外科学》第二版，Theresa Welch Fossum等编著，张海彬等译）

2.膀胱切开与结石的取出：牵引膀胱到腹壁切口外，若膀胱充盈，需先用注射器抽取尿液，使膀胱空虚，在膀胱顶作牵引线，在膀胱体腹侧或背侧作切口，用温生理盐水纱布填塞在膀胱和腹壁切口之间，切开膀胱。检查有无结石、息肉、肿瘤，若有结石一定要进行尿道冲洗，防止结石留到尿道内。

3.膀胱缝合：一般采用双层缝合，第一层用2~3-0可吸收肠线作库兴氏缝合，第二层用2~3-0可吸收肠线作伦贝特氏缝合，拆除牵引线，清洗膀胱，除去纱布(图3-9)。

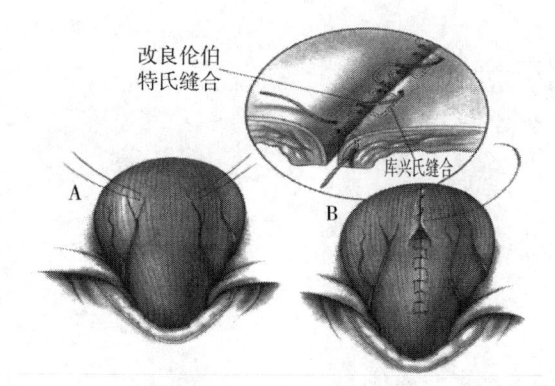

图 3-9 膀胱缝合

A.隔离膀胱,并在其上设置预置缝线　B.两层缝合时,作两道连续内翻缝合,缝合浆膜肌层

(引自《小动物外科学》第二版,Theresa Welch Fossum 等编著,张海彬等译)

4.缝合:依次缝合腹壁。

四、术后护理

观察排尿情况,必要时插入导尿管,给予抗生素。

五、注意事项

缝合膀胱时不能作全层缝合,因其会增加结石复发的可能性。

任务五　剖腹产术

一、适应证

胎儿过大、宫外孕、子宫颈狭窄不能继续扩张。

二、保定

仰卧保定。

三、术式

1.牵拉子宫

在脐孔到耻骨前缘作切口,依次切开皮肤、皮下结缔组织、腹白线、腹膜,牵拉子宫角和子宫体到切口外(图3-10),并用温生理盐水纱布填塞在子宫和腹壁切口之间。

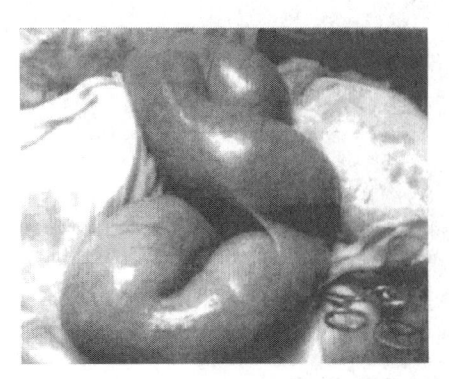

图 3-10 引出怀有胎儿的两侧子宫角 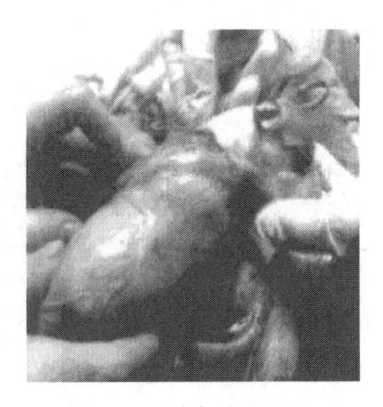　　　　　图 3-11 引出胎儿之一
(引自《小动物外科手术病例图谱》第一版，林立中主编)

2. 取出胎儿

切开子宫体，带着胎膜，摸出胎儿(图 3-11)，撕破胎膜，取出胎儿，钝性扯断脐带(图 3-12)，去除胎盘。其他胎儿取出方法相同(图 3-13)。

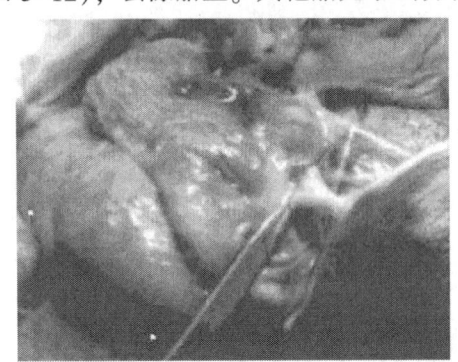

图 3-12 钳夹脐带图 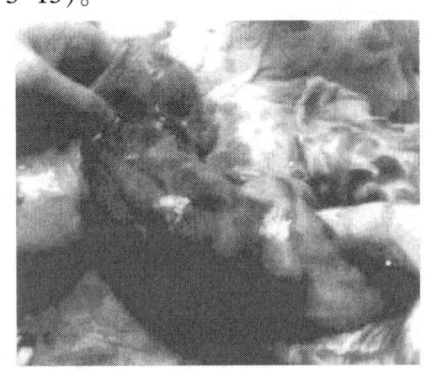　　　　　图 3-13 引出胎儿之二
(引自《小动物外科手术病例图谱》第一版，林立中主编)

3. 缝合子宫

一般采用两层缝合，第一层用 3-0 可吸收肠线进行康乃尔氏缝合，第二层用 3-0 可吸收肠线进行伦贝特氏缝合，清洗子宫壁，拆除纱布。

4. 缝合

依次缝合腹腔。

四、术后护理

给予抗生素，加强饲养管理。

五、注意事项

切开腹腔时切勿损伤乳腺群，胎儿取出后要立即复苏。

任务六 肠管吻合术

一、适应证

肠梗阻、肠绞窄、肠套叠等引起的肠坏死及肠肿瘤。

二、术前准备

术前禁食 12 h，禁水 6 h。

三、保定

仰卧保定。

四、术式

1.坏死肠管切除

脐孔和耻骨前缘之间选择切口，依次切开皮肤、皮下结缔组织、腹白线、腹膜，找到坏死肠管，牵拉出腹壁外，用温生理盐水纱布填塞在肠管与腹壁切口之间，在坏死肠管两端健康部位作切口，并将两端切口肠系膜血管作双重结扎，采用倒"八"字形，切除坏死肠管和相连的肠系膜。

2.肠管吻合

一般采用两层缝合。第一层，将两断端对齐靠近，用两根 7 号丝线分别在肠系膜侧和对侧全层穿两端肠管作牵引线(图 3-14)，用 3-0 可吸收肠线从肠系膜对侧开始作两断端后壁的连续全层缝合(图 3-15)，缝合接近肠系膜侧时，将针从一侧肠黏膜刺入肠壁浆膜(图 3-16)，再从另一侧浆膜刺入(图 3-17)，开始前壁的连续全层缝合(图 3-18)，缝合到肠系膜对侧时与线尾打结(图 3-19)。完成第一层后，术者重新消毒，清洗肠管。第二层采用连续伦贝特氏缝合肠管前后壁(图 3-20)，结节缝合肠系膜，拆除牵引线，去除纱布。

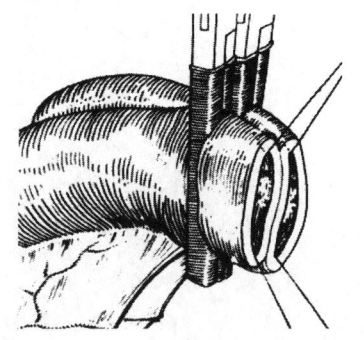

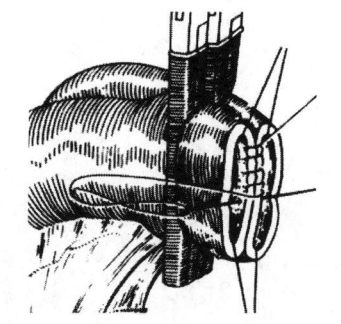

图 3-14　肠端吻合，肠系膜侧与对侧做牵引线　　图 3-15　后壁连续全层缝合

(引自《兽医外科与外科手术学》第一版，彭广能主编)

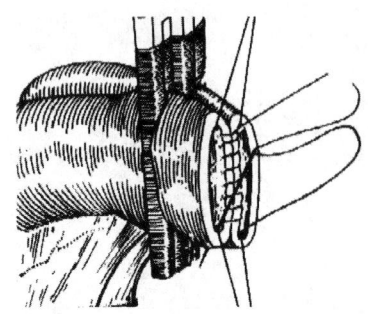

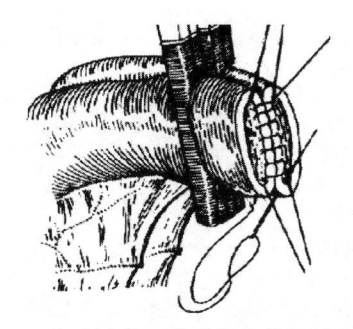

图 3-16 自后壁缝至前壁的翻转运针方法之一　　图 3-17 自后壁缝至前壁的翻转运针方法之二

(引自《兽医外科与外科手术学》第一版,彭广能主编)

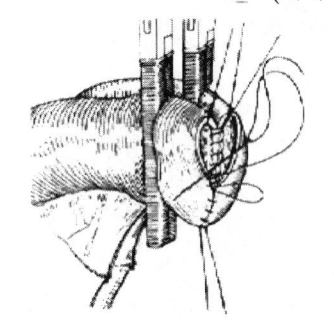

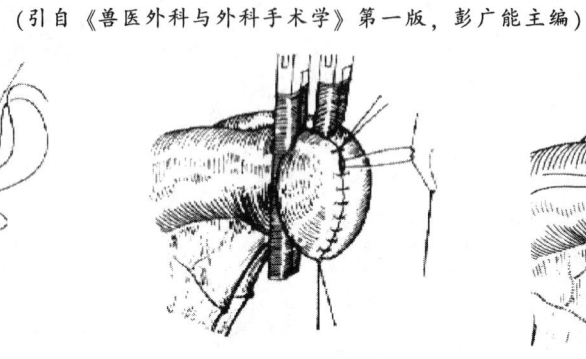

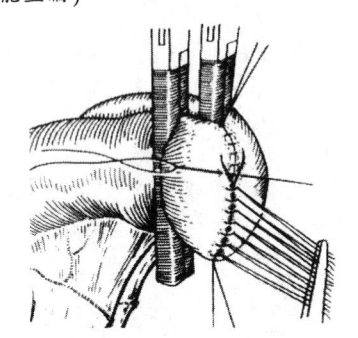

图 3-18 康乃尔氏缝合前壁　图 3-19 前壁与后壁线尾打结于肠腔内　图 3-20 前后壁做间断伦贝特氏缝合

(引自《兽医外科与外科手术学》第一版,彭广能主编)

3.缝合

依次缝合腹腔。

五、术后护理

禁食禁水 48~72 h,调节酸碱平衡和电解质平衡。

六、注意事项

此手术为污染手术,准备两套手术器械。术后应促进运动,防肠粘连。

任务七 眼球摘除术

一、适应证

眼穿孔、眼球塌陷、化脓性全眼球炎。

二、保定

侧卧保定。

三、术式

1. 经眼睑眼球摘除

先连续缝合上下眼睑，围绕眼睑缘作切口。依次切开皮肤、眼轮匝肌，显露睑结膜，边牵拉眼球，边分离球后组织，并剪断周围眼外肌，显露眼球退缩肌。止血钳伸入眼窝底夹住眼球退缩肌及其周围的血管和神经，并切断，取出眼球。集束结扎血管，控制出血。将眼外肌连同球后组织一并结扎，填塞眶内无效腔。皮肤切口采用结节缝合。

2. 经结膜眼球摘除

围绕球结膜上作环形切口。用弯剪在眼球赤道部位分离筋膜囊，显露上、下斜肌和四条直肌，靠近巩膜剪断。分离眼球周围组织显露眼球后部。当眼球可随意转动时，止血钳深入眼球后部夹住退缩肌及视神经束，切断，集束结扎血管，控制出血。将眼外肌连同球后组织一并结扎，填塞眶内无效腔。皮肤切口采用结节缝合(图 3-21)。

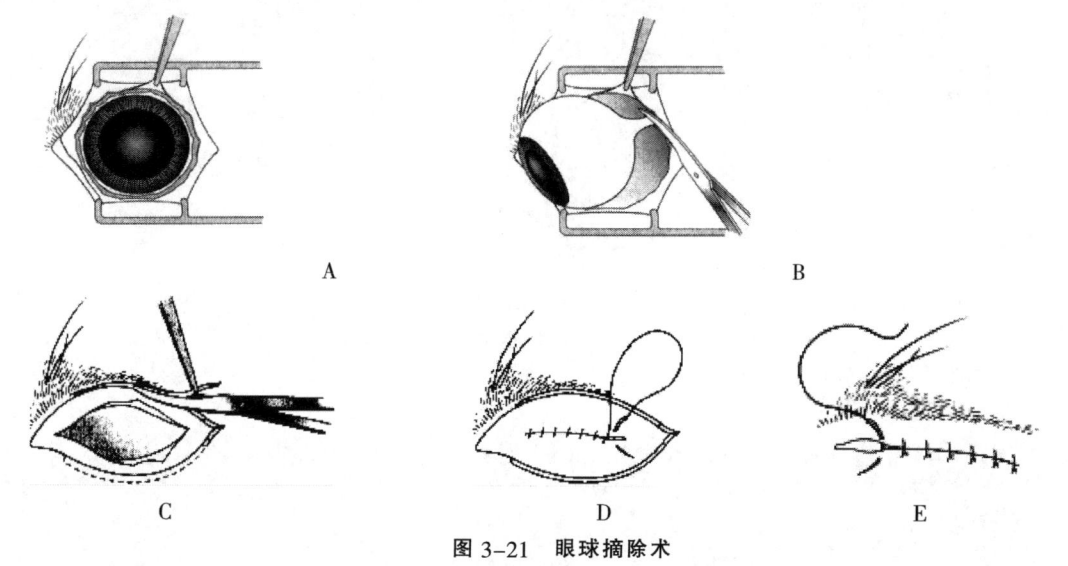

图 3-21 眼球摘除术
A.夹住球结膜做环形切开　B.紧贴巩膜分离眼外肌，显露眼球后部　C.剪去 3~4 mm 睑缘
D.缝合眼外肌、结膜、眶隔　E.缝合皮肤

(引自《小动物外科学》第二版，Theresa Welch Fossum 等编著，张海彬等译)

任务八 犬断尾术

一、适应证

尾部外伤性损伤、美观、尾部肿瘤等。

二、保定

俯卧保定。

三、术前准备

尾根部用止血带扎紧。

四、术式

1.确定切口部位：切口在两尾椎之间，将要进行切口部位的皮肤向尾根部回拉，并用手指固定。

2.断尾：背侧和腹侧皮肤进行"U"字形切开，在腹侧切口沿尾根部 1 cm 处结扎中央尾动静脉和外侧尾动静脉，通过椎间隙断尾(图 3-22)。

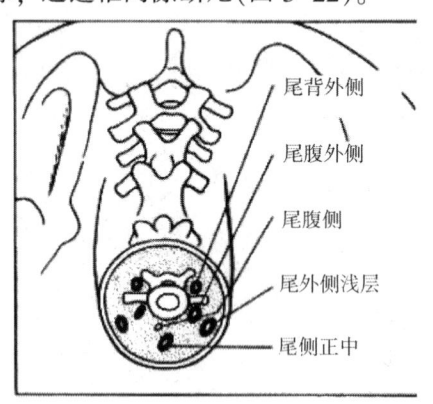

图 3-22 结扎中央尾动静脉和外侧尾动静脉

(引自《小动物外科学》第二版，Theresa Welch Fossum 等编著，张海彬等译)

3.缝合：结节缝合腹侧和背侧的皮肤，确保对接良好。

五、术后护理

给予抗生素治疗。

任务九　犬消声术

一、适应证

犬常因吠叫，影响周围住户的休息，此时可用此术。

二、保定

仰卧保定。

三、术式

1. 切开甲状软骨

在颈腹侧喉部甲状软骨处皮肤作切口，切口长 1~3 cm，切开皮下筋膜，分离胸骨舌骨肌，显露甲状软骨，沿腹中线在甲状软骨最明显突出部位切开甲状软骨。

2. 声带切除

用止血钳夹住声带中部，分别切除声带与甲状软骨相连部分和声带与勺状软骨声带突相连部分(图 3-23)。

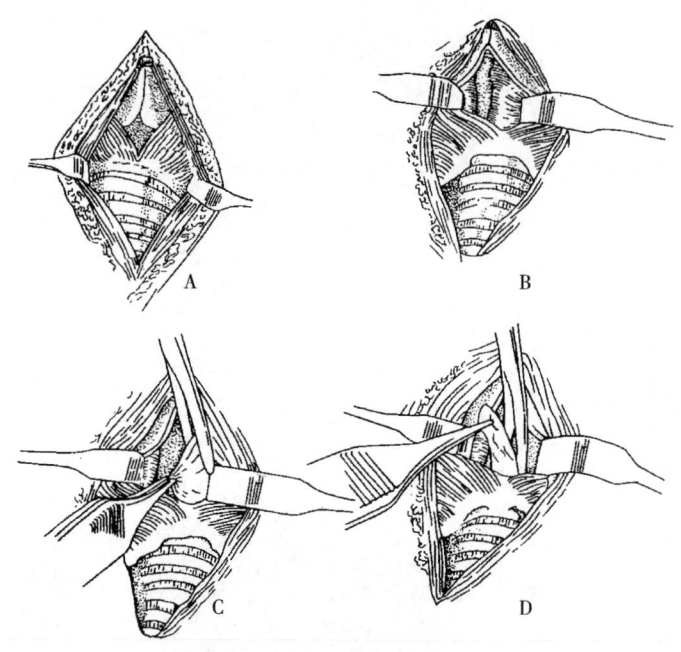

图 3-23　颈腹侧喉室声带切除术

A.喉腹侧手术径路　B.喉切开暴露声带的腹侧附着部　C、D.镊子夹住左侧声带，便于剪除

3.缝合

用4号丝线结节缝合甲状软骨及其表面筋膜,用3-0可吸收肠线连续缝合胸骨舌骨肌和皮下组织,结节缝合皮肤。

四、术后护理

用抗生素3~5 d,防感染。

五、注意事项

在打开甲状软骨后每一步都要严格止血并清除喉部血凝块。

任务十 疝修补术

新发生的或陈旧性的可复性疝,有逐渐增大趋势者,应尽早进行手术修补;粘连性疝已影响到胃肠蠕动而出现消化障碍时,临床上已确定为嵌闭性疝,应立即进行手术。

一、脐疝

1.保定

仰卧保定。

2.术式

(1)梭形切开疝囊皮肤、疝环(图3-24)。

(2)整复疝内容物,若已粘连或坏死,要小心分离及切除(图3-25)。

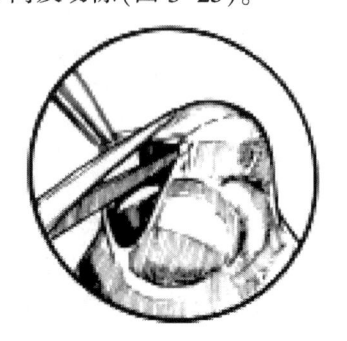

图3-24 梭形切开　　　图3-25 切开疝囊,整复内容物

(引自《图解小动物外科技术》第二版,Thomas David编著,任晓明主译)

(3)封闭疝环:多作水平褥式或外翻缝合。

3.注意事项

缝合时要确保不留无效腔。

二、腹股沟–阴囊疝

手术常规要求与脐疝相同，切口靠近腹股沟环、阴囊颈正外侧，然后剥离总鞘膜，整复内容物，此手术要求将睾丸与总鞘膜共同摘除(图3-26~28)。

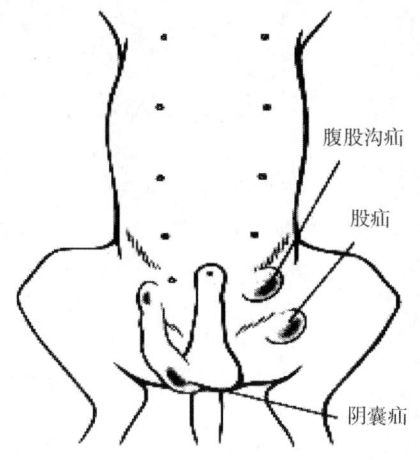

图3-26 腹股沟疝、阴囊疝、股疝常发部位

(引自《小动物外科学》第二版，Theresa Welch Fossum 等编著，张海彬等译)

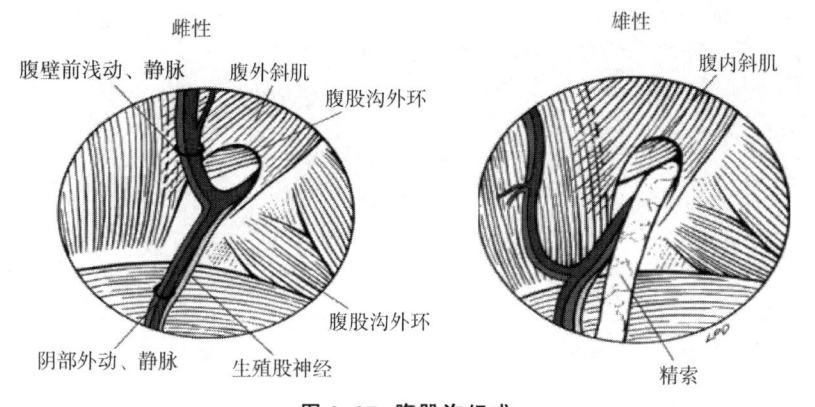

图3-27 腹股沟组成

(引自《小动物外科学》第二版，Theresa Welch Fossum 等编著，张海彬等译)

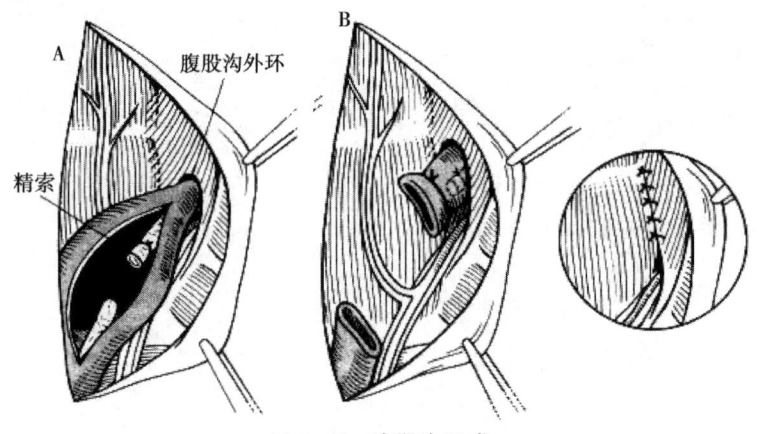

图 3-28 腹股沟组成

A.打开疝囊，结扎精索　B.在腹股沟内环处结扎疝囊

(引自《小动物外科学》第二版，Theresa Welch Fossum 等编著，张海彬等译)

复习思考题

1. 简述犬的卵巢摘除术。
2. 尿结石如何诊断？如何治疗？
3. 试述肠梗阻、肠套叠的手术方案。
4. 试述犬胃切开术的手术方案。
5. 如何鉴别和诊断疝、脓肿、血肿、淋巴外渗。
6. 试述消声术的适应证和手术方法。
7. 试述腹股沟–阴囊疝的手术方案和注意事项。

项目四 犬、猫常见传染病诊治

知识目标

1. 了解犬、猫常见传染性疾病的病原、流行病学特点。
2. 掌握犬、猫常见传染病的症状、诊断要点及防治方法。

技能目标

能对犬、猫常见病毒性、细菌性、真菌性传染病进行临床诊断与防治。

任务一 犬瘟热

犬瘟热(Canine distemper)是由犬瘟热病毒(CDV)引起的一种高度接触性病毒性传染病。主要发生于幼犬,临床上以复相热型、急性鼻卡他,以及支气管炎、卡他性肺炎、严重的胃肠炎和神经症状为特征。后期少数病例出现鼻部和足垫的高度角质化。致死率高,幼犬致死率可达80%以上。

病原 CDV是副黏病毒科麻疹病毒属成员,病毒颗粒呈球形,直径在150~300 nm,病毒的基因组为负链RNA,圆形的病毒体内含有直径为15~17 nm的螺旋形核衣壳。

CDV只有一个血清型,但毒株之间有差异。研究发现CDV有变异现象,据推测,新分离的CDV血凝蛋白(H)的变异可能是近来暴发CD的重要原因。CDV在自然条件下抵抗力强(耐干燥、寒冷);对消毒药物和高温敏感(100 ℃,1 min死亡),对乙醚和氯仿敏感,0.75%的福尔马林能很快灭活病毒。病毒对温热有较强的耐受性,能在55℃的温度中存活30 min。CDV能在多种动物(犬、禽、牛、猴)和人类的组织原代细胞或传代细胞株上生长增殖。在犬肾单层细胞中生长增殖形成多核体、核内和胞质内包涵体及星状细胞,在鸡胚、乳鼠、雪貂、犬和各种组织培养系统中形成中和抗体,病毒只有一种抗原型。

流行病学 病犬是最重要的传染来源。病毒通过飞沫传播,主要经呼吸道感染,也可经消化道感染。病犬的鼻液、眼屎及尿中也含有大量病毒,其污染的食物、用具及周围环境也是重要的间接传染源。

幼犬最易感,犬科、鼬科和浣熊科动物如狼、狐、豹、獾、熊猫、山狗、野狗等均能感染发病,雪貂对CDV特别敏感,自然发病的死亡率可达到100%,人类和其他家畜对本病无易感性。

本病多发生于寒冷季节(10月到第2年的2月),似有一定的周期性,每2~3年流行一次,但现在有些地方这种周期性不明显,常年发生。

症状

1. 双相性体温升高:本病潜伏期3~6 d。体温升高达39.8 ℃~41 ℃,持续1~2 d,接着有2~3 d的缓解期(体温趋于38.9 ℃~39.2 ℃)。随着体温再度升高,呼吸系统和消化系统感染症状明显,甚至神经系统也会受到感染。

2. 呼吸系统症状:病初,患犬精神轻度沉郁,食欲不振,流泪,有水样鼻液,时有咳嗽或人工诱咳阳性。之后,眼、鼻分泌物转为黏液性或脓性,喉气管及肺部听诊呼吸音粗厉。在疾病中、后期,往往发展为支气管肺炎,患犬鼻端干燥(裂),有多量脓鼻液。

患犬大多表现特有的化脓性结膜炎外观:即脓性眼眵附着于内、外眼角与上下眼睑,眼角和眼睑周边脱毛、光秃,似戴一副眼镜状。

3. 消化系统症状:病初、中期常有呕吐表现,但次数不多,食欲减退或废绝,对本病具有一定的示病意义。幼犬通常排出深咖啡色、混有黏液或血液的稀便,而成犬一般数日无便。患犬因呕吐、腹泻以及食欲废绝,逐渐脱水、衰竭。

4. 神经系统症状:多出现在发病中、后期,少数于病初出现,对本病具有重要的示病意义。轻者口唇、眼睑、耳根抽动,重者踏脚、转圈或翻滚、运动共济失调、后肢麻痹、咬肌或侧卧时四肢反复有节律性的抽搐是本病的特征表现。

5. 皮肤、足垫症状:在发病初期或末期,部分患犬四肢足垫角质化过度、变硬,幼年患犬常在腹下和股内侧皮薄处出现米粒或豆粒大小的红斑、水疱或脓疱。使用抗生素治疗后,腹下和股内侧的脓性皮疹很快干枯消失。康复犬硬化的足垫角质层逐渐脱去。

病变 有些病例皮肤出现水疱性脓疱性皮疹;有些病例鼻和脚底表皮角质层增生而呈角化病。上呼吸道、眼结膜呈卡他性或化脓性结膜炎。肺呈现卡他性或化脓性支气管肺炎,支气管或肺泡中充满渗出液。在消化道中可见胃黏膜潮红。卡他性或出血性肠炎,大肠常有过量黏液,直肠黏膜皱襞出血。脾肿大,胸腺常明显缩小,且多呈胶冻状。肾上腺皮质变性。轻度间质性附睾炎和睾丸炎。中枢和外周神经很少有肉眼上可见的变化。

诊断 根据流行病学和临床症状做出初步诊断,在犬瘟热疫区,未经免疫的幼犬在没有感冒诱因前提下出现感冒症状,应考虑犬瘟热的可能性。

宠物医院常广泛采用临床症状结合快速试纸诊断法诊断该病。用棉签蘸取病犬的眼分泌物、鼻液、唾液或尿液,插入装有稀释液的样品管中,搅拌混匀,用吸管吸取萃取液,向样品孔中滴入4滴,5~10 min后判断结果,出现一条红线者为阴性,出现两条红线者为阳性。

预后 在病初患犬尚未出现典型症状时,尽快注射犬瘟热单克隆抗体或大剂量高免血清,可使免疫状态增强到足以阻止疾病发展。若特征性临床症状,尤其是神经症状出现，则预后不良，患犬即使经耐心治疗后幸存，往往遗留四肢抽搐或意识不清的后遗症。

预防 发现疫情应立即隔离病犬，深埋或焚毁病死犬尸，彻底消毒（用3%福尔马林、3%氢氧化钠或5%石碳酸溶液等）污染环境、场地、犬舍以及用具等。对未出现症状的同群犬和其他受威胁的易感犬进行紧急接种。平时严格执行兽医卫生防疫措施，坚持进行免疫注射，犬瘟热是可以预防的。我国目前用于预防本病的疫苗有单价苗（鸡胚细胞弱毒冻干苗）、三联苗（犬瘟热、犬传染性肝炎和犬细小病毒病）、五联苗（犬瘟热、传染性肝炎、犬细小病毒病、犬副流感和狂犬病）等多种疫苗，按厂家说明书使用。

治疗 犬瘟热高免血清、免疫增强剂和抗病毒药物联合应用，对早期病例有一定的治愈率，多数情况下采取对症治疗。

1. 特异疗法：使用犬瘟热单克隆抗体、犬瘟热高免血清和犬用丙种球蛋白，犬瘟热高免血清小犬5~10 mL，大犬每次20~40 mL肌注或静滴，每日1次，连续3~5 d；犬丙种球蛋白小犬2 mL，大犬4~6 mL，每日2次，连续3~5 d；犬瘟热单克隆抗体5~20 mL皮下注射，每日1次，连续3 d。

2. 使用抗病毒药物：聚肌胞小犬0.5~1 mg，大犬1~2 mg，肌注，每日1次，连续3~5 d；也可用病毒唑，小犬50 mg，大犬100 mg，肌注，每日2次，连续3 d。

3. 强心补液：肠炎症状明显和呕吐严重的病例，可用林格氏液30~50 mL/kg体重，10%葡萄糖酸钙2~5 mL，维生素B_6 50~100 mg，混合静脉滴注。

4. 控制继发感染：用氨苄青霉素、羟氨苄青霉素、头孢氨苄或者先锋霉素按20~25 mg/kg体重，同时配合卡那霉素、丁胺卡那霉素或者阿奇霉素肌肉注射，每日2次，连续3~5 d。

5. 控制脓性结膜炎：用2%的硼酸液洗眼后再用氯霉素眼药水和氢化可的松眼药水交叉点眼，也可用利福平眼药水或氟哌酸眼药水点眼。

6. 调整心律：心律失常者，用生脉注射液2~4 mL，肌苷50~100 mg，维生素B_{12} 0.5~1 mg混合肌肉注射，每日2次，连续3 d。心律失常的病例，用心律平口服，小犬每次75 mg，大犬150 mg，每日2~3次，连续2~3 d。

7. 治疗鼻炎：脓炎鼻炎或严重鼻塞的病例，可用麻黄素、可的松和卡那霉素滴鼻液混合滴鼻，每2小时1次，连续1~2 d，也可用呋麻滴鼻液滴鼻。

8. 止咳化痰：对干咳或者痉挛性咳嗽的病例可用咳快好，小犬10 mg，大犬20 mg；氨茶碱，小犬30 mg，大犬50~100 mg；扑尔敏，小犬2 mg，大犬4 mg；甘草片，小犬1片，大犬2~3片；地塞米松，大小犬一律0.75 mg，混合口服，每日3次，连续1~2 d。

9. 抗癫痫：苯妥英钠，2~6 mg/kg体重，口服，每日2~3次，或者苯巴比妥钠，8~10 mg/kg体重，口服，每日2~3次，或扑癫酮250~1 000 mg/d，分3次口服，或安定100~200 mg/次，肌肉注射，对缓解症状有一定效果，但彻底恢复困难。

10. 中药治疗：本着清热解毒、清肝明目、熄风止痉的治疗原则进行治疗：

银花25 g、板蓝根35 g、穿心莲45 g、防风15 g、菊花35 g、龙胆草40 g、千里光40 g、黄芩30 g、僵蚕15 g、天麻15 g、钩藤30 g、柴胡25 g、甘草20 g、煎水内服，两日1剂。

11. 支持疗法：对病程较长，出现衰弱症状的患犬，可静脉补给10%葡萄糖30~50 mL/kg，同时加入VB_6 50 mg，VC 500 mg，三磷酸腺苷5~20 mg，细胞色素C 5~15 mg，复方氨基酸

100~250 mL，新鲜犬血浆 25~50 mL，对缓解病情、改善全身状况有良好的效果。

知识链接

犬瘟热的诊断中要注意与犬传染性肝炎、犬细小病毒性肠炎、钩端螺旋体病、狂犬病及犬副伤寒作区别诊断。犬传染性肝炎缺乏呼吸道症状,有剧烈腹痛特别是剑突压痛；血液不易凝结，如有出血，往往出血不止；剖检时有特征性的肝和胆囊病变及体腔的血液渗出液，而犬瘟热则无此变化。犬传染性肝炎组织学检查为核内包涵体，而犬瘟热则是胞质内和核内包涵体,且以胞质内包涵体为主。犬细小病毒性肠炎典型症状为出血性腹泻,病犬发病急，病死率高，眼、鼻缺乏卡他性炎症，发病初期(3~9d)，其粪便上清液对猪的红细胞具有较高的凝集作用。钩端螺旋体病不发生呼吸道炎症和结膜炎，但有明显黄疸，病原为钩端螺旋体。狂犬病有喉头和咬肌麻痹症状及攻击性，而犬瘟热则没有。副伤寒发生前无呼吸道症状和皮疹，剖检见脾显著肿大，病原为沙门氏杆菌，而犬瘟热病例的脾一般正常或稍肿，病原为病毒。

任务二 犬细小病毒病

犬细小病毒病（Canine parvovirus disease)是由犬细小病毒 CPV 引起的犬的一种急性传染病。特征：频繁呕吐、出血性肠炎（血痢）、迅速脱水和非化脓性心肌炎症状。多发于3~6月龄幼犬，常常同窝暴发，死亡率高达 50%~100%。

病原　犬细小病毒（CPV)是细小病毒科、细小病毒属 DNA 型病毒。病毒粒子细小，直径20~22 nm，呈 20 面体对称，无囊膜，在 CsCl 中的浮密度 1.43 g/cm³。病毒在 4℃和 25℃都能凝集猪和恒河猴的红细胞，但不能凝集其他动物的红细胞。犬细小病毒在猫、犬、牛、猴、浣熊和貂等动物培养细胞中均能生长，并产生大量的嗜碱性核内包涵体。这种包涵体在接种临床病料（如粪便)之后的 36 h 即可出现。CPV 有 2 型、2 a 型和 2 b 型三型，2 型用来制作疫苗以及单克隆抗体，可以保护 2 型和 2 a 型，但 2 型和 2 b 型之间没有交叉保护力。病毒对各种理化因素有较强的抵抗力，在 pH 3.0~9.0 和 56 ℃的条件下，至少能稳定 1 h，对乙醚和氯仿等脂溶性溶剂不敏感，但对福尔马林、β-丙内酯、氧化物(漂白粉、PP 粉)、紫外线等较为敏感。0.5 %的福尔马林液能很快使其灭活。

流行病学　主要感染犬，断奶前后的幼犬最易感，小于 4 周龄的仔犬和大于 5 岁的老龄犬发病率低，其次是狐、貂等。病毒存在于病犬粪便、尿液、唾液和呕吐物中。易感犬主要是摄入病毒污染的食物和饮水或与病犬直接接触而经消化道感染。

本病的发生无明显的季节性。一般夏、秋季多发。天气寒冷，气温骤变、拥挤、卫生水平差和并发感染，可加重病情和增加病死率。

症状与病变　临诊上分为两个型，即肠炎型和心肌炎型。

肠炎型：主要发生于 8 周龄以上的犬，潜伏期 7~14 d，患犬精神沉郁，食欲废绝，呕吐，体质迅速衰弱。不久，发生腹泻，粪便呈黄色或灰黄色，呈喷射状排出，粪便覆盖有多量黏液和伪膜，随后粪便带血呈番茄汁样，有难闻的腥臭味。病犬迅速脱水，眼窝深陷，常在出血性腹泻后1~3 d内死亡。发病率为20%~100%，死亡率为10%~50%。

剖检见病死犬脱水，可视黏膜苍白、腹腔积液。病变主要见于空肠、回肠。浆膜暗红色，浆膜下充血、出血，黏膜坏死、脱落、绒毛萎缩。肠腔扩张，内容物水样，混有血液和黏液。肠系膜淋巴结充血、出血、肿胀。组织学变化为后段空肠、回肠黏膜上皮变性、坏死、脱落，有些变性或完整的上皮细胞内含有核内包涵体。绒毛萎缩、隐窝肿大、充满炎性渗出物。肠腺消失，残存腺体扩张，内含坏死的细胞碎片。

心肌炎型：主要发生于4~6周龄的幼犬。特点是临床症状未出现就突然死亡，或者出现严重的呼吸困难之后死亡。病程稍长的病例，病初仅有轻度腹泻，突然病情加重，可视黏膜苍白，病犬迅速衰竭，呼吸极度困难，常因急性心力衰竭而突然死亡。死亡率为60%~100%。剖检见肺水肿，局灶充血和出血，肺表面色彩斑驳。心脏扩张，心肌松软，心房、心室有界限不明显的苍白区，心肌或心内膜有非化脓性坏死灶。

诊断

1. 临床诊断

根据流行病学、临床症状和特征性病理解剖变化，可以做出初步诊断。凡突然发病呕吐，吐后食欲废绝，精神高度沉郁的病例，应该考虑细小病毒感染的可能性。

2. 实验室检验

肠炎型主要表现白细胞减少，小犬可低到 $0.1×10^9$/L~$0.2×10^9$/L，多数是$0.5×10^9$/L~$2×10^9$/L；较老的犬只有轻微的降低。因胃肠道黏膜受损，蛋白质缺失，造成低蛋白症，尤其是低白蛋白症。

3. 细小病毒试纸快速诊断法

(1)用棉签取病犬粪便并插入含有反应稀释液的样品管中混匀。

(2)用吸管吸取样品管中被萃取的表面混合液4滴滴入样品孔中。

(3)过5~10 min后判断结果。

(4)一条红线为阴性，两条红线为阳性。

4. 血凝试验

用10倍稀释的粪便，5 000 r/min离心后，用猪红细胞在4℃条件下做直接血球凝集试验，可做出简单的快速诊断。

预后 细小病毒性肠炎的特点是病程短急、恶化迅速，病程短的4~5 d即会死亡，长的1周左右，与犬瘟热明显不同。治疗中若能迅速有效地止吐、止泻和止血，并及时合理地输液纠正水、电解质及酸碱平衡紊乱，可显著提高治愈率。心肌炎型治愈率极低，往往会出现突然死亡。

预防 本病发病迅猛，应及时采取综合性防疫措施，及时隔离病犬，对犬舍及用具等用2%~4%火碱水或10%~20%漂白粉液反复消毒。使用犬细小病毒弱毒疫苗的单苗或联苗进行免疫接种，能有效地预防本病。免疫程序：小犬2月龄时免疫第一次，间隔两个星期免疫第二次，再隔两个星期免疫第三次，成年犬每年免疫两次。也可以参照犬瘟热的免疫程序进行免疫。

治疗 发现肠炎型病例立即隔离饲养，加强护理，采用对症疗法。

1. 特异疗法

早期使用犬细小病毒高免血清 2~4 mL/kg，静脉滴注，每日 1 次，或使用犬细小病毒单克隆抗体 1 mL/kg，肌肉注射，每日 1 次，连续 3 d。

2. 支持疗法

肠炎型病例，用林格氏液 50~80 mL/kg，加 50%葡萄糖配成 5%的浓度，配合使用肌苷 30~100 mg，ATP 5~20 mg，VB_6 50mg，VC 0.5~1.0g，地塞米松 25~50 mg 静脉滴注，每日 1 次。如临床上尚不能确定脱水性质时，可按等渗性脱水补充。

口服补液自饮，配方为：氯化钠 3.5 g，氯化钾 1.5 g，碳酸氢钠 2.5 g，葡萄糖 20 g，用时加水 1 000 mL，现用现配。

3. 对症疗法

强心：生脉针 1~6 mL，10%安钠咖 0.2~1 mL，混合肌肉注射或静脉滴注。

止血：卡络磺钠 5~20 mg，止血敏 1~4 mL，肌注或静滴，或云南白药口服。

止吐：甲氧氯普胺(灭吐灵)1~2 mg/kg 体重，VB_6 20~50 mg 混合肌注；阿托品 0.5~2 mg，皮下注射；爱茂尔(溴米那普鲁卡因)1~2 mL，皮下或肌肉注射。

止泻：思密达 1/2~2 包+庆大霉素 4 万~8 万单位，温水调粥后灌服，每日 2 次。

纠酸：5% $NaHCO_3$ 液 10~30 mL，静脉滴注。

4. 控制继发感染

氨苄青霉素 30~35 mg/kg 体重，庆大霉素 2~4 mg/kg，静滴和肌肉注射，每日 1~2 次。

5. 使用免疫增强剂

干扰素：小犬 5 mg，大犬 10 mg，肌注，每日 1 次，连用 3~5 d。转移因子：小犬 2~3 mg，大犬 3~6 mg，肌注，隔日 1 次，连用 3 次。胸腺肽：小犬 5 mg，大犬 10 mg，肌肉注射，每日 1次或隔日1次，连用 3 次。

6. 中药治疗

出血性肠炎型宜清热解毒、凉血止痢。

黄连 20 g、黄檗 30 g、黄芩 30 g、木香 25 g、白芍 35 g、葛根 20 g、地榆 30 g、郁金 25 g、大蓟 25 g、小蓟 25 g 及甘草 15 g 煎水内服，日服三次，两日一剂，若呕吐严重时，可直肠深部给药。

任务三　犬传染性肝炎

犬传染性肝炎是由犬Ⅰ型腺病毒引起的犬的一种急性、高度接触传染性败血性的传染病，特征为循环障碍、肝小叶中心坏死以及肝实质和内皮细胞出现核内包涵体。

病原及流行特点

1.病原

犬Ⅰ型腺病毒，又称犬传染性肝炎病毒，属于腺病毒科，哺乳动物腺病毒属，双股DNA病毒。本病毒在4 ℃，pH 7.5~8.0时能凝集鸡红细胞，在pH 6.5~7.5时能凝集大鼠和人O型红细胞，这种血凝作用能为特异性抗血清所抑制。利用这种特性可进行血凝抑制试验。

本病毒的抵抗力相当强大，在污染物上能存活10~14 d，在冰箱中保存9个月仍有传染性。冻干可长期保存。37 ℃可存活2~9 d，60 ℃，3~5 min灭活。对乙醚和氯仿有耐受性，在室温下能抵抗95%酒精达24 h，污染的注射器和针头仅用酒精棉球消毒仍可传播本病。苯酚、碘酊及烧碱是常用的有效消毒剂。主要经消化道传染，也可经胎盘、血液制品传播。

2.传染源

患犬和带毒犬，通过眼泪、唾液、粪尿等分泌物和排泄物排毒，污染周围环境、饲料和用具等。

3.易感动物

各种品种和任何年龄的犬均易感。一岁以内的幼犬和刚断奶的小犬最易发病，死亡率高达25%~40%，成年犬死亡率很低。犬科其他动物如狐、狼也能感染发病。

本病可发生于任何季节，无年龄和品种差异。很多国家的犬群中抗体检出率都高达45%~75%。本病常见于1岁以内的幼犬，刚断奶的小犬最易发病。幼犬的病死率高。

症状和病变　本病潜伏期6~9 d。某些幼犬最急性病初体温升高，精神高度沉郁，通常未出现其他症状便于1~2 d内死亡。

1.类似感冒症状

多数患犬病初似急性感冒，体温升高，精神沉郁，食欲废绝，眼、鼻有少许浆液或黏液性分泌物，但无咳嗽症状。

2.消化道症状

呕吐、排果酱样粪便或血性腹泻是本病的主要症状，齿龈上的出血点或出血斑是本病的重要症状。

3.其他症状

不少患犬腹部膨大，胸、腹腔穿刺可排出大量清亮、淡红色液体，触摸剑状软骨部位敏感疼痛。很多患犬出现蛋白尿。部分患犬一眼或两眼角膜在疾病恢复期混浊，似被淡蓝色薄膜覆盖，称为"肝炎性蓝眼"，数天后角膜转为透明。

剖检病变：

1.肝脏肿大，呈淡棕色或血红色，被膜紧张，肝小叶清楚，表面呈颗粒状。

2.腹腔积液，液体中含有大量血液，暴露在空气后常发生凝固。

3.胆囊壁水肿，增厚，出血，呈黑红色，胆囊黏膜有纤维蛋白沉着。

4.脾肿大，胸腺点状出血。体表淋巴结、颈淋巴结和肠系膜淋巴结出血。

血液检查 白细胞总数减少至 $2.50×10^9/L$ 以下。血糖降低，转氨酶升高，部分病例黄疸指数升高。潜伏期6~9 d。严重幼犬病例在出现症状后1~2 d突然死亡，多数病例7~10 d后死亡。

诊断 依据临床症状应怀疑本病。

对死亡患犬剖检，一般可见肝脏略肿大，胆囊壁水肿，小肠出血，胸腹腔内积有大量清亮、浅红色液体。组织学变化为肝实质呈不同程度的变性，在肝细胞及窦状隙内皮细胞内含有核内包涵体。本病目前尚无临床快速诊断试纸，而实验室诊断方法很多，主要有微量血凝与血凝抑制试验、荧光抗体检查和PCR方法等。

预后 由于病毒对肝脏与小血管内皮细胞造成损害，采用常规药物一般难以控制患犬的出血症状，最终患病幼犬大多以严重贫血及脱水而死亡。成犬通常可以耐过，大多在2周内康复，并产生较强的免疫力。

预防 用犬传染性肝炎弱毒疫苗进行免疫接种，可以单独使用，也可使用联苗。

免疫程序： 单苗9周龄时进行第一次接种，15周龄时进行第二次接种。联苗参照犬瘟热免疫程序。

治疗 无特效药物。此病毒对肝脏的损害作用在发病1周后减退，因此，主要采取对症治疗和加强饲养管理。

1.病初大量注射抗犬传染性肝炎病毒的高效价血清，可有效地缓解临床症状。但对特急性型病例无效。选用犬传染性肝炎抗血清，以2 mL/kg体重的剂量皮下注射，1次/日，连用3 d。

2.补液保肝可用50%葡萄糖溶液20~50 mL，复方氯化钠溶液50~100 mL，维生素C 500 mg，三磷酸腺苷二钠100 mg，维生素B_1 300 mg，静脉输注，并口服肝泰乐片，连用3~5 d。

3.对贫血严重的犬，可输全血，间隔48 h以17 mL/kg体重的量，连续输血3次。为防止继发感染，投与广谱抗生素，以静脉滴注为宜。

4.对过敏性角膜炎，可使用阿托品消除疼痛，防止日光照射。出现角膜混浊，一般认为是对病原的变态反应，多可自然恢复。

若病变发展使前眼房出血时，用3%~5%碘制剂(碘化钾、碘化钠)、水杨酸制剂和钙制剂以3:3:1的比例混合静脉注射，每天1次，每次5~10 mL，3~7 d 为1个疗程。或肌肉注射水杨酸钠，并用抗生素点眼液。注意防止紫外线刺激，不能使用糖皮质激素。

5.对于表现肝炎症状的犬，可按急性肝炎进行治疗。

6.中药可试用：柴胡6 g、大黄6 g、黄芩4 g、虎杖4 g、郁金3 g、乌梅4 g、白芍4 g、丹参4 g、赤芍6 g、枳壳3 g、制半夏3 g，水煎口服，1次/d，连用3 d或内服茵陈蒿汤。

知识链接

本病应注意与犬瘟热、细小病毒性肠炎、感冒或外伤性角膜混浊等进行鉴别。

1.与犬瘟热相比，本病无呼吸道和神经系统感染症状；

2.与细小病毒性肠炎相比，两者都有出血性腹泻症状，但细小病毒感染不见齿龈出血点、斑，不见腹部膨大；

3.与感冒相比，无呼吸道感染症状，而有消化道感染症状；与外伤性角膜混浊相比，"肝炎性蓝眼"的角膜表面光滑，无外伤痕迹，而单纯外伤性角膜混浊的患犬没有体温升高和消化道感染等全身症状。

任务四　犬冠状病毒病

犬冠状病毒病是由犬冠状病毒引起的一种急性肠道性传染病，以呕吐、腹泻、脱水及易复发为特性。本病既可单独发生，又常与犬细小病毒混合感染，加剧了病程。

病原　犬冠状病毒（Canine Corona Virus，CCV）属冠状病毒科冠状病毒属成员。呈圆形或椭圆形，长径80~120 nm，宽径为75~80 nm，有囊膜，囊膜表面有花瓣状纤突，长约20 nm，冻融极易脱落，失去感染性。核衣壳呈螺旋状。病毒基因型为单股RNA。病毒在CsCl中的浮密度为1.15~1.16 g/cm³。

病毒对氯仿、乙醚、脱氧胆酸盐敏感，对热也敏感，用甲醛、紫外线能灭活。对胰蛋白酶和酸有抵抗力，病毒在粪便中存在6~9 d。本病毒与猪传染性胃肠炎病毒、猫传染性腹泻病毒和人冠状病毒229 E株有相关抗原，但犬冠状病毒只有1个血清型。

流行病学　本病可感染犬、貉和狐狸等犬科动物，不同品种、性别和年龄的犬都可感染，但幼犬最易感，发病率几乎为100 %，病死率约50 %。病犬和带毒犬是主要传染源。病毒通过直接接触和间接接触，经呼吸道和消化道传染给健康犬及其他易感动物。本病一年四季均可发生，多见于冬季。气候突变、卫生条件差、犬群密度大、断奶转舍及长途运输等可诱发本病。

症状　潜伏期1~5 d，临床症状轻重不一。主要表现为呕吐和腹泻，严重病犬精神不振，呈嗜睡状，食欲减少或废绝，多数无体温变化。口渴、鼻镜干燥、呕吐，持续数天后出现腹泻。粪便呈粥样或水样，红色或暗褐色，或黄绿色，恶臭，混有黏液或少量血液。白细胞数正常，病程7~10 d，有些病犬，尤其是幼犬发病后1~2 d内死亡，成年犬很少死亡。

病变　剖检病变主要是胃肠炎。肠壁薄、肠管内充满白色或黄绿色、紫红色血样液体，胃肠黏膜充血、出血和脱落，胃内有黏液。其他如肠系膜淋巴结肿大，胆囊肿大。

组织学检查主要见小肠绒毛变短、融合、隐窝变深，绒毛长度与隐窝深度之比发生明显变化。上皮细胞变性，胞质出现空泡，黏膜固有层水肿，炎性细胞浸润，上皮细胞变平，杯状细胞的内容物排空。

诊断

1. 临床诊断：根据流行病学、临床症状、病理剖解变化可做出初步诊断。

2. 犬冠状病毒　试纸快速诊断法：①用棉签从病犬直肠中蘸取粪便。②将棉签插入反应稀释液的样品管中混匀。③用吸管吸取萃取液 4 滴滴入反应孔。④过 5~10 min 后判断结果。出现一条红线为阴性，两条红线为阳性。

预后　幼犬多发病，死亡率高，成年犬死亡率较低。

防治　主要采取综合性防治措施。尽早采取对症疗法，无特异性治疗方法。乳酸林格氏液和氨苄青霉素 10~20 mg/kg 体重静脉滴注，同时投以肠黏膜保护剂。抗菌消炎，防止继发感染，可用青霉素或先锋霉素加入 5%葡萄糖溶液中，缓慢静脉滴注，1~2 次/日。纠正水和电解质紊乱，可用复方氯化钠 100~300 mL，10%葡萄糖 50~200 mL，维生素 C 5~10 mL，维生素 K_3 4~8 mg，三磷酸腺苷 10~20 mg，辅酶 A 10~20 单位，654-2 注射液 0.3~1 mL，静脉滴注，2 次/日。

国内解放军军需大学已研制出冠状病毒灭活苗，按仔犬 6~8 周龄起，以 2~3 周的间隔连续免疫 3 次，每次肌肉注射一个剂量，可获一年免疫力。

任务五　犬轮状病毒感染

本病是由轮状病毒（Canine rotavirus，CRV）引起的，是一种临床上以幼犬腹泻为主要症状的急性肠道传染病。

流行性轮状病毒有一定的交互感染作用，可以从人或犬传给另一种动物，只要病毒在人或一种动物中持续存在，就有可能造成本病在自然界中长期传播。患病的人、畜及隐性感染的带毒者，都是重要的传染源。病毒存在于肠道，随粪便排出体外，经消化道传染给犬。

本病多发生于冬季，幼犬表现严重的临床症状。卫生条件不良或腺病毒等合并感染，可使病情加剧，死亡率增高。

症状　成年犬一般为隐性感染。1 周龄以内的仔犬常突然发生腹泻，粪便呈黄绿色或绿色及褐色，恶臭，或呈无色水样。严重者粪便带有黏液和血液。因脱水和酸碱平衡失调，病犬心跳加快，皮温和体温降低。脱水严重者，常因衰竭而死亡。

从腹泻死亡仔犬中分离的轮状病毒，人工经口接种易感仔犬，可于接种后 20~24 h 出现中度腹泻，采集第 12~154 h 的粪便能分离出病毒。还有一些临床无症状的健康犬粪便中，也可分离出轮状病毒。轮状病毒感染主要局限于小肠，特别是下 2/3 处的空肠和回肠部。小肠绒毛萎缩，柱状上皮细胞肿胀、坏死、脱落。

治疗

1.腹泻犬的水和电解质大量丧失，小肠营养吸收障碍，因此，重症犬必须输液。根据皮肤弹性和眼球下陷情况以及测定红细胞容积和血清总蛋白量来确定脱水的程度。

2.发现病犬，应立即隔离对症施治。

3.如病犬可以口服，让病犬自由饮用葡萄糖氨基酸液或葡萄糖甘氨酸溶液（葡萄糖43.2 g、氯化钠 9.2 g、甘氨酸 6.6 g、柠檬酸 0.52 g、柠檬酸钾 0.13 g、无水磷酸钾 4.35 g，溶于 2000 mL 水中）。

4.呕吐严重者可静脉注射 5%葡萄糖溶液和乳酸林格氏液，比例为 2:1 较好，并给予止吐剂。

5.防止发生继发性细菌感染，可试投服抗生素及应用免疫增强剂。

任务六　犬副流感

犬副流感是由犬副流感病毒（Canine Parainfluenza Virus，CPIV）引起的一种主要表现为呼吸道症状的传染病。临床上以发热、流涕和咳嗽、卡他性鼻炎和支气管炎为特征。它是仔犬窝咳的病原之一，主要感染幼犬。

病原及流行特点

病原：犬副流感病毒属副黏病毒科，副黏病毒属，单股RNA病毒。自然感染途径主要是呼吸道。

传染源：急性期病犬是最主要的传染源。

易感动物：各种品种、年龄、性别的犬均可感染，但幼犬感染病情较重且病程较长。

流行特点：不同季节都可发病，卫生条件差、拥挤、长途运输、应激可使本病加剧，多为突然暴发，大面积流行。本病几乎在世界上所有的国家都有流行。

症状　主要表现为呼吸道卡他性炎症，咳嗽，起初流大量浆液性分泌物，而后流黏液性、不透明鼻分泌物。本病的临床特征是发病急，传染快，往往在犬场中某一窝犬先发病，而后在整个犬场中迅速传播，呈暴发流行。病犬干咳，浆液性或黏液性鼻漏，病犬倦怠，精神不振。病程可达 3 周以上，如与支原体或支气管败血波氏杆菌混合感染（即犬窝咳），病情加重。

有的犬感染后表现后躯麻痹和运动失调等症状。本病如未并发或继发感染，一般预后较好，死亡率低。但病犬年龄小，治疗不当，易造成死亡。

诊断　结合本病的临床症状和流行病学、剖检变化可做出初步诊断。与犬呼吸道传染病的临床症状很相似，鉴别诊断应采取实验室检查方法，可进行细胞培养分离和鉴别病原。血清中和试验、血凝抑制试验检查双份血清的抗体效价是否上升可进行流行病学调查和本病的回顾性诊断。临床常用犬副流感抗原金标检测卡、犬瘟热—犬副流感病毒（CDV+CPIV）快速检测试纸卡、犬副流感病毒快速检测试纸卡进行诊断。

治疗 对本病的治疗主要是对症治疗和防止继发感染，对干咳的犬可用复方甘草合剂、联邦止咳露等，对严重咳嗽的犬可用超声波气雾疗法；食欲差的犬可静脉输入等渗葡萄糖液，并注意补充 ATP、辅酶 A 和维生素 C、维生素 B 族；本病常继发感染支气管败血波氏杆菌、支原体，为防止继发感染，可选用先锋霉素、林可霉素、氨苄青霉素等；抗病毒感染可选用病毒唑等；为提高抵抗力，可给予高免血清或静脉注射血清白蛋白。

预防 本病的预防主要是进行免疫接种，目前国内多使用含犬副流感弱毒疫苗的犬用六联弱毒疫苗和五联弱毒疫苗，一般幼犬在 6~8 周龄时进行首免，以 2 周为间隔，连续接种 3 次，可取得较好效果。由于本病主要通过空气经呼吸道传播，一旦发生即很快蔓延到整个犬群，难以控制。

任务七　犬传染性气管支气管炎

该病也称犬窝咳病，可侵害任何年龄的犬。其临床特征病为犬干咳，咳后间或有呕吐，咳嗽也往往随运动或气温的变化而加重，夜晚尤为明显。

病原与流行特点

本病是多种病毒、细菌、支原体单一或混合感染所致。可能的病原有支气管败血波氏杆菌、犬副流感病毒、犬腺病毒Ⅱ型、犬瘟热病毒等。健康犬吸入病原体污染的空气，经呼吸道感染。环境因素如寒冷，可增加犬的易感性。

症状 突发性阵发性咳嗽，并伴有恶心呕吐状，喉部轻压可诱发咳嗽。无继发细菌感染时，体温往往正常。原发病是自限性的，最初 5 d 症状严重，继发或并发细菌感染可使病程延长，病情加剧。当分泌物堵塞部分呼吸道时，听诊可闻粗厉的肺泡音及干啰音。混合感染严重的犬，体温升高，精神沉郁，食欲不振，流脓性鼻液。

防治 镇咳药，如磷酸可待因，口服 1~2 mg/kg 体重，4~8 h 一次。重酒石酸二氢可待因酮，口服 0.25 mg/kg 体重，每日 3 次。右旋甲氧甲基吗啡，口服 1~2 mg/kg 体重，每日三次。硫酸吗啡，皮下注射 0.1 mg/kg 体重，每日一次。排痰咳嗽时，要用祛痰剂，同时停用镇咳药。蒸汽疗法可使症状改善。临床上，有支气管败血波氏杆菌感染时，常用氯霉素、庆大霉素、卡那霉素和四环素，连续用药 14 d。有轻咳而无全身症状的病犬，应进行良好的护理，如保温、通风、减少运动等，以免引起阵咳。

预防可用Ⅱ型犬腺病毒、犬副流感病毒、犬细小病毒、犬疱疹病毒和钩端螺旋体多价疫苗接种，可防止相应病原体的感染，6 个月后重复接种。支气管败血波氏杆菌疫苗是一种鼻内接种的活的无毒株。肌肉注射用的灭活波氏杆苗为细菌培养物或浸出液。

任务八 犬疱疹病毒病

犬疱疹病毒(Canine Herpes Virus, CHV)病是乳犬的一种致死性传染病。主要侵害三周龄以内的乳犬。临床上以呼吸道卡他性炎症、肺水肿、全身性淋巴结炎和体腔渗出液增多为特征;母犬以流产和繁殖障碍为特征;成年犬大多数为亚临床感染。

病原与流行特点

CHV为一种有囊膜的DNA病毒,其直径120~200 nm,病毒能在犬肾、肺、子宫细胞中迅速增殖,于感染16 h后引起细胞病变。

CHV主要为害1月龄以内的幼犬,1周龄的幼犬死亡率可达80%。大于12月龄的犬感染后无明显症状。新生犬易感性高,是由于体温较低,有利于疱疹病毒迅速繁殖和散播。成年犬是无症状的带毒者,幼犬可通过胎盘感染;也可于出生时通过产道被感染,或者吃入被污染的物质而感染。

症状

潜伏期为3~8 d,病初排淡黄色或者绿色粪便,1~2 d后出现病毒血症、厌食、呼吸困难、腹痛、呕吐和持续鸣叫。通常在发病24 h内死亡。三月龄以上的犬和成年犬感染后主要表现为喷嚏、干咳、流鼻涕等呼吸道症状,持续2周以上自愈。妊娠母犬往往发生流产。人工感染的母犬能引起阴道炎。

病变

肾皮质弥漫性出血,在肾脏表面形成条纹状斑。肺水肿,肺上有散在的出血斑点。肝、胃肠道出血。脾脏充血、肿大,全身淋巴结充血肿大。体腔中常见血性液体。

诊断

1.临床诊断:根据临床症状和病理变化可做出初步诊断。

2.血清学诊断:可采用中和试验、荧光抗体试验等血清学方法进行诊断。

预防

目前尚无有效疫苗提供,母犬感染后能产生抗体,所以第一窝仔犬感染后,以后一般不受感染。当疾病流行时,可用发病仔犬的母犬血制备高免血清给所有刚出生的小犬腹腔注射,每只犬2~3 mL,能防止小犬死亡。

治疗

在首先保温的基础上,对症状轻微的病例,肌肉注射丙种球蛋白1~2 mL,阿昔洛韦10~30 mg,鼻塞的病犬用麻黄素1 mL,地塞米松5 mg,卡那霉素50万单位混合滴鼻;缺氧时采用鼻导管给氧;腹胀时用少量正红花油涂于手心,轻轻揉压腹部。

任务九　狂犬病

狂犬病（Rabies）又称疯狗病，是人和所有温血动物共患的急性直接接触性传染病，患犬以狂躁不安、行为反常、流涎和意识丧失、进行性麻痹为突出症状，同时感染的神经元内出现胞质内嗜酸性包涵体。该病症状明显而严重，病死率极高，一旦发病，几乎全部死亡。

病原及流行特点

病原：本病病原为狂犬病病毒，主要通过皮肤、黏膜伤口传染，亦有通过气雾经呼吸道和误食患病动物肉类经消化道感染的报道。

传染源：带毒犬、猫是人、畜发生狂犬病的主要传染源。病毒侵入动物机体后主要存在于大脑皮层、海马回、小脑、延脑和脊髓，唾液腺和唾液中也含有大量病毒，并随唾液排出体外。

易感动物：犬科和猫科动物对狂犬病病毒高度易感。

流行特点：本病在全世界野生动物中广泛流行，野生动物是自然界中传播本病的储毒宿主和自然疫源。

症状与病变　感染狂犬病毒后，犬、猫和人的潜伏期近似，平均为20~60 d，长的可达数月至数年，短的仅有一周。依据临床特点，分狂暴型和麻痹型。

1.狂暴型：病初精神沉郁，喜卧暗处，喜食异物，唾液增多，后躯软弱，约1~2 d，称为前驱期；接着呈现兴奋狂暴，目光凝视，瞳孔散大，四处游荡，常攻击人、畜，叫声嘶哑，口流唾液，约2~4 d，称为兴奋期；之后下颌下垂，张口流涎，行走摇晃，消瘦脱水，终因全身衰竭和呼吸中枢麻痹而死亡，约为1~2 d，称为麻痹期。

2.麻痹型：因兴奋期很短，主要表现麻痹症状，以张口垂舌、口流唾液，并由头部及后躯局部麻痹发展为四肢及全身麻痹，多在1~2 d内死亡。

猫的症状与犬相似，狂暴型多见。在人接近时有突然攻击行为，并常攻击人头部。所以对符合本病特征的患猫应格外重视。

诊断　依据患病动物狂暴不安、张口流涎、主动攻击人、畜和后期运动失调等临床特征，结合散发及曾被咬伤病史，可做出初步诊断。狂犬病的实验室诊断主要应用ELISA检测试剂盒，可对疑似动物进行狂犬病抗原定性及血清抗体水平检测。

预后　本病一旦出现症状，致死率几乎100%。

防治　狂犬病病犬无治疗意义。因对人、畜危害大，所以一经发现，一律捕杀并无害销毁，同时做好环境消毒工作。

狂犬病的预防主要是接种狂犬病疫苗。目前常用的狂犬病疫苗有进口和国产疫苗。3月龄以上的犬可以接种，每年1次。加强检疫，引进未接种疫苗的犬应隔离观察几个月。从多年临床效果来看，未见接种疫苗的犬患过狂犬病。因此，接种疫苗是预防犬的狂犬病，保护人类健康的有效手段。

人若被可疑动物咬伤，应迅速用清水及20%肥皂水反复冲洗伤口至少20 min，或用肥皂水擦洗，然后涂擦2%~5%碘酊，并于被咬伤24 h内接种狂犬病疫苗，如有条件，同时注射狂犬病高免血清更好，此举可明显降低发病率。人用狂犬病疫苗我国目前使用原代仓鼠肾细胞培养苗，常规采用5针法，即0 d、3 d、7 d、14 d、30 d各肌注2 mL。近年来改用连续10针法(0~9 d各1针)，7针法(0 d、3 d、6 d、9 d、12 d、15 d、21 d各1针)或变5针法(0 d、3 d、6 d、9 d、12 d各1针)，在免疫后血清中和抗体高峰均可提前至30 d时出现，而常规5针法要在免疫后90 d才出现。

经常接触犬、猫及野生动物，具有较大感染危险的兽医工作人员和其他人员，应定期进行预防注射。

任务十　猫泛白细胞减少症

猫泛白细胞减少症也称"猫传染性肠炎""猫瘟热""猫瘟"。是一种由猫细小病毒(Feline parvovirus, FPV)引起的高度接触传染性疾病。主要发生于1岁以内的幼猫，临床表现以猫突发高热40 ℃以上、呕吐、腹泻、高度脱水及循环血流中白细胞减少为特征。以幼小猫的发病率和死亡率为最高。

病原　猫细小病毒是细小属成员，电镜下检查，病毒粒子的直径在20~25 nm，无囊膜，基因组为单股DNA链。

FPV能在猫肾、肺和睾丸原代细胞及传代细胞上生长增殖，并产生细胞病变和核内包涵体，用苏木素-伊红染色可查出细胞核内包涵体，FPV仅有1个血清型，且本病毒与水貂肠炎病毒(MEV)、犬细小病毒(CPV)具有抗原相关性。但与其他种类的细小病毒无相关性。血凝性较弱，仅能在4 ℃和37 ℃条件下凝集猴和猪的红细胞。

FPV对乙醚、氯仿、酸、酚有较强的抵抗力，对热也有较强的耐受性，66 ℃时能存活30 min，但对福尔马林敏感，0.2%的福尔马林溶液能在24 h内使病毒灭活。

流行病学　本病常见于猫和其他猫科动物(虎、野猫、猞猁、猎豹和豹)及鼬科(貂、雪貂)和浣熊科(长吻浣熊、浣熊)动物。各种年龄的猫均可感染发病，但主要发生于1岁以内的小猫，尤其是2~5月龄的幼猫最为易感。母源抗体通过初乳可使初生小猫受到保护。在多数情况下，1岁以下的幼猫感染率可达80%，死亡率为50%~60%，最高可达90%。成年猫也可感染，但临床症状不明显。

病猫和康复的猫是本病的主要传染来源。本病在自然条件下可通过直接接触和间接接触而传播。病毒通过粪便、唾液、尿液、呕吐物等，污染食物、用具及周围环境，使易感猫接触而感染，其病毒主要由消化系统和呼吸道侵入。康复猫和水貂可在几周内甚至1年以上在粪尿中还带有病毒。妊娠母猫还可通过胎盘垂直传播给胎儿。在猫发病的急性期间，跳蚤和吸血昆虫也可成为传播媒介。

本病一年四季均可发生，但以冬末至春季多发，尤其以3月份发病率最高。因长途运输、饲养条件急剧改变以及来源不同的猫混杂饲养等不良因素影响，可能导致本病呈急性暴发性流行。

临床症状 本病潜伏期2~10 d，通常在6 d以内。最急性型的病猫无任何前驱症状而突然死亡，往往误认为中毒。

急性型：病猫仅见一些前驱症状，很快于24 h内死亡。

亚急性型：一般表现精神倦怠，食欲废绝，体温升高，第1次发热体温升高达40 ℃左右，24 h左右降至常温。2~3 d后体温再次升高，体温达40 ℃以上，呈明显的双相热型。第二次发热时症状加剧，病猫精神高度沉郁、被毛粗乱、厌食、衰弱、伏卧、头搁于前肢，比较明显和典型的症状是呕吐、出血性肠炎、脱水和眼鼻流出脓性分泌物，呕吐物开始是食物，继而是无色的液体，以后带有胆汁色的泡沫样液体。病的后期，由于肠内细菌感染，可见下痢，腹泻物水样带血，有特殊的恶臭气味，病猫迅速脱水，体重减轻，最终心力衰竭死亡。

妊娠母猫感染，可发生流产和产死胎。由于猫泛白细胞减少症病毒对处于分裂旺盛期的细胞具有亲和性，可严重侵害胎猫脑组织，因此，所生胎儿可能小脑发育不全，呈小脑性共济失调、旋转等症状。

实验室检验 典型血液学变化是第2相发热后白细胞数迅速减少，由正常时血液白细胞$15×10^9/L$~$20×10^9/L$降至$8×10^9/L$以下，且以淋巴细胞和中性粒细胞减少为主，严重者血液涂片中很难找到白细胞，故称猫泛白细胞减少症。一般认为，血液白细胞减少程度标志着疾病的严重程度。血液白细胞数目降至$5×10^9/L$以下时表示重症，$2×10^9/L$以下时往往预后不良。

剖检变化 剖检可见病猫消瘦、脱水(除最急性外)，小肠有出血性炎症、黏膜肿胀。广泛出血，尤其是十二指肠和空肠最严重。胃肠道空虚，整个胃肠道的黏膜面均有不同程度的充血、出血、水肿及被纤维素性渗出物覆盖，肠壁严重充血、出血及水肿，肠壁增厚似乳胶管样，肠腔内有灰红或黄绿色的纤维素性坏死性假膜或纤维素条索。肠系膜淋巴结肿胀、出血，切面湿润，呈红、白相间的大理石样花纹，或呈一致的鲜红或暗红色。肝肿大呈红褐色。胆囊内充满黏稠胆汁。脾脏出血，肺充血、出血和水肿。长骨红骨髓变成脂状，呈胶冻样，完全失去正常硬度。

组织学检查发现肠绒毛上皮细胞变性，其内可见有核内包涵体。肝细胞、肾小管上皮细胞变形，其内也见有核内包涵体。

诊断

1.临床诊断：根据流行病学、典型的双相热型、频繁的呕吐和剧烈的腹泻，再结合血象检查的显著白细胞减少以及病理解剖，基本上能做出初步诊断。

2.FPV试纸快速检测：用细小病毒诊断试纸检测猫的粪便，阳性者为"猫瘟"。

3.血清中和试验方法：取病猫血清→加生理盐水稀释成不同的浓度→分别与等量病毒混合，置室温下1 h→每一混合液各取0.2 mL→接种于继代猫肾细胞→35 ℃下培养4~5 d→制片→苏木素-伊红染色→镜检细胞核内包涵体，如有，则被检血清是阳性，无则被检血清为阴性。

预后 本病为猫的致死性传染病，若无特异性高免血清治疗，治愈率很低，病死率60%~70%，甚至高达90%以上。血液检验白细胞总数降至2 000个/cm³以下的患猫，预后往往不良。

治疗 尚无有效药物，采取对症治疗，其中补液和控制继发感染，是重要治疗环节。

1.血清疗法：在疾病早期（病毒血症期间），注射抗猫瘟热高免血清有一定疗效，按2~4 mL/kg肌肉注射，每天一次，连续三天。

2.强心补液：复方氯化钠注射液50~80 mL/kg体重补给，加入50%葡萄糖配成5%的浓度，静脉滴注，每日一次，生脉针2~4 mL，VB_{12} 0.5~1 mg混合肌肉注射，每日1~2次。

3.控制继发感染：氨苄青霉素30~35 mg/kg体重，庆大霉素2~4 mg/kg体重，肌肉注射，每日2次。

4.止血：VK_3 10~20 mg/kg体重，止血敏5~10 mg/kg体重，肌肉注射，每日2次；卡络磺钠10~20 mg，肌肉或静脉注射，每日1次；立止血(巴曲酶)0.5~1 ku（克氏单位），肌肉或静脉注射，每日1次；云南白药0.5~1粒，口服或深部灌肠，每日1~2次。

5.止吐：VB_6 30~50 mg，甲氧氯普胺(灭吐灵)1~2 mg/kg体重，肌肉注射，每日2次；阿托品0.2~0.5 mg，皮下注射，每日2次。

6.中药治疗：双黄连注射液1~2 mL/kg或清开灵注射液1~2 mL/kg，肌肉注射或静脉注射，每日1~2次。

也可采用下列处方：黄连6 g、黄芩8 g、白芍10 g、葛根10 g、地榆10 g、侧柏10 g、白头翁15 g、木香6 g、郁金6 g及甘草6 g，煮汤内服，日服3次或深部直肠给药。

预防 本病预防的主要措施是及时给猫进行预防接种，由于猫泛白细胞减少症病毒仅有1个血清型，故所用疫苗均具有长期有效的免疫力。国产有猫瘟、狂犬二联苗可进行预防。英特威公司的"猫三联疫苗"，以预防猫瘟、猫病毒性鼻气管炎、猫杯状病毒感染。使用方法是：猫9周龄时首免，12周龄复免，以后每年加强免疫1次。

除进行免疫接种预防本病外，平时要加强饲养管理，注意环境卫生，增强猫的体质和抵抗能力。不到疫区引进新猫，对于新引进的猫，必须经免疫接种并观察60 d后，方可混群饲养。

未免疫的猫群一旦发病，立即隔离病猫。早期病猫可用抗血清以及对症、支持疗法和使用抗生素防止并发症等综合性措施进行抢救。在中、后期病猫要扑杀，并对病死猫深埋。污染的料、水、用具和环境用1%福尔马林彻底消毒。

任务十一　猫传染性腹膜炎

猫传染性腹膜炎是由猫冠状病毒引起的猫科动物的一种慢性进行性传染病。临床以腹膜炎、腹水和致死率较高为特征。

病原

1.病毒形态：该病毒属于冠状病毒科冠状病毒属的猫冠状病毒。该病毒的核酸由单股 RNA 链构成，病毒粒子表面不规则的纤状突起形成冠状结构。病毒粒子直径为 90~100 nm。

2.病毒特性：该病毒抵抗力较差，室温条件下可生存一天，0.2%福尔马林，1%~5%的漂白粉，0.1%新洁尔灭和加热，均可使病毒灭活。病毒对酚、低温和酸性环境抵抗力较强。

3.培养特性：猫冠状病毒能在猫的活体内连续传代增殖。亦可在猫肺细胞、腹水细胞等组织培养物内增殖。猫冠状病毒与猪传染性胃肠炎病毒、人和犬的冠状病毒在抗原结构上有相似之处。

流行病特点

猫冠状病毒可感染各种年龄的猫，1~2 岁的猫及老龄猫发病率最高。纯种猫发病率高于土猫。感染途径主要是经消化道感染，也可通过胎盘垂直感染，昆虫也能成为传播媒介。

症状

病猫体重逐渐减轻，食欲减退或间歇性厌食，体温升至 39.5 ℃~41.0 ℃。持续 1~6 周后，可见腹部膨胀。触诊时有明显波动感。病猫呼吸困难，逐渐衰弱，出现严重贫血症状，最后死亡。有些病例主要侵害眼、中枢神经、肾和肝脏，而腹水症状不明显。眼部感染可见角膜水肿，眼房液变红，眼前房内有纤维蛋白凝块；中枢神经受损时后躯运动障碍，共济失调，甚至全身痉挛，背部感觉过敏；肝脏受侵害的病例表现出黄疸症状；肾脏受侵害时在腹部扪及到肿大的肾脏，病猫出现慢性肾功能衰竭。

病变

腹腔积液，液体无色透明或淡黄色，卵白状，接触空气后易凝固。腹膜粗糙覆有纤维蛋白样渗出物。肝、脾、肾等器官表面有纤维蛋白附着，肝脏有小坏死灶，有的病例出现胸腔积液。也有侵害眼、中枢神经系统的病例。剖解可见脑水肿，肾脏表面凹凸不平，有肉芽肿样变化，肝脏有坏死灶。

诊断

1.临床诊断：根据流行病学、临床诊断和病理变化可做出初步诊断。

2.渗出液检查：腹腔渗出液早期多为无色透明或淡黄色液体，有黏性，含有纤维蛋白凝块，暴露在空气中发生凝固，比重较高 (>1.017)，蛋白质含量较高 (32~118 g/L)。含有大量巨噬细胞、间皮细胞和中性粒细胞。

3.血清学检查：可采用血清中和试验法、免疫荧光抗体法和酶联免疫吸附试验。
4.病毒分离：用腹水细胞及猫肺细胞进行培养可以获得成功。

防治

尚无有效的疫苗提供，本病没有特异治疗药物。凡出现腹水症状的病猫，一般建议安乐死。

任务十二　沙门氏菌病

沙门氏菌病又名副伤寒，是由沙门氏菌属细菌引起的人畜共患病。犬、猫多正常带菌，健康犬的粪便检出率为10%左右，犬、猫副伤寒的病原主要为鼠伤寒沙门氏菌，主要侵害幼龄犬、猫，病的特征为败血症与肠炎。幼龄动物可引起迅速脱水而衰竭死亡。

流行特点

病犬和病畜的乳、肉、蛋等是本病的主要传染源。犬食用被沙门氏菌污染的饲料或水而引起发病。本病主要通过消化道、呼吸道传染，而同窝新生仔犬、猫的感染源则多是带菌母犬、猫。幼犬、猫易感性最高，多呈急性暴发；成犬、猫在应激因素作用下也感染，但多呈隐性带菌，少数也会发病。

本病无明显的季节性，但与卫生条件低下、阴雨潮湿、环境污秽、饥饿和长途运输等因素密切相关。

犬群密度大，犬的体质差，投以抗生素扰乱肠道的正常菌群，投以免疫抑制剂以及手术等应激刺激，也可诱发本病。

症状

妊娠母犬感染后有流产或死胎，出生的仔犬体弱、消瘦。本病基本上是仔幼犬、猫的一种急性败血性疾病。患病仔幼犬、猫多呈菌血症和毒血症（内毒素），出现精神极度沉郁，食欲减退乃至废绝，体温升高到40 ℃~41 ℃，虚弱，继而表现腹痛和剧烈腹泻，排出带有黏膜的血样稀粪，有恶臭味，严重脱水。有的甚至出现休克或抽搐等神经症状。年龄稍大的幼龄病例，多表现胃肠炎病状，精神委顿，食欲下降，初期体温升高到40 ℃以上，随后出现腹泻，粪便初呈稀薄水样后转为黏液状，严重的，粪内混有血迹，数天后严重脱水，可发生死亡。也有的出现呼吸困难等肺炎症状或抽搐等神经症状。成年病例呈慢性经过，表现顽固性腹泻，逐渐消瘦，或有间歇性发热。

诊断

1.粪便细胞检查：取粪便样品做白细胞数检查，若见有白细胞或白细胞数增加，则表明为沙门氏菌性肠炎或其他细菌性肠炎，否则可能是病毒性肠炎。

2.血液细胞检查：取血液样品做细胞数检查，若血液中性粒细胞、淋巴细胞、血小板减少，且可在白细胞内见到沙门氏菌，则表明为副伤寒。

3.涂片镜检：取发热期血液、肝、脾等病料或纯培养物做涂（抹）片染色镜检，可见到革兰氏染色阴性、无荚膜的直杆菌。

4.增菌培养：取粪便、肠内容物或污染病料接种于亮绿—胱氨酸—亚硒酸钠肉汤（或亮绿—胆盐—四磺酸钠肉汤）培养基中，37℃培养24 h后，再接种在脱氧胆酸钠—枸橼酸琼脂等选择培养基上以获得纯培养。

5.分离培养：取肝、脾、淋巴结、心血等病料或增菌培养物接种于SS琼脂、亚硫酸钠琼脂(BSA37琼脂)和麦康凯琼脂37℃培养24~48 h，在SS琼脂上长成圆形、光滑、湿润、灰白色菌落，在麦康凯琼脂上呈无色小菌落。

6.生化试验：副伤寒沙门氏菌的生化特性为：能发酵葡萄糖、甘露醇、麦芽糖、卫矛醇，不发酵乳糖、蔗糖，不利用尿素，不液化明胶，赖氨酸脱羧酶反应呈阳性，β-半乳糖苷酶反应呈阴性，酒石酸盐反应呈阳性。

7.血清学检查：采取血液，分离血清，做凝集试验和间接血凝试验以诊断沙门氏菌感染，但本法对带菌动物的特异性低。

治疗

1.氯霉素2 mg/kg体重，肌肉注射，或硫酸卡那霉素13 mg/kg体重肌肉注射，每天2次。磺胺甲基异噁唑或磺胺嘧啶0.02~0.04 g/kg体重，或甲氧苄氨嘧啶4~8 mg/kg体重，分两次口服，连用1周。

2.也可将痢特灵以2~6 mg/kg体重的量混于食物中，内服，连用1周。但应注意，沙门氏杆菌易产生抗药性，如使用一种药品无效时，应及时更换另一种药品。

3.脱水严重时，林格氏液和5%葡萄糖以1:2的混合液静脉滴注。也可加入地塞米松等激素类药物。

4.为清肠止酵和保护胃肠黏膜，可用0.1%高锰酸钾液或活性炭与次硝酸铋混合溶液进行深部灌肠。

任务十三　大肠杆菌病

大肠杆菌病是人和温血动物的常见病，广泛存在于世界各地。病原为大肠埃希氏杆菌，病的特征为败血症与腹泻，在犬、猫主要侵害仔幼犬，且往往与犬瘟热、病毒性肠炎、猫泛白细胞减少症等混合感染或继发感染，从而增加死亡率。

本病主要侵害仔幼犬和猫，成年犬和成年猫很少发生。在我国南方地区的发病率与死亡率要比北方地区高。几乎无明显的季节性和品种上的差别，但与气温、卫生条件密切相关。病犬与带菌犬自粪便排菌，广泛地污染了环境（犬舍、场地、用具和空气）、饲料、饮水和垫料，从而通过消化道、呼吸道传染，仔犬主要经污染的产房（室、窝）传染发病，且多呈窝发。

流行特点

本病的发生、流行的另一个重要因素就是各种应激因素的干扰，这对仔幼犬、猫的致病作用更大。诸如潮湿、污秽、粪尿蓄积、卫生状况差及饲养管理不善导致抗病力下降等都是诱发的重要因素。实践表明，在产仔季节的新生仔发病多，新引进的仔幼犬、猫和初产仔最为严重。

症状

新生仔潜伏期短的10多个小时，一般为1~2 d。多突然发病死亡，有的体温升高到40 ℃以上，精神萎靡，吮乳停止，排出黄白色混有气泡的稀粪，有腥臭气味，很快昏迷死亡。幼犬病例的潜伏期长短不一，为3~4 d。主要表现为精神沉郁、厌食乃至废绝，体温升高到40 ℃~41 ℃，出现呕吐，随后发生剧烈腹泻，粪便初呈黄绿色、污灰色乃至混有气泡，最后混有血液甚至呈水样。有的病例发生抽搐、痉挛等神经症状。

诊断

根据流行病学特点、临床症状和剖检特征只能做出初步诊断，类症鉴别必须进行实验室检查，方能做出确诊。常用的实验室检查方法如下。

1.病料采取：采取未经任何治疗的、急性或亚急性型濒死或刚死不久病犬的肠内容物、肝、脾、血液等病料，病料采取应在无菌操作下进行。

2.涂片镜检：取病料组织或培养物涂片，做革兰氏染色后镜检，可见到阴性短小杆菌。

3.分离培养：取病料接种于麦康凯琼脂、普通肉汤和普通琼脂，37 ℃培养后可见到在麦康凯琼脂上呈红色菌落、在普通琼脂上呈半透明露珠状菌落和在普通肉汤中呈均匀混浊状；有些菌株在血液琼脂上形成溶血圈。

4.生化试验：常用微量生化管进行，本菌能发酵乳糖、葡萄糖，产酸产气；不分解蔗糖，不液化明胶，不产生硫化氢，VP与MR阴性。

5.动物接种：取培养24 h的纯培养物接种小鼠、家兔，可发病死亡，并可做进一步的涂片镜检以判定分离菌株的致病性。

6.血清型定型：取分离菌株、菌液与大肠杆菌标准定型血清做玻片凝集试验，以鉴定血清型。

治疗 常用的治疗方法有：

1.取异源(牛、羊)抗病血清200 mL，加入新霉素50万单位、维生素B_{12} 2 000 μg，维生素B_1 30~40 mg和青霉素50万单位制成合剂，仔幼犬病例皮下注射0.5~2 mL，必要时间隔1周重复数次。

2.庆大霉素，皮下注射20 mg，每日2次，连用3~5 d。

任务十四 巴氏杆菌病

本病指由多种巴氏杆菌引起的一种哺乳动物和禽类的共患病的总称。世界各地都存在，犬、猫也有发生。

流行特点

犬、猫常是病原菌的带菌者，小鼠、大鼠、地鼠、豚鼠也是嗜肺性巴氏杆菌的健康带菌者，一旦在各种应激因素的作用下，或者在感染其他病原时或抵抗力降低时，就会引发或混发或继发疾病，并在群体中成为致病菌，引起病的流行，由此而表现出在犬、猫场(群)易发生，在散养犬、猫中不多见的特点。幼龄犬、猫多发。

病犬、猫及带菌犬、猫通过分泌物、排泄物排菌污染环境、饲料、饮水等。病菌可以通过呼吸道和消化道感染，也可因争斗损伤、咬伤而由伤口传染。人感染往往是由犬、猫咬伤、抓伤经伤口感染的，也可通过亲嘴传染。

症状

一般多与犬瘟热、猫泛白细胞减少症等疾病混合发生或继发，幼犬病例症状明显，成犬单独发病的不多。主要表现：体温升高到40℃以上，精神沉郁，食欲减退或拒食，渴欲猛增，呼吸迫促乃至困难，流出红色鼻液，咳嗽，气喘或张口呼吸。眼结膜充血潮红，有多量分泌物。有的出现腹泻。有的病犬在后期出现似犬瘟热的神经病状，如痉挛、抽搐、后肢麻痹等。急性病例在3~5 d后死亡。

诊断

根据临床症状、剖检变化不能做出诊断，必须进行实验室检查才可确诊。

1.病料采取与实验室检查程序：生前采取发热期血液、鼻腔和咽喉分泌物，死后采取心血、胸腔渗出物和气管、肺、肝、脾、淋巴结等病料，以及血清。

2.涂片镜检：取心血、分泌物、渗出物和肺、肝、脾、淋巴结等病料做涂(触)片，用瑞氏、美蓝染色液染色后镜检，可见两极浓染的菌；革兰氏染色呈阴性菌；墨汁染色，菌体为红色，可见荚膜呈在菌体周围的亮圈，背景为黑色特征。

3.分离培养：取病料接种于血液琼脂，37℃培养，可根据菌落形态和在45°折光下观察到的荧光性等特征做出判定。必要时，也可对纯分离菌株进行生化特性检查。最后进行血清定型。

4.动物接种：取肺、肝、渗出物等病料制成匀浆悬液或分离培养物皮下或腹腔接种小鼠、家兔，在72 h内发病死亡。也可在剖检后取病料做涂片镜检，进一步鉴定。

5.血清学检查：常用的是平板凝集法，血清凝集价在1:40以上判为阳性。琼脂扩散法可检出感染动物，一般在感染后10~17 d即可检出抗体，血清抗体可持续数月以上。

治疗

四环素，每日50~110mg/kg体重，分2~3次口服，连服4~5日；阿米卡星5~10 mg/kg体重，每天2次，肌肉注射；磺胺二甲基嘧啶，每日150~300 mg/kg体重，分3次口服，连服3~5 d。

预防

实施加强饲养管理、卫生防疫和减少应激因素、提高抗病力等综合性措施。目前，尚无有效的疫苗用于免疫预防。此外，在常发地区（场、群）可用土霉素等加入饲料内喂用1周，进行间断性的药物预防，如能与其他抗生素或磺胺类药物交替使用则更好。

任务十五　布氏杆菌病

本病是由布氏杆菌感染引起的人畜共患病。犬多为隐性感染。病原菌主要通过破损的皮肤、黏膜侵入机体，经呼吸道、消化道或生殖系统感染而引起菌血症。

症状

以不发热、体表淋巴结轻度肿大为特征。公犬可能发生单侧或双侧睾丸炎、睾丸萎缩、附睾炎、前列腺炎以及淋巴结炎。妊娠母犬于妊娠40~50 d发生流产，阴道排出绿褐色恶露，病犬常发生多发性关节炎、腱鞘炎，并导致跛行。偶有发生角膜炎、眼前房出血、葡萄膜炎等。

诊断

根据流行病学和临床症状可初步做出诊断，细菌学和血清学检查方可确诊。

治疗

1.加强犬的检疫，尤其是疫区，发现病犬即行隔离和扑杀，被污染的犬舍、产房要用10%石灰乳或5%热火碱彻底消毒，对流产的胎儿、胎衣、羊水等要妥善消毒深埋；

2.治愈犬不能留作种用，为了防止感染人和其他犬，应予以淘汰。确有治疗价值的犬，应该在隔离条件下，早期采用四环素、氯霉素、壮观霉素治疗。可口服氯霉素25 mg/kg体重，配合肌注链霉素10 mg/kg体重，14 d为一疗程，同时配合磺胺类药和给予维生素C、维生素B效果更好，疗效肯定。

3.做好犬布氏杆菌病防治的同时，应加强人布氏杆菌病的检疫、防疫工作。

预防

目前尚未研究出有效的疫苗，因此加强检疫，发现病犬即行隔离或扑杀。被污染的犬舍和环境，用10%石灰乳或烧碱液等消毒。本病可感染人，要注意公共卫生。

布氏杆菌病是人畜共患的慢性传染病，其传染源主要是患病动物。犬呈隐性传染，通过食入、接触、吸入三种传染途径感染人。病人体温升高呈波浪热，恶寒战栗，全身不适，出现关节炎、神经痛、肝脾肿大、睾丸炎，孕妇可能流产。有些病人短期发作后恢复健康，有些病人反复发作，持续多年不愈。

人的布氏杆菌病的预防和扑灭，有赖于动物布氏杆菌病的预防和扑灭。因此，养犬家庭成员都应定期进行预防注射，可使用 M 104 弱毒菌苗臂部划痕接种，病人用抗生素和磺胺类药物治疗。

任务十六　结核病

结核病是由结核分枝杆菌引起的人、畜及野生动物共患的一种慢性传染病。以多种组织器官形成肉芽肿和干酪样钙化结节为特征。犬多为胸部型。

病原及流行病学

结核分枝杆菌有人型、牛型及禽型3种，均可感染犬。其中犬感染人型的为65%、牛型的为32%、禽型的少见。本菌对外界环境的抵抗力较强，不耐热，60 ℃ 30 min 即可死亡。对链霉素、异烟肼、地氨基水杨酸等药物敏感。犬主要经呼吸道和消化道感染，经外伤感染的极少。室内犬最常见的是舔吃病人的痰或吸入含有细菌的空气而感染的。犬还可能因接触开放性结核病牛、病猫而导致感染。而结核病犬还可以在一定条件下感染人。不同品种犬中，短吻犬易感性高。病变在胸部的犬，以肺部结核结节、干酪样坏死和形成空洞为特征。临床多呈慢性经过，少数可急性发病。患结核病的人、牛、猫等是犬结核病的传染源。诊断为结核病的犬要注意饲养管理和公共卫生。

症状

潜伏期长短不一，十几天、数月甚至数年。病犬常午后低热、嗜睡、无力、食欲减退，进行性消瘦，被毛失去光泽。

肺结核病犬则表现慢性干咳或不同程度的咯血，同时发生日趋严重的呼吸困难。病变范围大的胸部叩诊呈浊音，听诊有支气管肺泡呼吸音和湿性啰音。如发生肺空洞，可听到拍水音，且呼出的气体恶臭。

消化器官型的可见腹水及肠系膜淋巴结肿大，子宫结核时，腹围扩大，从子宫中可以采得混有血丝的微黄色屑粒状渗出物。

皮肤结核主要表现为边缘不整齐，基底部由无感觉的肉芽组织构成溃疡，多发生于喉头部和颈部。在犬结核中还曾见到杵状趾的现象，尤以足端的骨骼两侧对称性增大为特征。

病理变化

以组织器官形成结核结节或溃疡为特征。结核结节呈灰色或黄白色，大小有针头至鸡蛋大，界限清楚而坚实。新鲜的结节，四周有红晕；陈旧的多钙化，四周有白色结缔组织。肝脏上的结核病灶带黄色，中心凹陷，边缘呈晕状出血。肺部的结核结节呈干酪样灰黄色或与灰红色互相交错，形成斑纹状。干酪区变为脓样或钙化，有的坏死组织溶解排出后，形成空洞。

诊断

生前诊断较难，对原因不明的渐进性消瘦、咳嗽、顽固性下痢、体表淋巴结肿大等，可疑似本病，确诊需进行细菌学诊断、变态反应诊断或血清学试验。

治疗

主要是促使病灶愈合、消除症状和防止复发。发现开放性结核病犬，应立即淘汰。如是少数名贵犬或贵重的军犬、警犬可以在隔离条件下进行治疗，用异烟肼 4~8 mg/kg 体重口服，3次/日，利福平 10~20 mL/kg 体重，分 2~3 次/日，口服，链霉素 10 mg/kg 体重肌肉注射，每天 2 次，服药期 9 个月，此外，采取对症疗法，给予复合维生素 B 片、肌苷片、肝泰乐等保肝保肾药，加强饲养管理，减少剧烈运动。同时对污染场地、工具等物体进行彻底消毒，严禁结核病人饲喂和管理犬。

预防

要采取综合性防疫措施，定期检疫，发现病犬及时隔离。对开放性结核病犬应立即捕杀。对污染场地要彻底消毒。注意公共卫生，防止传染给人。

公共卫生

结核病是人类一种常见病、多发病。结核菌能侵害人的肺、胸膜、腹膜、肠、骨、肾、关节及皮肤等多种脏器和组织，而以肺结核为最多见。症状为疲乏、消瘦、食欲不振、微热、盗汗、咳嗽及咯血等。病变的性质、经过和转归固然同病菌的致病力有关，但更取决于机体的免疫状态。病菌致病力小，机体免疫力强，病变趋向增殖性和纤维组织增生；反之，则趋向渗出性，且易发干酪样坏死，以致形成空洞。人结核病主要由人型结核菌所引起，牛型和禽型结核菌也可使人致病。主要由呼吸道和消化道传染。因此，结核病人不能饲喂犬，有病期间不能玩耍犬，以防互相传染，扩大传播。

任务十七　土拉杆菌病

土拉杆菌病又称野兔热，是由土拉杆菌所引起的一种急性传染病。犬、猫患病后主要特征为体温升高，淋巴结肿大，脾和其他内脏的坏死。

病原

土拉杆菌是一种多形态的细菌，在患犬血液里近似球形，在培养基中则有球形、豆状、精虫状和丝状等。长 1~3 μm，宽 0.2~1 μm，无鞭毛、不运动、不产生芽孢、不形成荚膜。革兰氏染色阴性。本菌为需氧菌，普通培养基上不能生长，在含有胱氨酸、血液或蛋黄的培养基上才能生长，初次分离培养通常需要 2~5 d，有时 6~7 d 才开始生长，形成透明灰白色小菌落。土拉杆菌在各种物体上均能生存，在土壤、水、肉和皮毛中可存活数十天，在尸体中可存活百余天。60 ℃以上的高温、来苏尔、石碳酸以及其他常用消毒药能很快将其杀死。

流行病学

发病动物种类广泛。传染源是患病野兔和其他啮齿类动物的肉、内脏、排泄物。本病的传染除靠外寄生虫媒介外，主要因吃入患病动物肉、内脏及被污染的食物和饮水或通过消化道感染。

症状

体温升高达41 ℃，食欲废绝，精神委顿，呼吸困难，眼结膜发绀，后躯摇摆。体表淋巴结肿大，不久卧地死亡，病程稍长的犬猫，精神沉郁，不愿活动，食欲减退或者拒食。粪便带黏液或血液。经治疗大多能康复。

病变

肺有出血斑点，脾、淋巴结肿大，肝、脾有黄白色坏死灶，慢性病例主要表现为全身淋巴结肿大，甚至化脓。

诊断

1.病原菌检查

血液和淋巴结、肝、脾、肾的病变组织，做成悬液注射于豚鼠的皮下，一般于4~10 d死亡，死后从血液和病变组织中分离细菌，进行鉴定。

2.变态反应试验

用土拉杆菌素0.2 mL/kg注射于犬猫颈部皮肉，24 h后检查结果，局部发红、肿胀、发硬、疼痛者为阳性，反应不明显者为可疑，无任何反应者为阴性。

3.血清学诊断

采取可疑猫、犬的血清与土拉杆菌抗原作凝集反应试验。

防治

首选链霉素、卡那霉素、丁胺卡那霉素、庆大霉素、小诺霉素、氧氟沙星，其次可选用土霉素、四环素和金霉素，氯霉素效果差些。

已经发病的犬场要及时进行消毒，并注意防止水源和其他饲料的污染。可疑饲料，特别是病死的兔肉及其下脚料、内脏一定要经高温处理后才能喂犬。

任务十八　犬埃里希氏体病

该病是由犬埃里希氏体引起的主要发生于犬科动物的传染病，又称犬立克次氏体病。幼犬死亡率比成年犬高。临床上以呕吐、黄疸、进行性消瘦、脾脏肿胀、眼流黏液脓性分泌物、羞明和后期严重贫血等症状为特征。

病原

犬埃里希氏体是较小的具有多种形态的球形或椭圆形微生物，存在于宿主血液中的单核细胞、淋巴细胞的胞质内，偶尔也出现在中性粒细胞内。在感染中出现一个到多个细菌群，类似于病毒形成的包涵体。犬埃里希氏体无运动性，可在脊椎动物细胞培养中增殖。

流行病学

该病主要通过蜱（血红扇头蜱）传播。除家犬外，野犬、山犬、狼、狐等都可感染本病。夏季蜱生活旺盛季节，该病发病率较高。

急性期过后的病犬可带菌29~30个月，用埃里希氏体污染了的犬的血给其他犬进行输血时，可感染受血犬，这是除蜱传播外唯一重要的传播途径。

症状

潜伏期8~20 d，病初食欲下降，体温升到40 ℃以上，鼻流黏液脓性分泌物，呼吸困难，严重感染时，出现贫血和低血压性休克。少数病犬的鼻腔、腹腔、生殖道和口腔黏膜有出血现象。与犬梨浆虫混合感染时，可出现黄疸症状。在急性期病犬的体表能够找到蜱。

多数病例，急性期症状出现1~2周后逐渐转为慢性，持续1~3个月。部分慢性期病犬被重复感染后，又可出现急性症状，幼犬死亡率大大高于成年犬。

病变

肝脏、脾脏和淋巴结肿大，骨髓增生，肺脏有瘀血点，部分病例可见肠道溃疡，出血，胸腔积水，肺水肿。

诊断

在流行病学、临床症状诊断的基础上，结合血液学检查、生化试验、病原分离和鉴定以及血清学试验等可做出确诊。

在临床症状的明显期，易从血液、肺、肝、脾内发现犬埃里希氏体。用新鲜病料接种，易感犬能够成功地复制本病。

防治

犬埃里希氏体对四环素类抗生素、喹诺酮类抗菌药物和磺胺类药较为敏感，临床上一般用四环素或土霉素或氧氟沙星配合磺胺-5-甲氧嘧啶或磺胺甲基异噁唑来治疗本病可收到良好的效果。

目前缺乏有效的疫苗供用，药物预防是有效的方法，在夏季血红扇头蜱生活周期内按10 mg/kg的量口服长效四环素(脱氧四环素)，每天一次，两个星期为一疗程。

任务十九　诺卡氏菌病

诺卡氏菌病是由诺卡氏菌属细菌引起的一种人和多种动物共患的慢性病，诺卡氏菌又称犬放线菌或犬链丝菌，因此，对该菌引起的疾病又称链丝菌病、伪放线菌病或放线菌病。临床特征为组织化脓、坏死或形成脓肿。

病原

猫、犬诺卡氏菌病多由星形诺卡氏菌引起。该菌是一种需氧革兰氏阳性球杆菌，脓汁和活组织中的诺卡氏菌在血液琼脂培养基上容易生长。菌落起初光滑、白色，以后变为橘黄色或黄色。

流行病学

诺卡氏菌是土壤腐生物寄生菌，在自然界分布很广，但发病率并不高。主要发生于猎犬，猎犬在搜寻、追赶猎物时易被带有锐刺的植物刺伤皮肤而感染诺卡氏菌。其他品种的犬和猫也能发病，动物之间、动物与人之间不能相互传染。

症状

根据临床表现可分为：全身型、胸型和皮肤型三型。

全身型：体温升高、厌食、消瘦、痛咳、呼吸困难及出现神经症状。

胸型：呼吸困难，体温上升到40℃以上，胸水增多，胸膜出血和化脓，穿刺胸腔时流番茄汁样的稀脓液。X射线可见肺门淋巴结肿大和肺部结节性实质。

皮肤型：皮肤损伤处出现蜂窝织炎、脓肿、结节性溃疡和窦道，脓肿和窦道分泌物类似于胸型的胸腔渗出液。

诊断

根据流行病学和临床症状可做出初步诊断，确诊需实验室进行分泌物或活组织涂片染色检查或人工培养检查。

治疗

1. 手术刮除：患病犬猫全麻后，用手术刀将全部病变组织刮取或切除掉。病灶位于浅表时，先用刀片刮取，再用烙铁烧烙，最后涂布长效青霉素；病灶较深时，用手术刀将其全部切掉。然后涂撒青霉素粉，进行包扎。

2. 胸腔引流：患病犬、猫侧卧或犬坐姿势保定，在右侧胸壁第6肋间或左侧胸壁第7肋间的胸外静脉上缘沿着肋骨前缘垂直刺入带有乳胶管的12号针头，让其胸腔积液自行流出，待流完时用温青霉素生理盐水从穿刺针头注射入胸腔，反复冲洗，最后用青霉素80万~240万单位，地塞米松5 mg，生理盐水30~50 mL混合溶解后注入胸腔，迅速拔出穿刺针头。

3. 消炎：可用青霉素20万单位/kg体重，肌肉注射或静脉注射每天3次。也可用氨苄青霉素35 mg/kg体重，静脉或肌注，每天3次，复方磺胺甲基异噁唑40 mg/kg，配合苏打片0.5 g，每天两次口服。红霉素或阿奇霉素效果也可以。治疗需要一定的疗程，至少10~20 d。

任务二十 钩端螺旋体病

钩端螺旋体病(Leptospirosis)是犬和人等多种动物共患的自然疫源性疾病。临诊上主要表现为发热、黄疸、血红蛋白尿、出血性素质、流产、皮肤黏膜坏死、水肿等。雄犬发病率较高，幼犬尤甚，猫少见。

病原

犬钩端螺旋体病主要由犬钩端螺旋体或出血性黄疸钩端螺旋体所致。菌体纤细，螺旋紧密缠绕，一端或两端弯曲呈钩状，无鞭毛，能运动，大小长短不一，一般长 4~20 μm，平均长为 6~10 μm，宽 0.1~0.2 μm。全长有 12~24 个螺旋，每个螺旋宽 0.2~0.3 μm，可以通过 0.1~0.45 μm 的微孔滤器。革兰氏染色呈阴性，但很难着色。我国从犬分离的钩端螺旋体达 8 群之多，但主要是犬群、黄疸出血群。

流行病学

出血性黄疸型钩端螺旋体主要经鼠类传播，也可由其他带菌动物或病畜（特别是猪、牛、鸭等）传播，交配或吸血昆虫叮咬也可传播本病。犬钩端螺旋体的传染源主要是发病及带菌的犬、狐、狼等。犬主要由于食入被鼠类或其他带菌动物排泄物（特别是尿）污染的食物而感染，或经皮肤创伤和黏膜感染。出血性黄疸型钩端螺旋体病通常为散发，主要侵害幼犬。伤寒型钩端螺旋体病有时呈瘟疫式流行，有时为散发，多发生于公犬、幼犬及老龄犬。本病流行有明显的季节性，一般夏秋季节为流行高峰期，冬春季比较少见。

症状

本病潜伏期为 5~15 d。严重病例往往突然发病。

出血性黄疸型，潜伏期为 10~20 d。病初体温升高到 40 ℃左右，但常于发病的第 2 d 降至常温或常温以下。精神沉郁，食欲减退或废绝，肌肉震颤并疼痛，肝区和肾区触诊有痛感,眼结膜及口腔黏膜充血。随后,出现呕吐、腹泻、脱水和微循环障碍。病犬呼吸迫促，心律失常，饮欲增加，并呈现出血性素质。病犬于发病的第 4 d 左右出现黄疸，多以眼结膜和口腔黏膜最先黄染。可能因肾功能障碍而出现少尿或无尿,尿液黏稠呈豆油色,在空气中久放后变成微绿色。

伤寒型，病初高热，寒战，部分表现稽留热型。精神沉郁，食欲废绝，饮欲增加。常出现呕吐、腹泻、脱水，粪便间或有血液，有时便秘。肌肉僵硬疼痛，四肢无力，常呈坐势而不愿动。约 15%的病犬可出现黄疸，黏膜稍黄染。口腔恶臭，有时出现溃疡。有肾炎症状(舌坏死)。

病变

出血性黄疸型除黄疸外，尚可见脾、肝肿大及肾脏炎性变化，浆膜下黏膜和多种组织器官出血，有的病例可发生溃疡性或出血性胃肠炎。伤寒型，剖检通常可见胃肠炎变化。胃、十二指肠、大肠和直肠黏膜肿胀、高度潮红，常全呈黑红色，杂有出血；小肠中后段和盲肠变化较轻。肝、脾、淋巴结肿胀，有时杂有黄棕色斑点和出血。有的病例有肾小球性或间质性肾炎变化。

急性、亚急性病例，临床症状较明显，根据发热、黏膜黄疸及出血、尿液黏稠呈黄色等，结合剖检时肾及肝不同程度的损害和流行病学特点，可做初步诊断。慢性病例，由于症状不明显，病变亦不典型，诊断较为困难。确诊时，应结合下列检验进行综合诊断。

1.微生物学检验：方法很多。可取患犬尿液（发病早期可取血液，中后期可取尿液）以 1 500 r/min 的速度离心 5 min，取沉淀物在低倍显微镜下暗视野观察，若看到似问号样的钩端螺旋体便可确诊。

2.血清学检验：常用微量凝集试验和补体结合试验。

治疗

1.青霉素：40 000~80 000 IU/kg 体重，每天 1 次或分为 2 次肌肉注射，5 天后，再用双氢链霉素 10~15 mg/kg 体重，肌肉注射，每天 2 次，连用 1 周。

2.强力霉素等抗生素与抗血清联合使用：对于脱水严重的患犬应补液，并给予对症治疗，对症治疗的重点应放在保护肝脏功能、止吐、止泻及治疗脱水、心脏衰竭、肾衰竭和口炎等方面。可参照犬传染性肝炎的治疗。早期治疗，治愈率高。

3.中药：板蓝根、丝瓜络、忍冬藤、陈皮、石膏各 10 g，水煎内服，每日一剂。

预防

消除传染源；消毒和清理被污染的饮水、场地、用具，防止疾病传播；预防接种，做好灭鼠工作，减少传播机会。

任务二十一　皮肤真菌病

寄生于犬、猫等多种动物被毛与表皮、趾爪角质蛋白组织中的真菌（皮肤真菌），所引起的各种皮肤疾病，统称为皮肤真菌病。特征是在皮肤上出现界限明显的脱毛圆斑，潜在性皮肤损伤，具有渗出液、鳞屑或痂，发痒等。本病为人兽共患病，人医简称为"癣"。

病原和流行病学

犬、猫皮肤真菌病病原性真菌主要有两个属——小孢子菌属和毛癣菌属，前一属包括有犬小孢子菌和石膏样小孢子菌；后一属只有须毛癣菌，须毛癣菌又有亲动物型和亲人型之分。猫皮肤真菌病病原大约 98% 是犬小孢子菌，石膏样小孢子菌和须毛癣菌各自占 1%。犬的皮肤真菌病 70% 由犬小孢子菌引起，石膏样小孢子菌为 20%，须毛癣菌为 10%。

犬、猫皮肤真菌病的流行和发病率受季节、气候、年龄、性成熟和营养状况等影响较大。炎热潮湿气候发病率比寒冷干燥季节高，但犬小孢子菌能使猫全年感染发病。

约45%的猫受过犬小孢子菌侵害，被侵害的猫身上带菌，成为传染源，但其中90%的猫不呈现临床症状（亚临床）。幼小、年老、体弱及营养差的动物比成年、体强及营养好的动物易发感染。这主要由于成年动物防御机能发育健全，通过免疫系统及皮肤局部皮脂腺和顶泌汗腺分泌脂肪酸，有力地制止皮肤真菌侵害。皮肤真菌的传染途径主要通过直接接触，或接触被其污染的刷子、梳子、剪刀、铺垫物等媒介物而传。患病犬、猫能传染接触它们的其他动物和人，患病人和其他动物也能传染犬、猫。皮肤真菌在自然界生存力相当强，如在干燥环境中的犬小孢子菌能存活13个月，有些真菌甚至能存活5~7年。石膏样小孢子菌是亲土壤型真菌，它不但能在土壤中长期存活，还能繁殖。由于它们栖在动物圈舍附近表层土壤中，动物和人，尤其是幼龄犬、猫和儿童往往接触上述的土壤而被感染发病。皮肤真菌病愈后的动物，对同种和他种病原性真菌再感染具有抵抗力，通常维持几个月到一年半不再被感染。皮肤真菌病又是一种自限性疾病，患病动物在1~3个月内，由于自身状况可不加医治而自行减轻，直到自愈。

症状

常在患病犬、猫的面部、耳朵、四肢、趾爪和躯干等部位发病。典型的皮肤病变为被毛脱落，呈圆形迅速向四周扩展。皮肤病变除呈圆形外，还可呈椭圆形、无规则状或弥漫状。石膏样小孢子菌和须毛癣菌的慢性感染，有时会出现大面积皮肤损伤。感染皮肤表面伴有鳞屑或呈红斑状隆起；有的形成痂，有痂下继发细菌感染而化脓的，称为"脓癣"。真菌本身也能引起小脓疱及产生分泌物。痂下的圆形皮损呈蜂巢状，并有许多小的渗出孔。重剧炎症和化脓灶的皮损区，将不利于真菌的生长蔓延，可限制病变的发展。

有些皮肤真菌病在发病过程中，皮损区的中央部分真菌死亡，病变皮肤恢复正常。只要毛囊未被继发性感染的细菌破坏，仍能长出新毛。

通常急性感染病程为2~4周，若不及时治疗转为慢性，往往可持续数月，甚至数年。

诊断

根据病史、流行病学、临床症状、病理变化、实验室检验和真菌培养鉴定等，可做出病性诊断。注意与蠕形螨病、疥螨和圆形皮脂溢病鉴别诊断。

1.伍氏灯检查：用伍氏灯在暗室里照射病毛、皮屑或动物皮损区，出现绿黄色荧光的为犬小孢子菌感染。石膏样小孢子菌感染很少看到荧光，须毛癣菌感染无荧光出现。

2.病原菌的检验：从患病皮肤边缘采集被毛或皮屑，放在载玻片上，滴加几滴10%~20%氢氧化钾溶液，在弱火焰上微热，待其软化透明后，覆以盖玻片，用低倍或高倍镜观察。犬小孢子菌感染，可见到许多呈棱状、厚壁、带刺、多分隔的大分生孢子。石膏样小孢子菌感染，可看到多呈椭圆形，壁薄，带刺，含有达6个分隔的大分生孢子。须毛癣菌感染，可看到毛干外呈链状的分生孢子。亲动物型的须毛癣菌产生圆形小分生孢子，它们沿菌丝排列成串状；而大分生孢子呈棒状，壁薄，光滑。有的品系产生螺旋菌丝。

3.真菌培养：将病料接种在沙氏葡萄糖琼脂培养基上，在室温条件下培养犬小孢子菌 3~4 d，有白色到浅黄色菌落生长，1~2 周后有羊毛状菌丝形成，表面浅黄色绒毛状，中间有粉末状菌丝，背面呈橘黄色为其特征。石膏样小孢子菌菌落生长快，菌落呈浅黄色到黄棕色，表面平坦至颗粒状结构，背面呈浅黄色到黄棕色。须毛癣菌亲动物型的菌落，呈白色到淡黄色，表面平坦呈粉末状，背面一般呈棕色到黄棕色，也可能为深红色。亲人型的菌落表面为白色棉花样结构。

4.动物接种：选择易感动物——兔、猫、犬等，先将接种处被毛剃掉、洗净，用细砂纸轻轻擦皮肤（以不出血为宜），再取病料或培养菌落抹擦皮肤使之感染。一般几天后就出现阳性反应：发炎、脱毛和结痂等病变。

治疗

1.外用药物疗法：宜选择刺激性小，对角质浸透力和抑制真菌作用强的药物。目前我国生产的有：皮康霜软膏、克霉唑软膏、硫软膏和癣净等，用前将患部及其周围剪毛，洗去皮屑和结痂等污物后，再涂软膏，每天 1~2 次，痊愈为止。也可用 0.5%洗必泰每周洗 2 次。

2.内服药物疗法：对慢性和重剧的皮肤真菌病，必须内服药物治疗，或内服和外用药物同时治疗。内服药物有灰黄霉素和酮康唑等。灰黄霉素，犬每天 40~120 mg/kg 体重，猫 20~50 mg/kg 体重，将药碾碎，1 次或分几次拌食饲喂，连用几周，直到治愈。服药期间增饲脂肪性食物，可促进药物的吸收。灰黄霉素虽然对犬、猫副作用较小，但空腹给药，也可引起呕吐、腹泻。妊娠动物禁忌口服灰黄霉素，否则将引起胎儿畸形。酮康唑每天 10~30 mg/kg 体重，分 3 次口服，连用 2~8 周。此药在酸性环境条件下较易吸收，故用药期间不宜喝牛奶和饲喂碱性食物。副作用是厌食、消瘦、呕吐、腹泻和妊娠动物死胎等。

预防

预防本病感染尚无有效措施，不过采取下列几种方法可控制传播和降低发病的可能性。

1.加强营养，饲喂全价平衡商品性犬、猫食品，以增强动物机体对真菌感染的抵抗力。

2.发现犬、猫患有皮肤真菌病，应马上隔离，并对用具采用洗必泰、次氯酸钠等溶液进行严格消毒杀菌。接触患病动物的人，应特别注意防护。

3.应用伍氏灯检查无临床症状的成年猫，凡是阳性者，应隔离治疗。新引进的动物，应进行隔离(一般为 30 d)，应用伍氏灯和真菌培养检验呈阴性后，方能解除隔离。

4.动物医院平时应注意卫生，以预防器械、用具的污染和控制病原性真菌的传染。兽医确诊动物罹患皮肤真菌病后，让主人了解此病对公共卫生的危害性和如何防止其散播传染。

复习思考题

1. 区别诊断犬传染性肝炎(ICH)与犬瘟热。
2. 区别诊断犬细小病毒病与犬冠状病毒病。
3. 引起犬、猫呼吸道症状的常见传染病有哪些?
4. 引起犬、猫消化道症状的常见传染病有哪些?
5. 治疗犬、猫常见传染病治疗从哪几方面考虑?
6. 犬、猫传染病的综合防治措施有哪些?

项目五 常见寄生虫病诊治

知识目标

理解犬、猫常见寄生虫病的概念、流行病学、诊断、治疗和预防方法。

技能目标

能识别犬、猫常见寄生虫病,并能进行治疗和预防。

任务一 蛔虫病

蛔虫病是犬、猫常见的寄生虫病,寄生在犬、猫及其他犬科、猫科动物的小肠中,分布于全国各地,常引起幼犬和猫发育不良、生长缓慢,严重感染时可导致死亡。

病原形态

猫弓首蛔虫具有蛔虫的典型特征,头端有3片唇,是一种较大的白色虫体。虫体外型与犬弓首蛔虫很相似。雄虫长3~6 cm,尾部有一小的指状突起。交合刺不均等,长为1.7~1.9 mm。雌虫长4~12 cm,虫卵大小为65 μm×70 μm,无色,似球形,具有厚的凹凸不平的卵壳。

猫弓首蛔虫常与犬、猫的另一种蛔虫——狮弓蛔虫混合感染,可根据两者的颈翼在形态上的不同而区别(图5-1)。猫弓首蛔虫的颈翼呈箭头状,后缘和体躯几乎成直角,而狮弓蛔虫的颈翼则向体躯逐渐变细,呈柳叶刀形。此外,狮弓蛔虫雄虫尾部没有一小的指状突起。

图5-1 猫弓首蛔虫(左)和狮弓蛔虫(右)颈翼比较
(引自 Fisher, 2005)

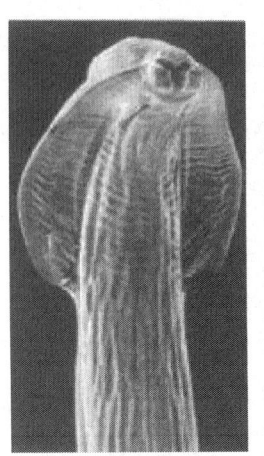

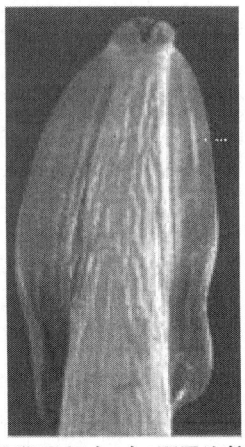

犬弓首蛔虫形态与猫弓首蛔虫相似，是犬的一种大型线虫，呈白色。虫体前端两侧有向后延伸的颈翼膜，食道和肠道由小胃相连。雌虫长9~18 cm，尾端直，阴门开口于虫体前半部。虫卵呈黑褐色，亚球形，具有厚的呈凹痕的卵壳，大小为(68~85)×(64~72)μm(图5-2)。雄虫长5~11 cm，尾端弯曲，有一小锥突，有尾翼。

发育与传播

犬弓首蛔虫卵随粪便排出体外，在适宜条件下发育为含第二期幼虫的感染性虫卵，若这种感染性虫卵是被3月龄以内的犬吞食后，其虫体的发育是典型的蛔虫生活史，即孵化出的幼虫钻入肠壁后，随血流经肝、肺，最后重新回到小肠，经两次蜕皮，依次成为第四期、第五期幼虫，并发育为成虫，从而完成发育史。

幼虫经血流到宿主组织器官后，若不进一步移行，则形成包囊，包囊内的幼虫不进一步发育，但保持对其他肉食动物的感染性。感染

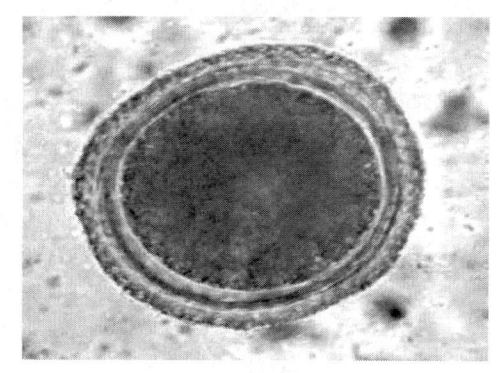

图5-2 犬弓首蛔虫卵

性虫卵被成年犬特别是6月龄以上的犬吞食后，则几乎不见有虫体发生移行，第二期幼虫转移到更广的范围，包括肝、肺、脑、心、骨骼肌、消化管壁中，同样保持对其他肉食动物的感染性。若母犬在怀孕期间感染，幼虫（第二期）很可能移行到胎儿的肺部，发育成第三期幼虫，新生幼犬体内的幼虫经气管而移行到小肠，最后发育成成虫。

猫弓首蛔虫的发育和传播与犬弓首蛔虫相似，但相对简单一些。如果猫摄食的是含有第二期幼虫的感染性虫卵，幼虫则要发生移行；如果猫是经乳汁感染的第三期幼虫或吞食了含有第三期幼虫的贮藏宿主，则不发生幼虫移行。猫弓首蛔虫不能经胎盘发生胎儿的感染。猫弓首蛔虫的潜伏期大约是8周。

症状与病变

轻度、中度感染时，虫体移行的肺期不表现任何临床症状。寄生于小肠的成虫可引起大肚皮，导致发育迟缓、黏膜苍白、被毛粗乱、精神沉郁、腹部膨胀、腹泻、有神经症状。

幼虫在肺部移行引起肺炎，有时伴发肺水肿；成虫可引起黏膜卡他性肠炎、出血或溃疡，可能部分或完全阻塞肠道(图5-3)、胆管，还导致肠穿孔、腹膜炎或胆管阻塞，胆管化脓、破裂，肝脏黄染、变硬。幼虫在其他组织中寄生会产生肉芽肿。

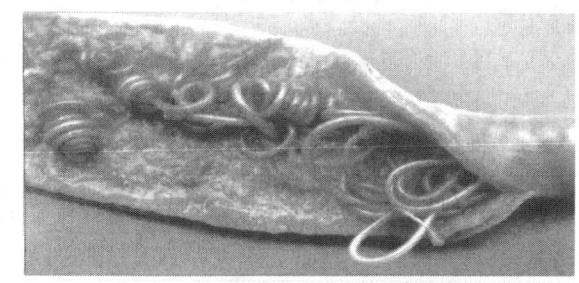

图5-3 犬弓首蛔虫成虫堵塞犬小肠
(引自 Fisher, 2005)

诊断

实验室检查：采用饱和盐水漂浮法，一旦检查出粪便中的虫卵即可确诊。犬弓首蛔虫虫卵近似圆形，为黑褐色；猫弓首蛔虫呈亚球形，无色。根据粪便中排出虫体或吐出虫体也可做出诊断。

治疗与预防

1. 搞好卫生

注意环境、食具及食物的清洁卫生,粪便要及时清除。

2. 定期检查与驱虫

对新购进的幼犬必须间隔两周,并驱虫两次;幼犬2月龄时再驱虫1次,成年犬每隔4~6个月驱虫一次。

3. 治疗用药

丙硫咪唑　幼犬按每只50 mg,一次口服。7天后再重复1次。

左咪唑　按每天10 mg/kg体重,一次口服,连用2天。

驱蛔灵(枸橼酸哌嗪)按200 mg/kg体重口服一次,可驱除体内未成熟蛔虫。

伊维菌素　按0.2~0.3 mg/kg体重,皮下注射或口服。注意,柯利犬及有柯利犬血统的犬禁用该药。

任务二　恶丝虫病

本病是由丝虫目、双瓣科、恶丝虫属的犬恶丝虫寄生于犬的右心室及肺动脉(少见于胸腔、支气管)引起循环障碍、呼吸困难及贫血等症状的一种丝虫病。除犬外,猫和其他野生肉食动物亦可作为终末宿主。人偶被感染,在肺部及皮下形成结节,病人出现胸痛和咳嗽。犬恶丝虫也称心丝虫,在我国分布甚广,北至沈阳,南至广州均有发现。

病原形态

犬恶丝虫(图5-4)雄虫长12~16 cm,尾部短而钝圆,有窄的尾翼,有11对乳突泄殖孔,前5对,后6对。有两根不等长的交合刺,左侧的长,末端尖;右侧的短,相当于左侧长度的1/2,末端钝圆。整个尾部呈螺旋形弯曲。雌虫长25~30 cm,尾部直。阴门开口于食道后端处。

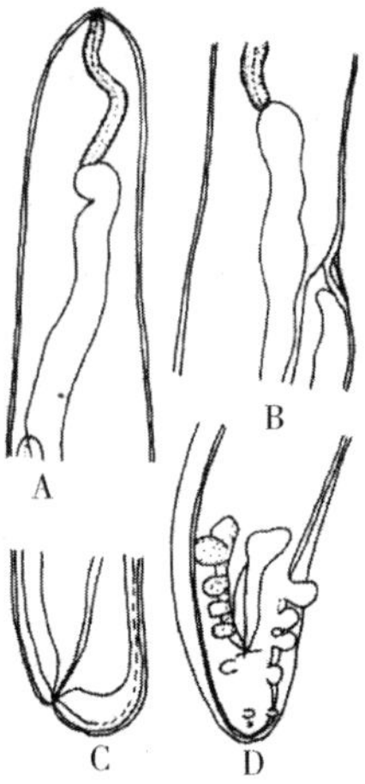

发育与传播

犬恶丝虫的中间宿主是蚊子。成虫寄生于右心室和肺动脉,所产微丝蚴随血流到全身。当蚊子吸血时摄入微丝蚴,微丝蚴在其体内发育到感染阶段约需2周;当蚊子再次吸血时将感染性幼虫注入犬的体内,微丝蚴从侵入犬体到血液中再次出现微丝蚴需要6个月;成虫可在体内存活数年,有报道说可存活5年之久。此病的发生与蚊子的活动季节相一致。

图5-4 犬恶丝虫

症状与病变

犬感染少量虫体时,一般不出现临床症状;重度感染犬主要表现为咳嗽、心悸、脉细而弱、心内有杂音、腹围增大、呼吸困难,运动后尤为显著,末期贫血明显,逐渐消瘦、衰竭至死。患恶丝虫病的犬常伴发结节性皮肤病,以瘙痒和倾向破溃的多发性灶状结节为特征,皮肤结节显示血管中心的化脓性肉芽肿，在化脓性肉芽肿周围的血管内常见有微丝蚴，经对恶丝虫病治疗后，皮肤病变亦随之消失。由于虫体的寄生活动和分泌物刺激，患犬常出现心内膜炎和增生性动脉炎，死亡虫体还可引起肺动脉栓塞；另外，由于肺动脉压过高造成右心室肥大，导致充血性心力衰竭，伴发水肿和腹水增多，患犬精神倦怠、衰弱。

诊断

1.根据临床症状：本病主要临床表现为心血管功能下降，多发生于2岁以上的犬，少见于1岁以内的犬。

2.检查外周血液中的微丝蚴：用全血涂片在显微镜下检查，但要注意其与隐匿双瓣线虫微丝蚴的鉴别诊断，前者一般长于300 μm，尾端尖而直，后者多短于300 μm，尾端钝并呈钩状。

3.有条件的可进行血清学诊断：ELISA试剂盒已经用于临床诊断。

治疗

在确诊本病的同时，应对患犬进行全面的检查，对于心脏功能障碍的病犬应先给予对症治疗，然后分别针对寄生成虫和微丝蚴进行治疗，同时对患犬进行严格的监护，因为本虫寄生部位的特殊性，药物驱虫具有一定的危险性。

1.驱除成虫

(1)硫乙砷胺钠：0.22 mL/kg体重，静脉注射，2次/d，连用2 d。注射时严防药物漏出静脉。该药对患严重心丝虫病的狗来说是较危险的，可引起肝中毒和肾中毒。

(2)菲拉松：每次1.0 mg/kg体重，3次/d，连用10 d。

2.驱除微丝蚴

(1)碘化噻唑氰胺：每天6.6~11.0 mg/kg体重，用药7 d后如果微丝蚴检查仍为阳性，则可增大剂量到13.2~15.4 mg/kg体重，直至微丝蚴检查阴性。用药后可能出现呕吐和腹泻等副作用，因此要尽量减小剂量来减少其副作用。如果微丝蚴血症在治疗20 d后仍不见效，可以考虑改换另一种驱虫药。如果应用另一种药治疗后，仍有虫血症，并还有成虫存在，应进行第二次治疗以驱除成虫。

(2)左咪唑：按11.0 mg/kg体重，1次/d，口服，连用6~12 d。治疗后第6天开始检查血液，当血液中微丝蚴转为阴性时停止用药。用药后，可能出现呕吐、神经症状、严重的行为改变和死亡；治疗超过15 d，有中毒的危险性；该药不能和有机磷酸盐或氨基甲酸酯合用，也不能用于患有慢性肾病和肝病的犬。

(3)二硫噻啉：按22 mg/kg体重，每天一次，连用10~20 d。

预防

1.海群生：按6.6 mg/kg体重，在蚊虫活动季节开始到蚊虫活动季节结束后2个月内用药。在蚊虫常年活动的地方要全年给药。用药开始后3个月时检查一次微丝蚴，以后每6个月查1次。对已经感染了心丝虫，在血中检出微丝蚴的犬禁用。

2.苯乙烯吡啶海群生合剂：6.6 mg/kg体重，1次/d，连续应用可起到预防效果。

3.硫乙砷胺钠：1次量为0.22 mL/kg体重，2次/d，连用2 d，间隔6个月重复用药1次。如果某些犬不能耐受海群生，可用该药进行预防，一年用药2次，这样可以在临床症状出现前把心脏内虫体驱除。

4.伊维菌素：低剂量至少使用1个月可以达到有效的预防作用。

任务三　华支睾吸虫病

华支睾吸虫寄生于犬、猫的胆管、胆囊内，又称肝吸虫。华支睾吸虫病主要流行于我国的华中、华南、华北等十几个省市，在东北地区也有报道，其他动物包括人也可被感染。此病是一种人畜共患病。

病原体

雌雄同体，虫体扁平，柔软，半透明，前端稍长，后端钝圆，葵花籽状；体长10~25 mm，宽3~5 mm。口吸盘略大于腹吸盘，食道短，两条盲管伸达虫体后端；两个树枝状的睾丸，前后纵列于虫体后部，无雄茎、雄茎囊和前列腺；分叶状的卵巢分于睾丸前方，两者之间有一椭圆形的受精囊，卵黄腺分布于虫体中部两侧，子宫盘绕在卵巢之前直到腹吸盘前缘，生殖孔位于腹吸盘前缘；排泄囊呈"S"状弯曲，位于虫体后端；虫卵呈黄褐色，卵壳厚，形似灯泡，内含毛蚴，顶端有盖，盖的两旁有肩样小突起，底端有一小突起。虫卵大小为29 μm×17 μm(图5-5)。

生活史

成虫排出的虫卵经胆汁进入肠道，随粪便排出体外，落于水中，被第一中间宿主淡水螺吞食，毛蚴在螺的消化道孵出，进入螺的淋巴系统，发育为胞蚴、雷蚴和尾蚴。成熟的尾蚴离开螺体游于水中，遇到第二中间宿主淡水虾或鱼，即钻入其肌肉内，形成囊蚴。犬、猫吞食了含有囊蚴的生鱼或未煮熟的鱼、虾而被感染，幼虫在十二指肠内破囊而出，移行到胆管或钻入肠壁经血流到达胆管，幼虫约经1个月后发育为成虫。

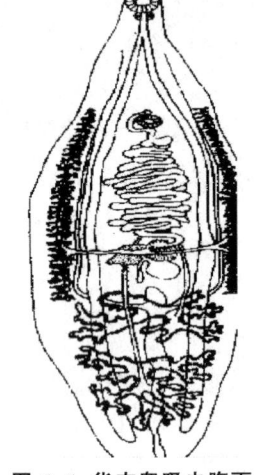

图5-5 华支睾吸虫腹面

致病作用

虫体寄生于犬、猫的胆管和胆囊内，机械性刺激胆管和胆囊壁，引起炎症，使管壁增厚，胆汁分泌不畅，影响消化机能；大量虫体寄生时，阻塞胆管，胆汁分泌障碍，可引起黄疸；虫体分泌的毒素，可引起贫血、水肿；虫体长时间寄生，可引起肝结缔组织增生，肝细胞变性萎缩，导致肝硬化。

症状

华支睾吸虫病多表现为慢性经过。因胆管炎、胆囊炎和肝功能障碍，犬、猫主要出现食欲降低、消化不良、下痢等症状，最后出现贫血、消瘦、水肿。病程较长时，常继发其他疾病而死亡。

样本病理剖检常见胆囊肿大，胆管变粗，胆汁浓稠；胆管、胆囊内有许多虫体、虫卵；肝表面结缔组织增生，有的有肝硬化或脂肪变性。

诊断

在流行地区，根据临床症状以及有以生鱼、虾喂犬、猫的习惯，可怀疑为本病。

治疗

1.吡喹酮：5~10 mg/kg 体重，1 次内服。

2.丙硫苯咪唑：30 mg/kg 体重，内服，每日 1 次，连用 12 d。

3.海涛林：50~60 mg/kg 体重，内服，每日 1 次，5 次为一疗程。

4.六氯对二甲苯：50 mg/kg 体重，内服，每日 1 次，连用 10 d。

预防

根据华支睾吸虫的生活史和本病的流行病学特点，采取综合性的防治措施。

1.加强人畜粪便管理：人畜粪便管理不当，给华支睾吸虫的生存和华支睾吸虫病的流行带来有利的条件，应对人畜粪便同时加以管理，杀死虫卵。

2.禁食生鱼：我国有些地方有生食或半生食鱼、虾的饮食习惯，极有可能因生食或半生食带有华支睾吸虫活囊蚴的鱼虾而造成华支睾吸虫的感染，因此改变生活习惯，不食生鱼方可达到预防的目的。

任务四　绦虫病

绦虫在犬的肠道寄生虫中，是最长的一种寄生虫，种类很多，对犬的健康危害很大；可造成犬营养不良、消瘦、贫血、胃肠道症状及神经症状，重者可导致全身衰弱死亡；能在犬体内寄生的绦虫，目前大约有 13 种。现将主要绦虫叙述如下：

病原

1.犬腹孔绦虫：寄生于犬的小肠中，虫体长 15~70 cm，宽 3 mm，雌雄同体。中间宿主是蚤类。

2.豆状带绦虫：虫体长 60~100 cm，宽 5 mm，雌雄同体，中间宿主是野兔等啮齿类动物。

3.泡状带绦虫：虫体长 75~500 cm，宽最大为 7 mm，雌雄同体。中间宿主是偶蹄动物，如牛、羊、鹿、猪等。

4.裂头绦虫：体长可达 1 m，最大宽度为 2 mm，中间宿主是各种鱼类。

5.细粒棘球绦虫：体长 2~6 mm，只有 3~5 个节片，中间宿主是羊、牛、猪、鹿及鼠类。

6.多头带绦虫：体长 40~100 cm，最大宽度为 5 mm，中间宿主是牛、羊等反刍动物。

7.连续带绦虫：体长 20~70 cm，宽 3~5 mm，中间宿主是兔、松鼠、野兔等啮齿动物。

致病作用

当大量虫体寄生时，虫体以其小钩和吸盘损伤宿主的肠黏膜，常引起炎症。虫体吸取营养，给宿主生长发育造成障碍；虫体分泌的毒素引起宿主中毒；虫体聚集成团，可堵塞小肠腔，导致腹疼、肠扭转甚至肠破裂。

临床症状

绦虫感染时，犬大多不显症状。重度感染时，可出现肠卡他、肠炎、出血性肠炎症状、呕吐。当肠管逆蠕动虫体可进入胃中，呕吐时虫体可随胃内容物一同呕出。粪便可见到大量脱落的节片。患犬可见有异嗜、进行性消瘦、营养不良、贫血、精神沉郁等症状。有的可见有神经症状、抽搐、痉挛等症状。

诊断

依据临床症状，结合粪便检验虫卵的结果加以判定。如发现病犬肛门常夹着尚未脱落的孕卵节片，以及粪便中夹杂短的绦虫节片，均可帮助确诊。

治疗

1. 氢溴酸槟榔素：犬按 1~2 mg/kg 体重，1 次内服。
2. 硫双二氯酚：犬、猫按 200 mg/kg 体重，1 次内服，对带绦虫病有效。
3. 盐酸丁萘脒：犬、猫按 25~50 mg/kg 体重，1 次内服。驱除细粒棘球绦虫时 50 mg/kg 体重，1 次内服，间隔再服 1 次。
4. 灭绦灵：犬、猫按 100~150 mg/kg 体重，1 次内服，但对细粒棘球绦虫病无效。
5. 吡喹酮：犬按 5 mg/kg 体重，猫 2 mg/kg 体重，1 次内服。
6. 丙硫咪唑：犬按 10~20 mg/kg 体重，每天口服 1 次，连用 3~4 d。

预防

1. 为了保证犬的健康，一年应进行 4 次预防性驱虫（每季度 1 次）；在军犬、警犬繁殖场，驱虫工作应在犬交配前 3~4 周内进行。
2. 不以肉类联合加工厂的废弃物（其中往往有各种绦虫蚴），尤其是未经无害处理的非正常肉食品喂犬、猫。
3. 在裂头绦虫病流行地区捕捞的鱼、虾，最好不生喂犬、猫。
4. 应用蝇毒磷、倍硫磷、溴氰菊酯等药物杀灭动物舍内和体上的蚤和虱。

任务五　弓形虫病

犬、猫弓形虫病是由刚地弓形虫引起的一种原虫病。刚地弓形虫简称弓形虫，宿主范围很广，除了寄生于犬、猫，还寄生于哺乳动物包括人、禽类和若干冷血动物等体内。弓形虫病是一种人、兽共患寄生虫病。

犬、猫多为隐性感染，但也有出现明显症状甚至死亡的情况。

病原体

弓形虫为细胞内寄生虫，根据其发育阶段不同分为各种类型，滋养体和包囊两型出现在中间宿主体内；裂殖体、配子体和卵囊只出现在终末宿主—猫的体内。

滋养体：见于急性病例，呈新月形、香蕉形或弓形，一端稍尖，一端钝圆，大小为(4~7)μm×(2~4)μm，经吉姆萨或瑞氏法染色后，胞质呈浅蓝色，有颗粒，核为紫红色。

包囊：见于慢性病例或无症状病例，呈卵圆形，囊膜较厚而富有弹性，囊内含有数十个至数千个滋养体。包囊的直径为50~60 μm，最大的可达100 μm。

裂殖体：呈卵圆形，内有许多条形的裂殖子。

配子体：有大小配子体，均呈卵圆形，小配子体色淡，核疏松，大配子体核致密。

卵囊：呈椭圆形，有两层囊壁，表面光滑，大小为10 μm×12 μm。

生活史

1.在猫体内发育

猫吞食了已孢子化的卵囊或含有包囊型虫体的其他动物组织，子孢子或滋养体进入猫的消化道，侵入肠上皮细胞内进行裂殖生殖和配子生殖，最后产生卵囊。卵囊随粪排出体外，在外界适宜条件下，经2~4 d，形成感染性卵囊(内含两个孢子囊，每个孢子囊内有4个子孢子)。也有一些子孢子或滋养体进入淋巴、血液循环，被带到全身各脏器和组织中。侵入有核细胞内，以内出芽法进行无性繁殖，最后形成包囊型虫体。包囊型虫体抵抗力较强，可在宿主体内存活数年。

2.在犬以及其他动物体内发育

当犬和其他动物吞食了含有滋养体或包囊的肉类或被感染性卵囊污染的食物、饮水等后，子孢子或滋养体就通过淋巴、血液循环侵入有核细胞内，在胞质内以内出芽的方式进行无性繁殖，产生大量的滋养体（急性发作)或在一些脏器组织中形成包囊型虫体(慢性病例)。

症状

犬的症状类似犬瘟热。患犬出现发热，精神委顿，厌食，呼吸困难，咳嗽，贫血，下痢，运动共济失调，孕犬早产或流产等。

患猫出现发热，黄疸，咳嗽，呼吸急促，贫血，运动失调，后肢麻痹，肠梗阻等，也有出现脑炎症状或孕猫早产、流产的。

诊断

必须通过实验室诊断查出弓形虫或特异性抗体，方能确诊。实验室诊断有以下三种方法。

镜下观察：取可疑病犬或尸体的组织或体液做涂片、压片或切片，置显微镜下观察有无弓形虫。

动物接种：将可疑病料接种于小白鼠、天竺鼠和家兔等实验动物体内，然后取实验动物的腹水、血液等做成涂片观察是否有虫体。

血清学诊断：可用补体结合反应、间接血凝试验、间接荧光抗体试验、酶联免疫吸附试验等进行诊断。

治疗

1.磺胺嘧啶：按10 mg/kg体重，每日分4~6次投服，连用14 d。

2.乙胺嘧啶：按0.5~1mg/kg体重，每日分4~6次投服，连用14 d。

以上两种药物同时使用疗效更好，为防药物引起的贫血，应同时投服甲酰四氢叶酸，剂量为每天 1 mg/kg 体重。

3.磺胺氨苯砜：按 5 mg/kg 体重，每日 1 次，连用 5~7 d。

预防

犬窝、猫舍经常保持清洁卫生，定期消毒，杜绝猫粪及其排泄物对环境、食物、饮水等的污染。死于本病的或可疑的动物尸体应严格处理掉，禁止用其饲喂犬、猫，防止污染环境。

任务六　球虫病

犬、猫球虫病是由艾美耳科中等孢属的球虫引起的，寄生于犬、猫的小肠和大肠黏膜上皮细胞内，造成出血性肠炎。

病原形态

1.犬等孢球虫：寄生于犬的小肠和大肠，具有轻度和中等致病力。卵囊呈椭圆形或卵圆形，大小为(32~42)μm×(27~33)μm，囊壁光滑，无卵膜孔。孢子发育时间为 4 d。

2.俄亥俄等孢球虫：寄生于犬小肠，通常无致病性。卵囊呈椭圆形或卵圆形，大小为(20~27)μm×(15~24)μm，囊壁光滑，无卵膜孔。

3.猫等孢球虫：寄生于猫的小肠，有时在盲肠，主要在回肠的绒毛上皮细胞内，具有轻微的致病力。卵囊呈卵圆形，大小为 (38~51)μm×(27~39)μm，囊壁光滑，无卵膜孔。孢子发育时间为3 d。潜在期为 7~8 d。

4.芮氏等孢球虫：寄生于猫的小肠和大肠，具有轻微的致病力。卵囊呈椭圆形或卵圆形，大小为(21~28)μm×(18~23)μm，囊壁光滑，无卵膜孔。孢子发育时间为 4 d。潜在期为 6 d。

发育与传播

犬、猫艾美耳球虫的发育基本与鸡的艾美耳球虫发育一致，也主要经过三个阶段，即裂殖生殖、配子生殖和孢子生殖阶段。但前两个阶段在胆管上皮细胞(斯氏艾美耳球虫)或肠上皮细胞(其他的球虫)内进行。

粪便中的球虫随粪便排出体外，经数天后，发育成为孢子化卵囊(具有感染性，也称感染性卵囊)。兔吞食了感染性卵囊后，子孢子在肠道内逸出卵囊，进入肠上皮或胆管上皮进行无性的裂体增殖，产生大量裂殖子，裂殖增殖可反复进行，之后进行配子生殖，产生大配子和小配子，二者结合形成合子，合子形成囊，卵囊随粪便排出体外。

本病以断奶至 2 月龄的幼犬、猫易感性和死亡率最高，成年犬、猫为隐性感染，成为带虫者。因此，病犬(猫)、带虫犬(猫)以及被卵囊污染的用具、环境等都是本病的传染源。鼠类、昆虫及饲养人员都可以是本病的机械传播者。

症状与病变

严重感染时，幼犬和幼猫于感染后 3~6 d，出现水泻或排出泥状粪便，有时排带黏液的血便。病者轻度发热，精神沉郁，食欲不振，消化不良，消瘦，贫血。感染 3 周以后，临床症状逐步消失，大多数可自然康复。整个小肠出现卡他性肠炎或出血性肠炎，但多见于回肠段，尤以回肠下段最为严重，肠黏膜肥厚，黏膜上皮脱落。

诊断

根据临床症状(下痢)和在粪便中发现大量卵囊即可确诊。

治疗

发生家犬、猫球虫病时，可采用下列药物进行治疗。

1.磺胺 6 甲氧嘧啶：按 100 mg/kg 体重，口服，2~3 次/d，连用 3~5 d。
2.磺胺二甲基嘧啶：按 60 mg/kg 体重，口服，3 次/d，连用 3~4 d。
3.氨丙啉：按 150~200 mg/kg 体重，混入食物中，连续喂 7 d。
4.痢特灵：按 10 mg/kg 体重，口服，2 次/d，连用 3~5 d。
5.对症治疗：全身给予补糖、补液、补碱，采用止血疗法。

预防

搞好犬、猫的环境卫生，防止球虫感染。药物预防可用 1~2 大汤匙 9.6%的氨丙啉溶液混于 4.5 L 水中，作为唯一的饮水，在母犬下崽前 10 d 内饮用。

任务七　体表寄生虫病

一、硬蜱

硬蜱又称草爬子、狗豆子、壁虱、扁虱，是犬的一种重要外寄生虫。

寄生于犬身上的硬蜱主要有血红扇头蜱、二棘血蜱、长角血蜱、草原革蜱和微小牛蜱等。下面以血红扇头蜱为例讲述。

血红扇头蜱，雄虫长 2.7~3.3 mm，宽 1.6~1.9 mm。雌虫大小约为 2.8 mm×1.6 mm。成虫呈长椭圆形，背腹扁平，由假头与躯体两部分组成。形态特征是：假头基呈三角形，盾板无花斑，有眼，气门板呈逗点状，有肛后沟。雄蜱腹面有肛侧板。

硬蜱是不完全变态的节肢动物，其发育过程包括卵、幼虫、若虫和成虫四个阶段。一般硬蜱在动物体上进行交配，交配后，吸饱血的雌蜱离开宿主落地，爬到缝隙内或土块下静伏不动，经 4~8 d，待血液消化和卵发育后，开始产卵，经过 2~3 周或 1 个月以上，幼虫孵出。幼虫爬到宿主体上吸血，经过 2~7 d 吸饱血后落到地面，蜕化变为若虫。若虫再侵袭动物，吸饱血后再落到地面，蛰伏数十天，蜕化变为性成熟的成蜱。雌虫产卵后 1~2 周内死亡，雄虫一般能活 1 个月左右。

血红扇头蜱主要生活在农区和野地，活动季节为每年的 4~9 月。

二、软蜱

寄生于犬体表的软蜱主要有拉合尔钝缘蜱和乳突钝缘蜱等。

软蜱呈卵圆形，显著的特征是：躯体背面无盾板，由弹性的革状外皮构成，上有乳头状或颗粒状或圆的凹陷或星形的皱褶等结构。假头隐于虫体前端之下，背面看不到，大多无眼，腹面有肛前沟、肛后沟和生殖沟。

软蜱发育过程也包括卵、幼虫、若虫和成虫四个阶段，幼虫和若虫在犬体上吸血和蜕化，若虫阶段有 1~7 期，最后一期若虫吸饱血后离开犬体表蜕化变为成虫。其整个发育过程一般需要 1~12 个月，寿命可达 15~25 年，耐饥饿能力强。

致病性与症状

硬蜱、软蜱均是吸血动物，当它们寄生在动物体表时，损伤皮肤，病犬出现痛痒、烦躁不安，经常摩擦、抓挠或啃咬皮肤，导致寄生部位出血、水肿、发炎和角质增生，或继发伤口蛆病。

由于大量吸食血液，可引起患犬贫血、消瘦、发育不良等。如大量寄生于犬后肢时，可引起后肢麻痹；如寄生在趾间，可引起跛行。

蜱在寄生过程中，还能传播病毒性、细菌性传染病和某些原虫病，如出血热、布氏杆菌病、巴贝斯虫病、埃里希氏病等，可直接或间接地造成人、动物死亡。

治疗

1. 福来恩滴剂：按犬猫的体重分为不同的剂型，按体重进行选择。用法：将滴剂滴于犬猫的颈背部或肩胛之间，可在 24~48 h 内杀死蜱。药效可持续一个月。（另外可在 12~24 h 杀死 98%~100% 的跳蚤）

2. 福来恩喷剂：按体重的大小选择不同的剂型。使用方法：将喷剂均匀地喷洒在犬猫的被毛上，有效期可持续一个月。

3. 虫体较少时：可将虫体小心摘下，摘除虫体时应先在虫体的头部涂擦杀虫剂，待虫体死亡后连头部一同摘下，切不要将头留在皮肤内。

4. 对症治疗：强心、解毒及支持疗法。

预防

夏秋季外出活动时，应给犬提前 3 d 滴上或喷洒上福来恩。回来时应给犬进行全面的体表检查。

三、犬疥螨病

犬疥螨病是由疥螨虫引起的犬的一种慢性寄生性皮肤病，俗称癞皮病。特征：犬表现为剧痒不安、被毛脱落及皮炎症状。

病原

疥螨科、疥螨属的犬疥螨。成虫呈圆形、微黄白色、背部隆起、腹部扁平。雌螨虫长 0.30~0.45 mm，雄虫长 0.19~0.23 mm。躯体分两部分，前端称背胸部，有第一和第二对足，后端称背腹部，有第 3 和第 4 对足，体表面有细横纹、锥突、鳞片和刚毛，假头后面有一对短粗的垂直刚毛，背胸部有一块长方形的胸甲，肛门位于背腹部后端的边缘上。虫体腹面有4对粗短的足，前后两对足之间的距离较远。在雄虫的第1、2、4对足上，雌虫在第1、2对足上各有一个吸盘。在雄虫的第3对足和雌虫的第3、4对足上的末端，各有一根长刚毛。卵呈椭圆形，大小平均为150 μm×100 μm。

发育与传播

疥螨的发育需经过卵、幼虫、若虫和成虫4个阶段。其全部发育过程都在犬身上度过，一般在1~3周内完成。疥螨在犬皮肤的表皮上"挖凿隧道"，雌虫在"隧道"内产卵，每个雌虫一生可产卵20~50个。卵孵化为幼虫，幼虫有3对足，体长0.11~0.14 mm。孵化的幼虫爬到皮肤表面，在皮肤上凿小洞穴，并在穴内蜕化为若虫，若虫钻入皮肤挖凿浅的"隧道"，并在里面蜕皮成成虫。雌虫的寿命为3~4周，雄虫在交配后死亡。

疥螨病多发于冬季、秋末和春初。因为这些季节光线照射不足，犬毛密而长，特别是犬舍环境卫生不好、潮湿的情况下，最适合螨虫的发育和繁殖，犬最易发病。

症状

犬疥螨病常见于幼犬，多先起于头部、鼻梁、眼眶、耳部及胸部，然后发展到躯干和四肢。病初皮肤发红有疹状小结，表面有大量麸皮状皮屑，进而皮肤增厚、被毛脱落、表面覆盖痂皮、龟裂。病犬剧痒，不时用后肢搔抓、摩擦，当有皮肤抓破或痂皮破裂后可出血，有感染时患部可有脓性分泌物，并有臭味。

由于患犬皮肤被螨虫长期慢性刺激，犬终日不停啃咬、搔抓、摩擦患部，使犬烦躁不安，影响休息和正常进食，临床可见病犬日见消瘦、营养不良，重者可导致死亡。

诊断

根据临床症状和实验室诊断进行确诊。用消毒好的手术刀片在病变皮肤和健康皮肤交界处刮皮肤取病料，将病料放置玻片上，滴上50%的甘油溶液，加盖玻片后，放置显微镜下检查，见到活的疥螨虫即可确诊。

治疗

1.将患部被毛剪掉，清洗患部。

2.伊维菌素(害获灭)1%浓度。0.5~1 mg/kg体重，背部皮下注射，隔6~7 d一次，2~3次为一疗程。经临床应用注射2~3次后大多患犬可治愈。

3.药浴疗法：林丹，0.03 %~0.06 %的药液药浴，一周后重复一次。

4.用0.5%的敌百虫液涂擦患部，防止浓度过高或让犬舔食造成中毒，7 d后重复涂擦一次。

5.双甲脒1 g，敌百虫10 g，加水定溶至500 mL，混合均匀后涂擦患部，2~3 d一次。

预防

1.主要是隔离患有疥螨病的犬，防止互相感染。

2.注意环境卫生，保持犬舍清洁干燥，对于犬舍、犬床、垫物等要定期清理和消毒。

四、犬蠕形螨病

犬蠕形螨病是由蠕形螨科、蠕形螨属的犬蠕形螨引起犬的一种皮肤寄生虫病。它寄生于犬的皮脂腺和毛囊内。本病又称毛囊虫病或脂螨病，是一种常见而又顽固的皮肤病。

病原

犬蠕形螨是一种小型的寄生螨。雌虫长 0.25~0.30 mm，宽 0.045 mm。雄虫长 0.22~0.25 mm，宽约 0.045 mm。虫体外形上可分为头、胸、腹三部分，口器由一对须肢、一对刺状螯肢和一个口下板组成；胸部有 4 对很短的足，腹部细长，表面密布横纹。雄虫的生殖孔开口于背面，雌虫的生殖孔则在腹面。虫卵呈梭形，长约 0.07~0.09 mm。

生活史

犬蠕形螨的全部发育过程都在犬体上进行。雌虫在寄生部位产卵。发育史包括卵、幼虫、若虫、成虫 4 个阶段。卵在寄生部位孵化出 3 对足的幼虫，然后变成 4 对足的若虫，最后蜕化变成成虫。犬蠕形螨除寄生在毛囊、皮脂腺外，还能生活在淋巴结内，并在那里生长繁殖，转变为内寄生虫。

本病的发生多因病犬和健康犬相互接触而感染，也可通过媒介物间接感染。犬蠕形螨的抵抗力很强，可在外界存活多日，并可感染人，儿童和妇女比成年男性易感。

症状

犬蠕形螨症状可分为两型。鳞屑型：主要是在眼睑及其周围、额部、嘴唇、颈下部、肘部、趾间等处发生脱毛、秃斑，界限明显，并伴有皮肤轻度潮红和麸皮状屑皮，皮肤可有粗糙和龟裂，有的可见有小结节。皮肤可变成灰白色，患部不痒。有的可长时间保持原型。脓疱型：感染蠕形螨后，首先多在股内侧下腹部见有红色小丘疹。几天后变为小的脓肿，重者可见有腹下股内侧大面积红白相间的小突起，并散有特有的臭味。病犬可表现不安，并有痒感。大量蠕形螨寄生时，可导致全身皮肤感染，被毛脱落，脓疱破溃后形成溃疡，并可继发细菌感染，出现全身症状，重者可导致死亡。

治疗

1. 本病特效疗法是皮下注射伊维菌素，0.5~1 mg/kg 体重，严重的犬剂量可加大到 1.5 mg/kg 体重，隔 7 d 重复注射一次，重者可重复注射 3~4 次。
2. 对于脓疱严重的可将脓疱开放，用 3%过氧化氢液清洗后涂擦 2%碘酊。
3. 全身性感染的病例可结合抗生素疗法。
4. 双甲脒 1 g，敌百虫 10 g，加水定容至 500 mL，混合均匀后涂擦患部，2~3 d 一次。

预防

同犬疥螨病。

复习思考题

1. 寄生虫感染宠物常有哪几种途径？
2. 犬是怎样感染犬恶丝虫病的？其临床主要症状是什么？如何诊断与防治？
3. 犬、猫常寄生哪些绦虫？其致病作用有哪些？怎样进行防治？
4. 如何防治犬、猫弓形虫病？
5. 犬患疥螨病时，主要症状是什么？怎样诊断与防治？
6. 发生犬、猫寄生虫病时，采取哪些综合性防治措施？

假头后面有一对短粗的垂直刚毛，背胸部有一块长方形的胸甲，肛门位于背腹部后端的边缘上。虫体腹面有4对粗短的足，前后两对足之间的距离较远。在雄虫的第1、2、4对足上，雌虫在第1、2对足上各有一个吸盘。在雄虫的第3对足和雌虫的第3、4对足上的末端，各有一根长刚毛。卵呈椭圆形，大小平均为150 μm×100 μm。

发育与传播

疥螨的发育需经过卵、幼虫、若虫和成虫4个阶段。其全部发育过程都在犬身上度过，一般在1~3周内完成。疥螨在犬皮肤的表皮上"挖凿隧道"，雌虫在"隧道"内产卵，每个雌虫一生可产卵20~50个。卵孵化为幼虫，幼虫有3对足，体长0.11~0.14 mm。孵化的幼虫爬到皮肤表面，在皮肤上凿小洞穴，并在穴内蜕化为若虫，若虫钻入皮肤挖凿浅的"隧道"，并在里面蜕皮成成虫。雌虫的寿命为3~4周，雄虫在交配后死亡。

疥螨病多发于冬季、秋末和春初。因为这些季节光线照射不足，犬毛密而长，特别是犬舍环境卫生不好、潮湿的情况下，最适合螨虫的发育和繁殖，犬最易发病。

症状

犬疥螨病常见于幼犬，多先起于头部、鼻梁、眼眶、耳部及胸部，然后发展到躯干和四肢。病初皮肤发红有疹状小结，表面有大量麸皮状皮屑，进而皮肤增厚、被毛脱落、表面覆盖痂皮、龟裂。病犬剧痒，不时用后肢搔抓、摩擦，当有皮肤抓破或痂皮破裂后可出血，有感染时患部可有脓性分泌物，并有臭味。

由于患犬皮肤被螨虫长期慢性刺激，犬终日不停啃咬、搔抓、摩擦患部，使犬烦躁不安，影响休息和正常进食，临床可见病犬日见消瘦、营养不良，重者可导致死亡。

诊断

根据临床症状和实验室诊断进行确诊。用消毒好的手术刀片在病变皮肤和健康皮肤交界处刮皮肤取病料，将病料放置玻片上，滴上50%的甘油溶液，加盖玻片后，放置显微镜下检查，见到活的疥螨虫即可确诊。

治疗

1.将患部被毛剪掉，清洗患部。

2.伊维菌素(害获灭)1%浓度。0.5~1 mg/kg体重，背部皮下注射，隔6~7 d一次，2~3次为一疗程。经临床应用注射2~3次后大多患犬可治愈。

3.药浴疗法：林丹，0.03 %~0.06 %的药液药浴，一周后重复一次。

4.用0.5%的敌百虫液涂擦患部，防止浓度过高或让犬舔食造成中毒，7 d后重复涂擦一次。

5.双甲脒1 g，敌百虫10 g，加水定溶至500 mL，混合均匀后涂擦患部，2~3 d一次。

预防

1.主要是隔离患有疥螨病的犬，防止互相感染。

2.注意环境卫生，保持犬舍清洁干燥，对于犬舍、犬床、垫物等要定期清理和消毒。

四、犬蠕形螨病

犬蠕形螨病是由蠕形螨科、蠕形螨属的犬蠕形螨引起犬的一种皮肤寄生虫病。它寄生于犬的皮脂腺和毛囊内。本病又称毛囊虫病或脂螨病，是一种常见而又顽固的皮肤病。

病原

犬蠕形螨是一种小型的寄生螨。雌虫长 0.25~0.30 mm，宽 0.045 mm。雄虫长 0.22~0.25 mm，宽约 0.045 mm。虫体外形上可分为头、胸、腹三部分，口器由一对须肢、一对刺状螯肢和一个口下板组成；胸部有 4 对很短的足，腹部细长，表面密布横纹。雄虫的生殖孔开口于背面，雌虫的生殖孔则在腹面。虫卵呈梭形，长约 0.07~0.09 mm。

生活史

犬蠕形螨的全部发育过程都在犬体上进行。雌虫在寄生部位产卵。发育史包括卵、幼虫、若虫、成虫 4 个阶段。卵在寄生部位孵化出 3 对足的幼虫，然后变成 4 对足的若虫，最后蜕化变成成虫。犬蠕形螨除寄生在毛囊、皮脂腺外，还能生活在淋巴结内，并在那里生长繁殖，转变为内寄生虫。

本病的发生多因病犬和健康犬相互接触而感染，也可通过媒介物间接感染。犬蠕形螨的抵抗力很强，可在外界存活多日，并可感染人，儿童和妇女比成年男性易感。

症状

犬蠕形螨症状可分为两型。鳞屑型：主要是在眼睑及其周围、额部、嘴唇、颈下部、肘部、趾间等处发生脱毛、秃斑，界限明显，并伴有皮肤轻度潮红和麸皮状屑皮，皮肤可有粗糙和龟裂，有的可见有小结节。皮肤可变成灰白色，患部不痒。有的可长时间保持原型。脓疱型：感染蠕形螨后，首先多在股内侧下腹部见有红色小丘疹。几天后变为小的脓肿，重者可见有腹下股内侧大面积红白相间的小突起，并散有特有的臭味。病犬可表现不安，并有痒感。大量蠕形螨寄生时，可导致全身皮肤感染，被毛脱落，脓疱破溃后形成溃疡，并可继发细菌感染，出现全身症状，重者可导致死亡。

治疗

1.本病特效疗法是皮下注射伊维菌素，0.5~1 mg/kg 体重，严重的犬剂量可加大到 1.5 mg/kg 体重，隔 7 d 重复注射一次，重者可重复注射 3~4 次。

2.对于脓疱严重的可将脓疱开放，用 3%过氧化氢液清洗后涂擦 2%碘酊。

3.全身性感染的病例可结合抗生素疗法。

4.双甲脒 1 g，敌百虫 10 g，加水定容至 500 mL，混合均匀后涂擦患部，2~3 d 一次。

预防

同犬疥螨病。

复习思考题

1.寄生虫感染宠物常有哪几种途径？
2.犬是怎样感染犬恶丝虫病的？其临床主要症状是什么？如何诊断与防治？
3.犬、猫常寄生哪些绦虫？其致病作用有哪些？怎样进行防治？
4.如何防治犬、猫弓形虫病？
5.犬患疥螨病时，主要症状是什么？怎样诊断与防治？
6.发生犬、猫寄生虫病时，采取哪些综合性防治措施？

项目六 常见内科病诊治

知识目标

1. 掌握19种常见内科病的发病病因和主要临床症状及诊治方法。
2. 掌握中毒性疾病的一般治疗措施。

技能目标

1. 能诊断犬、猫常见内科疾病；提出治疗原则，开具处方。
2. 会诊断犬、猫常见的中毒病并能解毒救治。

任务一 胃扩张-胃扭转综合征

胃扩张是由于胃的分泌物、食物或气体聚积导致胃扩张的疾病。胃扭转是胃幽门部从右侧转向左侧，被挤压于肝脏、食管的末端和胃底之间，并导致贲门不通的病症。胃扭转后很快发生胃扩张（胃内蓄积的气体和液体既不能通过食管逆流，也不能通过十二指肠后送），因此称为胃扩张-扭转综合征。多见于大型犬、胸部狭长的犬，且多见于成年犬、中年犬和老龄犬，雄性比雌性发病率高，家猫也可发生胃扭转。本病过程急剧，不及时治疗，会迅速造成死亡。

一、病因

(一)胃扩张

有两种类型，以胸部深而狭小的犬(如赛犬属的犬)较为常见。

1. 第一型（缓发型）：由于采食增加，经过较长时期，胃发生代偿性增大。其促发因素有寄生虫、不适当的饮食和胰液分泌减少。

2. 第二型（速发型）：发病急剧，胃由于分泌物、食物和气体聚积而发生急性扩张，直接原因是采食大量干燥、难消化或易发酵食物，继而剧烈运动并饮大量冷水。肠梗阻、便秘等机械阻塞亦可引起胃扩张。

(二)胃扭转

犬的幽门移动性较大，如因胃内容物过多而使胃韧带松弛或断裂时，就可发生本病。胃扭转往往发生于饱食后打滚、跳跃、迅速上下楼梯时的旋转、摇摆和滚动等情况下，使胃的贲门和幽门发生闭锁，胃、脾血液循环受阻，导致急性胃扩张。

二、症状

1. 过食性胃扩张：腹部显著增大，并出现急性腹痛症状。可见嗳气、流涎和呕吐，触诊腹前部增大变硬，严重者会发生虚脱。继发于营养不足或胰腺炎的胃扩张，通常不产生胃部症状。

2. 急性胃扩张：不论有无胃扭转，动物首先呈现剧烈腹痛、卧地翻滚、嚎叫不安，然后腹部迅速变得膨大，大量流涎、干呕。腹部叩诊呈鼓音或金属音，急剧冲击胃下部，可听到拍水音。

由于扩张的胃压迫横膈膜而出现高度呼吸困难、心跳加快，严重者可窒息休克。通过细致的腹部触诊，可在两侧肋下部摸到膨大呈球状囊袋的胃，并可确定胃内容物的性质(积液、积食、积气)。

三、诊断

根据病史和体征及腹部触诊即可做出胃扩张的初步诊断。X射线检查有助于确定胃内容物的性质。胃扭转和急性胃扩张的临床症状相同，难以确切鉴别。若胃管能插入胃内，就可排除胃扭转。但有时无并发症的急性胃扩张病例，亦不能插入胃管，确诊需依赖手术及X射线检查。

四、治疗

胃扩张-扭转综合征应作急症处理，治疗原则为排出胃内容物，镇痛，抗休克。胃扭转应尽早手术整复。

1. 放气催吐，排出胃内容物：首先必须尽力缓解气胀，可插入胃管排出（或抽出)胃内积气；如不能如愿，则必须用注射针头经腹壁插入扩张的胃内进行穿刺放气。对单纯过食性胃扩张，可在放气后，皮下注射阿朴吗啡(2~10 mg)促其呕吐，以排出胃内容物，缓解症状。

2. 镇痛：杜冷丁 5~10 mg/kg 体重或镇痛新 1.5~3 mg/kg 体重，肌肉或皮下注射。

3. 手术治疗：若放气后症状不能立即获得显著改善，或胃扭转病例应及时进行剖腹手术，整复和使胃排空。

4. 抗休克：出现休克时，应抗休克治疗。可给予强心剂、呼吸兴奋剂及氢化可的松或地塞米松(用生理盐水或葡萄糖液稀释后静脉滴注)。同时大量补给电解质溶液，皮下或肌肉注射复合维生素 B、三磷酸腺苷(ATP 0.1~0.4 mg/kg 体重)，并配合抗生素治疗。

5.加强饲养管理：急性期应禁食24 h，3 d内给予流质饮食，然后给予无刺激性的软食，每日至少给3次，同时给予健胃助消化药物，逐渐恢复常食。

任务二　胃炎

胃炎是胃黏膜的急性或慢性炎症，以呕吐、胃压痛及脱水为特征。临床以急性胃炎为最常见，慢性胃炎多见于老龄动物或由急性胃炎未能及时治疗发展而来。该病是犬、猫等宠物的常见病。

一、病因

(一)外源性因素

1.采食腐败变质的食物（细菌毒素或霉菌毒素刺激胃黏膜）是最常见病因。

2.异物机械刺激（如包装材料、破布、木棒、毛发、石块、小玩具等）。

3.服用或误食某些药物（如阿司匹林、消炎痛、保泰松等）和化学物质（如重金属、清洁剂、化肥、除草剂等）。

4.摄入青草和植物有时也会引起胃炎。

(二)内源性因素

1.细菌感染：细菌感染可以引起胃炎，但细菌性胃炎发病率不高，因胃的酸性环境不利于细菌生长。

2.病毒感染：急性胃炎多见于犬瘟热、犬传染性肝炎、犬冠状病毒感染、犬细小病毒感染和猫泛白细胞减少症等的经过中。

3.内寄生虫感染：见于蛔虫、绦虫、球虫、弓形虫等寄生虫感染过程中。

(三)全身性疾病和过敏反应　如尿毒症、肝病、急性胰腺炎、肾炎、休克、脓毒症，甚至应激反应，都可以成为胃炎的发病原因；饲喂蛋、牛奶或鱼肉等，有时也可引起个别犬、猫变态反应性胃炎。

(四)慢性胃炎　病因尚未完全查明。中枢神经机能失调，影响胃的功能，可能与本病有关。急性炎症因素的长期刺激、胃酸缺乏、营养不足、内分泌机能障碍等，均可引起本病。

二、症状

1.急性胃炎：经常性急性呕吐、精神沉郁和腹痛是主要症状。

2.慢性胃炎：主要表现为与采食无关的间歇性呕吐，呕吐物常混有少量血液。食欲不振，逐渐消瘦，轻度贫血，最后发展为恶病质状态。

三、诊断

根据病史、临床症状可初步建立诊断。单纯性胃炎，特别是急性胃炎，一般经对症治疗多可奏效，可作为治疗性诊断。内窥镜检查胃黏膜的变化(充血、肿胀，表面附有黏液或黏膜皱缩、增厚等)即可确诊。胃液检查胃酸减少或缺乏，胃液中含有上皮细胞、白细胞、黏液及细菌是慢性胃炎的特点。临床上注意与胃内异物、急性胰腺炎鉴别。

四、治疗

治疗原则：除去病因，保护胃黏膜，止吐，纠正脱水、电解质及酸碱平衡紊乱。

(一)食饵疗法　首先应限制饮食，禁食 24 h 以上。此期间为防止一次性大量饮水后引起呕吐，可多次给予少量的饮水或让其舔食冰块(以能维持口腔湿润即可)。然后喂以糖盐米汤、稀饭、青菜汤或高糖低脂低蛋白易消化的流质食物，应少食多餐，数日后逐步恢复正常饮食。

(二)镇静止吐　对持久性、顽固性呕吐的犬、猫，应镇静止吐。

1. 抗胆碱药物可以减少胃的蠕动和痉挛，降低胃壁平滑肌副交感神经的兴奋，减少胃酸分泌和减轻呕吐。如阿托品、东莨菪碱(不用于猫)。

2. 吩噻嗪类安定药(如氯丙嗪 0.5~1 mg/kg 体重，肌肉注射)，对阻断内脏受刺激而引起的呕吐有效，可用于反复呕吐的病例。

3. 胃复安(10~20 mg/kg 体重，肌肉注射，每日 2 次)，维生素 B_6 注射液或爱蒙尔等止吐药物有良好效果。

(三)清理胃内容物　采用催吐剂，犬可用苯巴比妥钠、盐酸阿朴吗啡，猫可用止吐灵。亦可口服胃黏膜保护剂，如思密达、白陶土、氢氧化铝、次硝酸铋等。当有害物质进入肠道后，可用泻剂如蓖麻油 10~50 mL 内服。

(四)制止脱水及维持酸碱平衡　在发生脱水、电解质或酸碱平衡紊乱时，可用 5%葡萄糖和林格氏液等量混合，每日 40~60 mL/kg 体重，静脉注射，以补充丧失的体液，并配合应用维生素 C，同时注意补充钾离子和防止碱中毒。亦可口服补液盐溶液或行营养性灌肠(每日 50~80 mL/kg 体重，分 2 或 3 次直肠灌入)。

(五)对症治疗　对细菌、病毒感染或继发肠炎的情况，可选用抗生素和抗病毒药物，必要时肌肉注射地塞米松（犬 2~10 mg、猫 0.5~5 mg)，以增强机体抗炎、抗毒素作用。对严重病例，如胃出血或溃疡病例，应用维生素 K_1 或止血敏或安络血等止血药，同时给予制酸剂-H_2 受体阻断剂（如甲腈咪胍，4 mg/kg 体重，肌肉注射，一日 2 或 3次)，能阻断壁细胞的组胺受体，减少犬、猫胃酸的产生，可用于治疗胃和十二指肠溃疡、返流性食管炎、急性胃出血和胃酸分泌过多综合征。对胃酸缺乏的病例，可灌服稀盐酸 0.5~3 mL，一日 2 或 3 次。

(六)健胃助消化　可口服乳酶生 1~2 g、胃蛋白酶 0.1~0.5 g、淀粉酶 1 g、多酶片、健胃消食片等。

任务三　肠炎

肠炎是小肠黏膜的急性或慢性炎症。临床上以消化紊乱（食欲废绝）、呕吐、腹痛、腹泻及自体中毒体征为特征。本病可作为仅侵害小肠的一种独立的疾病，但更常见的是涉及胃或结肠的更广泛的炎症性疾病。通常所说的"肠炎"，是包括胃炎、小肠炎、结肠炎的统称。肠炎按其病因分为原发性和继发性两种类型。肠炎是犬、猫最常见的内科病。

一、病因

1.原发性肠炎：主要是由于犬、猫采食腐败变质的食物、动物废弃物及病原微生物所污染的食物饮水；或者误食喷雾剂、毒饵、重金属、刺激性药物、异物等；饲喂大量难消化的蚕豆、豌豆和谷物（粟、玉米等）后常发生本病；某些特异性食物的过敏反应常导致急性肠炎；长期使用抗生素引起肠道菌群紊乱，常呈现慢性肠炎。

2.继发性肠炎：常见于某些传染病，如犬瘟热、犬细小病毒病、犬传染性肝炎、犬冠状病毒感染、猫泛白细胞减少症等；钩端螺旋体、沙门氏杆菌、大肠杆菌、变形杆菌和弧菌是肠炎的常见病原菌。某些寄生虫感染，如绦虫、蛔虫、弓形虫、钩虫、球虫感染亦常伴发肠炎。

3.饲养管理不当：营养不良，过度疲劳、感冒等因素，降低了机体的抵抗力，使胃肠屏障机能减弱，平时在胃肠道内的不引起致病作用的细菌（如大肠杆菌、变形杆菌、沙门氏菌和弧菌等），由于毒力增强而致发本病。

二、症状

肠炎的主要症状是腹泻、腹痛、呕吐、发热和毒血症。病初，主要表现消化不良及粪便带有黏液。当炎症波及黏膜下层组织时，呈现持续而剧烈的腹痛、腹壁紧张、触诊敏感或抗拒腹检，经常伏卧于凉的地面或以肘及胸骨支于地面，后躯高起做"祈祷姿势"，食欲废绝。当以胃、小肠炎症为主时，频发呕吐，呕吐物初期为食糜，以后为泡沫样黏液。粪便常混有血液，呈黑褐色或黑红色甚至混有黏膜碎片。口腔干燥、灼热，口臭、舌苔厚，结膜潮红或黄染。

以大肠炎症为主时，呈现剧烈腹泻，粪便稀软、水样或胶冻状，粪便恶臭，含有黏液、血液（粪便表面附血丝或血块）、黏膜组织，有时混有脓汁。病至后期，由于肛门松弛，呈现排粪失禁或里急后重现象。听诊肠音增强，有时可闻带金属调高朗的肠音，后期肠音沉衰。

全身症状重剧：体温升高，脉搏细数，黏膜发绀。脱水体征明显：眼球下陷，皮肤弹性减退，血液浓稠，尿量减少。自体中毒体征明显：虚弱无力，肢端发凉，脉搏细数，肌肉震颤，体温下降，昏迷等。

慢性病例，除反复腹泻或腹泻与便秘交替出现和轻度的营养不良之外，其他症状不明显。

三、诊断

根据病史和症状，容易诊断，但病因诊断则需依靠实验室工作。粪便镜检可以证明有无寄生虫和原虫；进行粪便培养，可以确定有无病原菌。临床注意与感染性肠炎鉴别。

四、治疗

治疗原则：抗菌消炎、缓泻止泻、强心补液，防止自体中毒。

1. 食饵疗法：首先应禁食 24 h，只给少量饮水或口服补液盐。然后可喂以糖盐米汤 100~500 mL，每日 3 次。或给予无刺激性饮食，如肉汤、菜汤、牛奶、淀粉糊等，然后逐渐调整，直至恢复正常饮食为止。

2. 抗菌消炎：控制和预防继发感染，是治疗肠炎的根本措施，适用于各种病型并应贯穿于整个病程。选用有效抗菌药物：如庆大霉素、氟苯尼考、氟喹诺酮类、磺胺类等抗菌药物，痢菌净 10~20 mg/kg 体重，口服，每日 2 次；亦可选用甲硝唑 25 mg/kg 体重静脉注射。

3. 缓泻止酵，清理胃肠：适用于患病动物排粪迟滞，或排恶臭稀粪，排粪不畅的情况。在病的早期，可用硫酸钠、人工盐适量内服。炎症明显时用植物油类缓泻剂（如花生油或液体石蜡等）。

4. 收敛止泻：适用于肠内积粪已基本排出，粪便臭味不大，而仍剧泻不止的非传染性肠炎的犬、猫。常用吸附收敛药物，如思密达 0.5~2 g、活性炭 0.5~2 g，鞣酸蛋白 0.5~2 g，次硝酸铋 0.2~1 g，每日 3 次内服，或 0.1%高锰酸钾 50~200 mL 内服或灌肠。

5. 强心补液防自体中毒：可选用生理盐水 100~500 mL，维生素 C 0.5~1 g，50%葡萄糖液 5~20 mL、肌酐、ATP、10% KCl 各 1~5 mL，10%葡萄糖酸钙 5~20 mL，5%碳酸氢钠 1~2 mL/kg 体重，分别静脉滴注，每日 1~2 次；强尔心液（氧化樟脑液）2~20 mg 或安钠咖 100~200 mg/kg 体重，肌肉注射，每日 1~2 次。

6. 对症治疗：呕吐严重应止吐，可选用胃复安、654-2、维生素 B_6 等；出血用止血剂；传染性胃肠炎可采用抗血清治疗；寄生虫性胃肠炎以驱虫为主。后期应用健胃剂（胃蛋白酶、乳酸菌素片等）。

任务四 肠便秘

肠便秘是由于肠蠕动机能障碍，肠内容物不能及时后送而滞留于大肠内，水分进一步吸收，内容物变干、变硬，致使排粪过少或排粪困难的现象。便秘是犬、猫的常见病，但犬、猫对大肠便秘有较强的耐受性，多发于老龄犬、猫。结肠壁受到粪石的压迫会发生不可逆的退行性变化，引起排粪机能障碍和继发巨大结肠症。

一、病因

1. 饲料和环境因素：食入多量骨头、异物和毛发，与粪便混在一起，便形成大的硬粪块。另外，环境突然改变、缺乏运动，也会打乱原有的排便习惯。

2. 直肠及肛门受到机械性压迫或阻挡：引起排粪疼痛的各种肛门疾患（如肛窦炎、肛门囊肿、肛瘘），直肠狭窄及肠管内外梗阻（如会阴疝，骨盆骨折愈合遗留骨盆腔狭窄，前列腺肥大囊肿，盆腔器官及结肠、直肠、肛门肿瘤等），由于排粪不畅及开始排粪就感到疼痛，遂使正常排粪的便意消失。

3. 不能使动物采取正常排粪姿势的疾患：如骨盆骨折、髋关节脱位或肢体骨折等。

4. 其他引起肠弛缓的因素：如老龄性肠弛缓；内分泌异常（如甲状旁腺机能亢进及甲状腺机能减退会影响平滑肌的正常功能）；某些慢性病经过中，由于脱水和衰弱而引起便秘；许多药物（如抗胆碱能药、抗组胺药、硫酸钡、利尿药和阿片类药物）也可引起便秘；某些神经源性疾患（如腰荐部脊髓或神经损伤，使肛门括约肌丧失排便反射）也会引起便秘。

二、症状

主要表现为排粪迟滞，里急后重。动物经常试图排粪，反复努责而排不出粪便，常因疼痛而鸣叫，有时仅排少量附有血液和黏液的干粪。初期精神、食欲多无变化，久之出现食欲不振甚至废绝。动物腹围膨大，腹痛，背腰拱起，有时出现呕吐。结肠梗阻有时可发生积粪性腹泻，排出褐色水样粪便。腹部触诊可触及肠管内成串的秘结粪块，肛门指检过敏，在直肠内有干燥、秘结的粪块。X射线检查，清晰可见肠管扩张状态，其中含有致密粪块的异物阴影。

三、诊断

根据排粪困难的病史和触诊摸到大肠内成串的干硬粪块，按压时有疼痛表现及肛门指检，不难确诊。

四、治疗

治疗原则：疏通肠管，促进排粪。

1. 单纯便秘：可采用温水或2%小苏打水或温肥皂水反复灌肠，每次20~200 mL，并在腹部适当按压肠内粪块。灌肠时需特别注意压力不可过高（尤其是对猫），否则极易造成直肠壁穿透。亦可用甘油5~30 mL或开塞露5~10 mL，肛门注入。服用缓泻药（果导片，每次1~2片，或硫酸钠5~30 g，或液体石蜡10~80 mL）。也可选用中药芒硝、大黄各5~15 g，共为粉末，用蜂蜜调和内服，同时服用口服补液盐，疗效较好。对直肠后段、肛门便秘时可在全身麻醉后用镊子破碎粪块并取出。

用上述方法无效时，手术取出粪块，加强护理，采取补液、强心等措施。

粪便排出后的恢复期，可投服适当润滑性泻剂，如石蜡或蓖麻油10~60 mL，促进肠内容物排出。适当运动，合理调配饲料，饮水要充足。

2. 继发性便秘：主要治疗原发病。

任务五　胰腺炎

急性胰腺炎是由于胰腺酶消化胰腺自身所引起的急性炎症。临床上以突发前腹部剧痛、腹膜炎、休克为特征。胰腺腺泡组织的包囊内含有消化酶的酶原粒，如果酶原被激活，就会引起腺体自体消化，产生严重的炎症反应。此外，腺泡组织如不往小肠内分泌消化酶，就会影响消化和发生继发性营养不良。急性胰腺炎分为水肿型和出血型（败血型），前者早期治疗预后尚可，后者死亡率极高。

慢性胰腺炎是指胰腺的反复发作性或持续性炎症变化，胰腺呈广泛性纤维化、局灶性坏死、胰泡和胰岛组织的萎缩和消失、假囊肿形成和钙化。其临床上以呕吐、腹痛、黄疸、脂肪泻、糖尿病为特征。此病仅偶见于家猫。

犬、猫的胰腺炎较多，但有临床症状的较少见，多在死后剖检时才能发现病变。犬发病率比猫高，雌犬多于雄犬。尽管各种年龄的犬都可患病，但以幼犬和中年肥胖雌犬更为常见。

一、病因

胰腺炎有多种原因，损伤可能是主要因素。自然病例多为水肿型胰腺炎，实验发病的为急性出血性胰腺炎。

1. 肥胖：患急性胰腺炎的犬多为肥胖犬。饲喂高脂食物可以改变胰腺细胞内酶的含量而诱发急性胰腺炎，饮食中的脂肪含量和犬、猫的营养状况是急性胰腺炎发病的重要因素。

2. 高脂血症：在急性胰腺炎患犬中，多伴有高脂血症。高脂血症可以引发胰腺炎，反之，急性胰腺炎又可以诱发高脂血症，并改变血浆脂蛋白酶。脂肪饮食能产生明显的食饵性高脂血症（乳糜微粒血症），继而发生胰腺炎，尤其当血液中清除乳糜微粒的机制受到损害时（如患甲状腺机能低下或糖尿病），更易发生急性胰腺炎。

脂血症导致胰腺炎的机理不详。有研究者认为，位于胰腺毛细血管床的酯酶能水解血液内的脂肪，释放出脂肪酸，可造成胰腺内局部酸中毒和血管收缩，由于局部缺血和炎症释放出更多的酯酶进入血液循环，从而造成胰腺炎。

3. 胆管疾患：由于胆管和胰腺间质的淋巴管互通，所以，胆管疾患可以通过淋巴管扩散至胰腺而发病。

4. 感染：胰腺炎可见于犬、猫某些传染性疾病过程中，犬传染性肝炎和犬、猫弓形体病及猫传染性腹膜炎是涉及胰腺的传染病（因为可以引起胆管肝炎诱发胰腺炎）。中毒性疾病、腹膜炎、肾脏病、败血症等过程中，病毒、细菌或毒物等经血液、淋巴而侵害胰腺引起炎症。

5.十二指肠液或胆汁返流：十二指肠液或胆汁返流进入胰管和胰间质（因胆汁中的溶血卵磷脂和未结合的胆盐对胰腺的毒性甚大），是急性胰腺炎的原因之一。

6.慢性胰腺炎：多由急性局限性胰腺炎发展而来，或由胆道、十二指肠感染以及胰管狭窄等所致。

二、症状

1.急性胰腺炎：多数患病动物表现严重呕吐和腹痛，病犬采取以肘及胸骨支地而后躯高起的"祈祷姿势"，有的则找阴凉地方，腹部紧贴地面躺卧。精神沉郁、厌食、发热、黄疸。腹部膨胀，紧张有压痛。腹泻乃至血性腹泻。部分病例呈现烦渴，饮水后立即呕吐，呼吸急促，心动过速，脱水。严重病例出现昏迷或休克（胰岛素突然大量释放引起低血糖，或钙与血中的脂肪酸结合导致低血钙所致）。

急性出血型胰腺炎的临床症状与急性水肿型胰腺炎相似，但症状更严重；腹痛是经常出现的症状，比较弥漫而不局限于局部；腹胀、腹泻和呕吐都较急性水肿型胰腺炎严重，粪便常带血；常常发生休克。

2.慢性胰腺炎：特征是反复发作持续性呕吐和腹痛。常见症状是排粪次数增多，粪便发油光，呈橙黄色或黏土色，有酸臭味，含有未完全消化的食物。由于吸收不良或并发糖尿病，使动物表现贪食。因粪中含脂肪较多，使尾毛和会阴部污染呈油污样。触诊胰腺或周围脂肪（猫）不规则。生长停滞，明显消瘦。

三、诊断

(一)急性胰腺炎

无确定诊断的特定指征，确切诊断比较困难。只能通过实验性治疗来诊断。

1.实验室检查：白细胞总数和嗜中性粒细胞增多，血清中淀粉酶及脂肪酶的浓度升高（达正常的2倍），但血清淀粉酶多于发病2~3 d后恢复正常。其他有助于胰腺炎诊断的实验室指标有低血钙、一时性的高血糖症和谷丙转氨酶升高。禁食时的高脂血症，也可作急性胰腺炎的诊断依据。严重胰腺炎病例由于胰腺和附近器官发炎引起液体渗出而有腹水，腹水中含有淀粉酶具有诊断意义。

2.必要时剖腹探查和腹腔镜检查以确定诊断。

3.X射线检查可发现上腹部密度增加，但放射学摄片正常也不能排除胰腺炎。

(二)慢性胰腺炎或胰腺发育不全

由于缺乏胰蛋白酶，粪便中含有脂肪和不消化肌肉纤维可作为诊断依据。

1.胰蛋白酶活性检验：可以区别肠道内缺乏胰蛋白酶所致的消化不良与肠道本身吸收机能障碍所致的吸收不良。检验方法有X射线照片、消化试验和明胶试管试验。

2.粪便显微镜检查：在卢戈氏液中加少许新鲜粪便混合为乳浊液，取一滴在载玻片上，待稍干燥后在高倍镜下观察。不消化的肌肉纤维被染为褐色，或有大量的淀粉颗粒被染成蓝色，或有橘黄脂肪滴时说明缺乏脂肪酶。如与正常动物对比，可增加可靠性。

四、治疗

(一)急性胰腺炎

1.避免刺激胰腺分泌：最重要的是禁止经口喂给食物、饮水和药物，同时维持水和电解质平衡，常用5%葡萄糖生理盐水或复方氯化钠液50~500 mL、复方氨基酸20~100 mL、维生素C注射液0.2~2 g，能量合剂，静脉注射，维生素B_1注射液100 mg肌肉注射。抗胆碱能药可抑制胰腺分泌，如肌肉注射硫酸阿托品或654-2或口服异丙酰胺（0.03 mg/kg体重）或普鲁本辛(5~15 mg)，每日3次。

2.抗菌消炎：以广谱抗生素或多种抗生素联合应用效果较好，如氨苄青霉素、头孢菌素、卡那霉素或庆大霉素、氟喹诺酮类或普康素、保得胜、牧特灵等，肌肉注射，每日2~3次；或青霉素、链霉素合并应用。

3.镇痛抗休克：镇痛可肌肉注射吗啡(0.1~2 mg/kg体重)或杜冷丁(2~5 mg/kg体重)或镇痛新等，必要时，每隔6~12 h重复一次。抗休克用氢化可的松5~20 mg或地塞米松2~10 mg溶于葡萄糖溶液中静脉注射。

4.手术疗法：当胰腺坏死时，应立即手术切除坏死的胰腺。

5.对症治疗：维生素K_3注射液1~2 mg/kg体重肌肉注射有利于止血。有脂肪泻者，口服胰酶制剂(胰酶0.2~0.5 g、碳酸氢钠0.2~0.5 g，每日1次，连用1周)及维生素K、维生素A、维生素D、维生素B_{12}、叶酸及钙制剂。恢复期可喂以少量低脂饮食，逐步调整至正常饮食。

(二)慢性胰腺炎

1.食饵疗法：应用高蛋白高碳水化合物和低脂肪食物，少食多餐，每日至少饲喂3次。

2.交换消化酶疗法：将胰蛋白酶或胰粉制剂混于食物中进行代替疗法，将胰酶与碳酸氢钠合用作用更强。同时补充维生素K、维生素A、维生素D、维生素B_{12}、叶酸及钙制剂。

任务六　肝炎

肝炎是肝细胞变性、坏死的一种急性病。临床上以黄疸、消化紊乱、出现神经症状及肝功能障碍为特征。

一、病因

1.中毒：化学毒物（如四氯化碳、氯仿、鞣酸等）能直接损伤肝细胞，引起急性实质性肝炎或肝坏死。误食砷、汞、铜、硒、磷等重金属，农药、杀鼠剂、杀虫剂等毒物，或采食有毒植物、霉变食物等，也是引起肝炎的常见病因。猫对防腐剂比犬敏感，长期采食含防腐剂食物可因蓄积而中毒。药物中毒(如反复投予氯丙嗪、睾酮、氟烷、阿司匹林、扑热息痛、酚类药物等)，可引起中毒性肝炎。因猫肝脏中缺乏葡萄糖醛酸转移酶，因此猫的中毒性肝炎在临床上比犬多见。

2.病毒、细菌、寄生虫感染：如传染性肝炎病毒、疱疹病毒、猫传染性腹膜炎病毒、结核杆菌、化脓性细菌（葡萄球菌、化脓杆菌)感染、钩端螺旋体病、肝吸虫病、巴贝斯虫病及胃肠炎等经过中，由于毒素刺激肝脏，常伴发实质性肝炎。

3.其他因素：心力衰竭时，由于血液循环障碍，门静脉和肝脏瘀血，肝窦状隙内压增高，压迫肝实质，也可引起肝细胞营养不良而发生本病。有人认为，蛋氨酸缺乏可引起肝硬化，胱氨酸缺乏可引起急性肝坏死。

二、症状

精神沉郁，全身无力，行动迟缓。有的则先兴奋，以后转为昏睡，甚至昏迷。眼结膜出现不同程度的黄染。常有微热(体温 39.5 ℃左右)或体温不升高。心跳减慢、脉搏减少，常有轻微的腹痛，拱腰及皮肤瘙痒。

呈现慢性消化不良症状，食欲减退、呕吐，其特点是粪便起初干燥，随后稀软，臭味大，粪色淡，严重时呈灰白色。

急性肝炎在肝区触诊，有疼痛反应。肝区叩诊，肝脏肿大明显时肝浊音区增大。

尿色发暗或变黄，尿中可检出胆红素、蛋白质。血清胆红素增多，定性试验直接反应及间接反应均呈阳性。麝香草酚浊度、硫酸锌浊度均升高。血清酶活力改变，有诊断意义的指标是在肝损伤时，天门冬氨酸氨基转移酶(AST)及丙氨酸氨基转移酶(ALT)的活性均升高。

急性肝炎如发现早，及时除去病因并适当治疗，可在短时间内康复。如转为慢性时，除经常伴发消化不良外，其他症状多不明显，当肝硬化时可出现腹水，预后大多不良。

三、诊断

临床上，根据黄疸，消化紊乱，粪便干稀不定、恶臭、色淡，肝区触诊、叩诊的变化，以及按一般消化不良治疗效果不明显等，可初步诊断为急性肝炎。如肝功能和尿液检验结果有相应变化，则可确诊，但应注意与下列疾病相鉴别：

1.犬传染性肝炎：常伴发热(达 41 ℃)，呈流行性，尤易侵袭幼犬，确诊需借助特异性诊断(如病毒分离、血清学反应等)。

2.猫传染性腹膜炎：呈流行性，1~2 岁猫多发，有持续性发热(39.5 ℃~41 ℃)，呼吸困难，腹部膨大且有大量腹水(腹水比重高)。

3.急性消化不良：无黄疸，多不发热，肝功能试验无变化，按消化不良治疗容易收效。

4.钩端螺旋体病：多发于夏秋季节(7~9 月多见)。血液、尿液中可检出病原体，血清学试验阳性。

四、治疗

急性肝炎的治疗原则：除去病因、积极治疗原发病、保肝利胆、增强肝脏解毒机能等。

1.食饵疗法：对患病动物喂以富含糖类、维生素和优质蛋白质的易消化食物，减少脂肪类食物。

2.保肝利胆：为了增强肝脏功能，用25%葡萄糖10~100 mL、林格氏液20~200 mL、复方氨基酸10~100 mL、5%维生素C注射液2~6 mL，静脉注射，每日1~2次；维生素B_1、维生素B_2、维生素B_6或复合维生素B，肌肉注射，每日1~2次。为促进胆汁排泄，内服人工盐或硫酸镁或硫酸钠10~30 g。为增强肝脏解毒机能，内服谷氨酸(0.5~2 g/次)或肝泰乐(犬0.1~0.2 g/次)，每日2~3次。

3.控制感染：选用对肝脏损害较轻的抗生素，如氨苄青霉素、青霉素、庆大霉素等。配合糖皮质激素(如地塞米松1~5 mg)，肌肉或静脉注射。

4.对症治疗：根据病情，可适当选用清肠健胃剂。有出血倾向时应用止血剂，如1%维生素K_3 1~5 mL肌肉注射，也可应用钙制剂。对衰弱动物可给予同化激素(如苯丙酸诺龙)，促进蛋白质合成。多种维生素对恢复肝细胞功能有一定效果。

任务七　感冒

感冒是以上呼吸道黏膜炎症为主症的急性全身性疾病。临床特征是体温突然升高，打喷嚏、羞明流泪，伴发结膜炎和鼻炎。本病多发生在早春、晚秋气候多变的季节，是呼吸器官的常发病，尤以幼龄犬、猫多发。

一、病因

1.管理不当，突然遭受寒冷刺激是本病最常见的原因。如圈舍条件差，防寒保暖能力差，受贼风侵袭，潮湿阴冷，垫草长久不换，运动后被雨淋风吹等。

2.长途运输，过度劳累，营养不良等，造成机体抵抗力下降，可促进本病的发生。

二、症状

本病常在遭受寒冷作用后突然发病。精神沉郁，表情淡漠，食欲减退或废绝；眼半闭，结膜充血潮红伴轻度肿胀，羞明流泪多眵；体温升高，脉搏增数，呼吸加快，往往伴有咳嗽。初流水样鼻液，后变浓稠。呈现鼻黏膜充血、肿胀，鼻黏膜发痒，常有前肢抓鼻等鼻炎症状。严重时畏寒怕冷，拱腰颤栗。胸部听诊，肺泡呼吸音增强，心音增强，心跳加快。

三、诊断

本病的诊断依据是受寒冷作用后突然发病，呈现体温升高，咳嗽及流鼻液等上呼吸道轻度炎症症状。必要时进行治疗性诊断，应用解热剂迅速治愈，即可诊断为感冒。

四、治疗

治疗原则：解热镇痛、祛风散寒、防止继发感染。

肌肉注射30%安乃近或复方氨基比林或柴胡注射液，每次量犬1~5 mL，猫0.5~1 mL，每日2次。为防止继发感染，可适当配合应用抗生素或磺胺类药物。为控制病毒感染，可选用病毒唑、病毒灵及板蓝根冲剂、感冒灵冲剂等。可适当配合维生素C、地塞米松等。

任务八　气管支气管炎

气管支气管炎是由于感染或物理、化学因素刺激所引起的气管、支气管的炎症。若蔓延至肺实质成为支气管肺炎。临床上以咳嗽、气喘、胸部听诊有啰音为特征。

一、病因

(一)寒冷刺激、化学及机械因素的刺激

1.寒冷刺激：寒冷和潮湿空气的强烈刺激多为本病的诱因，如猎犬、警犬在冬季外出打猎或执行任务时极易发病。

2.机械因素：异物吸入气管（如灌药将药物误咽，呕吐物返流误咽入气管，吸入烟尘、尘埃、真菌孢子），过度勒紧的项圈等。

3.化学因素刺激：刺激性气体或烟雾(如二氧化硫、氨气、氯气等)的吸入，也可导致原发性气管支气管炎。

(二)生物性因素　可见于某些病毒性传染病(如犬瘟热，犬副流感病毒、猫鼻气管炎病毒感染)，细菌感染(肺炎双球菌、嗜血杆菌、链球菌、葡萄球菌等)，寄生虫感染(肺丝虫、蛔虫等)或由上呼吸道或肺部炎症蔓延所致。

(三)其他因素　上呼吸道及肺部炎症的蔓延，心脏异常扩张，某些过敏性疾病(如花粉、有机粉尘等变应原所致的过敏)等。

二、症状

1.急性气管支气管炎：主要症状为剧烈咳嗽，病初为剧烈短而带痛的干咳，后转为湿咳，严重时为痉挛性咳嗽，在早晨尤为明显，人工诱咳呈阳性。随病程发展，两侧鼻孔流浆液性、黏液性乃至脓性鼻液。肺部听诊支气管呼吸音粗厉，发病2~3 d后可听到干、湿啰音。叩诊无明显变化。发病初期体温轻度升高。若炎症蔓延到细支气管(弥漫性支气管炎)，则体温持续升高，脉搏频速，呼吸困难明显，并出现食欲减退、精神委顿等全身症状。X射线检查，无病灶性阴影，但有较粗纹理的支气管阴影。

2.慢性气管支气管炎：在无并发症的情况下多无全身症状，且多数犬、猫表现肥胖。临床上多呈顽固咳嗽，可听到粗厉的、突然发作的痉挛性咳嗽，尤其在运动、采食、夜间和早晨更为严重。当支气管扩张时，咳嗽后有大量腐败鼻液外流，严重者呈现吸气性呼吸困难。X射线检查可见支气管纹理增粗。支气管镜检查，在较后部的支气管内有呈线状或充满管腔的黏液，黏膜多粗糙增厚。

三、诊断

主要依据咳嗽的变化，肺部听诊有干、湿啰音，胸部叩诊无明显变化，X射线检查肺部有较粗纹理的支气管阴影而无病灶性阴影等临床症状确诊。注意与鼻炎、喉炎、肺炎等鉴别。鼻炎有鼻塞及鼻分泌物明显增多等症状。喉炎有喉头狭窄音及明显的频咳等症状。肺炎除肺部听诊有各种啰音外，肺区叩诊有局灶性浊音，X射线可见局灶性阴影以及明显的全身症状。

四、治疗

1.去除病因、加强管理：将患病犬、猫放在干燥、保温、通风及清洁的环境中，避免敏感型的犬、猫长期处于寒冷潮湿的环境中。在过于干燥的圈舍内地面适当洒水，以提高空气湿度，减少黏液分泌。为缓解症状可用化痰药和抗组胺药，如痰易净(乙酰半胱氨酸)喷雾，以50 mL/h速度向呼吸道喷雾30~60 s，每日2次。如效果不理想，可给予皮质类固醇药物。

2.消除炎症：应用氨苄青霉素或链霉素，或青霉素和链霉素联合使用，或丁胺卡那霉素，或选用头孢类药物（如头孢唑啉钠等）。上述药物以气管注射疗效最佳。呛咳严重时，用0.25%普鲁卡因青霉素溶液行喉周皮下封闭注射，每日2次。急性病例可并用地塞米松肌肉注射，每日2次。亦可配合使用庆大霉素或丁胺卡那霉素雾化吸入治疗，每日2次。

3.镇咳、祛痰、解痉：干咳时可用磷酸可待因1~2 mg/kg体重，皮下注射，每日2次；急支糖浆5~20 mL/次，口服，每日2次；复方甘草片1~2片/次或复方甘草合剂2~10 mL/次，口服，每日2次。湿咳不宜用止咳药。痰多时，可用氯化铵100 mg/kg体重或蛇胆川贝液5~20 mL/次或口服化痰片(羧甲基半胱氨酸)0.1~0.2 g/次，每日3次。喘气严重时，可肌肉注射氨茶碱，0.05~0.1 g/次，每日2次。

4.抗过敏：对特异性变态反应引起的气管支气管炎，可肌肉注射地塞米松0.5~1 mg/kg体重，每日1次，连用3~5日；亦可选用扑尔敏、苯海拉明等药物，以抑制变态反应。

5.强心补液：可用10%安钠咖、5%葡萄糖溶液或5%右旋糖酐生理盐水静脉注射。

6.慢性支气管炎：可内服碘化钾或碘化钠20 mg/kg体重，每日1~2次。

任务九　肺炎

犬、猫肺炎通常指支气管或细支气管和肺小叶的急性或慢性炎症。临床上以发热，呼吸困难，听诊肺区有各种啰音、捻发音，叩诊肺区有浊音等为特征。本病多见于老龄及幼龄犬、猫，晚秋和早春易发。

一、病因

(一)饲养管理不当　受寒感冒、过劳、支气管炎日久失治，营养不良、饲养管理不当等使呼吸道防御能力降低，导致呼吸道常在菌大量繁殖或病原菌入侵而诱发本病。

(二)生物性因素

1.病毒感染：如犬瘟热病毒、副流感病毒、犬、猫疱疹病毒、猫传染性鼻气管炎病毒等都可诱发，猫杯状病毒能引起严重的肺部病变。

2.细菌感染：细菌感染是犬、猫肺炎的常见原因。常见的病原菌有绿脓杆菌、化脓杆菌、肺炎球菌、巴氏杆菌、葡萄球菌、链球菌等。

3.霉菌感染：如组织胞质菌、白色念珠菌、烟曲霉菌、球孢子菌等可引起霉菌性肺炎。

4.寄生虫的侵袭：如肺毛细线虫、犬类丝虫、蛔虫、弓形虫，猫圆线虫和并殖吸虫也可引起肺炎。

(三)异物吸入性肺炎　尘埃、异物、毒气等刺激性物质的吸入可直接引起肺炎，而且是造成细菌侵入的因素。

(四)其他因素　支气管炎及一些化脓性疾病（如子宫炎、乳房炎等)的蔓延，某些过敏原引起的变态反应等。

二、症状

病初常有流鼻液、咳嗽等支气管炎的症状，但全身症状比较重剧。精神沉郁，食欲减退或废绝，结膜潮红或蓝紫。呼吸浅表快速，以腹式呼吸为主，呼吸困难的程度随炎症范围的大小而不同。体温于发病后2~3 d内可升至40 ℃左右，多呈弛张热，脉搏增数可达140~190次/min。流鼻液，初为浆液性，后为黏液性或脓性，有时可见到铁锈色鼻液。咳嗽多为短速的弱咳。肺区听诊，病灶区肺泡呼吸音减弱，出现干啰音，随后可闻湿啰音、捻发音、粗厉的支气管呼吸音。叩诊呈现半浊音或浊音。血液学检查可见白细胞总数和嗜中性粒细胞增多，并伴有核左移。X射线检查可见肺纹理增粗，炎症部位呈现大小不等似云雾状的阴影，甚至扩散融合成一片。如系病原微生物感染，常伴有其他脏器的病变症状。

三、诊断

根据流鼻液、咳嗽、呼吸困难、体温升高、肺部听叩诊变化及 X 射线检查，不难确诊。但特异性原因则需对渗出物和黏液等进行实验室检查方能确定。病毒性肺炎通常是白细胞总数减少，霉菌性肺炎一般呈慢性经过，用常规抗生素治疗效果较差或完全无效。在近期进行全身麻醉或有严重呕吐或强行灌服药物病史的动物，则可怀疑有吸入性肺炎。

四、治疗

治疗原则：抗菌消炎、祛痰止咳、制止渗出、促进炎性渗出物的吸收。

1.抗菌消炎：临床常用广谱抗生素和磺胺类药物。常用的抗生素有氨苄青霉素、羟氨苄青霉素、丁胺卡那霉素、红霉素、链霉素、头孢拉定、氟喹诺酮类。常用的磺胺类有磺胺嘧啶、磺胺二甲基嘧啶、磺胺甲基异噁唑。如果是由病毒和细菌混合感染引起，应选用抗病毒药物（如病毒灵或病毒唑），或同时应用双黄连（1~2 mL/kg 体重）或清开灵注射液等静脉或肌肉注射。霉菌性肺炎，用两性霉素 B 0.5~1 mg/kg 体重，以 5%葡萄糖液临用前配成 0.01%溶液，缓慢静脉注射，每日 1 次，7 d 为一疗程，隔 7 d 再用一疗程。寄生虫引起的肺炎，应选用有效的驱虫药物。在有条件情况下，应进行药敏试验，对症给药。给药的途径可肌肉注射、静脉注射、气管内注射或肺内注射。抗生素胸腔注射或气管注射，疗效最佳。

2.祛痰止咳：当咳嗽频繁，分泌物黏稠时，选用溶解性祛痰剂。剧烈频繁咳嗽，分泌物不多时，可用镇痛止咳剂。

3.制止渗出：用 10%葡萄糖酸钙（犬 5~20 mL，猫 2~5 mL），25%维生素 C，10%~20%葡萄糖溶液，静脉注射，每日 1 次。

4.促进渗出物的吸收和排出：可给予利尿剂如速尿（1~2 mg/kg 体重，肌肉注射）。亦可用 10%安钠咖、10%水杨酸钠和 40%乌洛托品按 1:10:6 的比例混合后适量静脉注射。

5.积极实施对症疗法：体温升高时，可应用解热剂；改善心功能和补充体液，用 10%安钠咖、20%葡萄糖溶液、5%碳酸氢钠溶液，静脉注射。注意输液量不宜过大，速度不宜过快。当动物表现严重缺氧时，应给予吸氧。用浓度 30%~50%的氧气帐篷是最好的供氧方法。当呼吸困难时，可用氨茶碱 5 mg/kg 体重肌肉注射。同时实施补充电解质和营养物质等支持疗法。

任务十 心肌炎

犬心肌炎是以心肌兴奋性增强和心肌收缩机能减弱为特征的心肌炎症,是犬的一种常见心脏病。按其炎症的性质可分为化脓性和非化脓性;按其侵害的组织分为实质性和间质性;按其炎症的病程可分为急性和慢性。临床上常见急性非化脓性心肌炎。

一、病因

通常在病毒或其他病原体感染的急性期均可引起不同程度的心肌炎。某些传染病(如犬瘟热、犬细小病毒病、钩端螺旋体病、传染性肝炎、流感)、寄生虫病(如弓形体病、犬恶丝虫病)均可引起心肌炎的发生。

中毒性疾病(如一氧化碳、重金属、酚类、有机磷、麻醉药物等引起的疾病)可直接损害心肌,导致心肌炎或心肌变性。此外,脓毒血症、败血症、过敏、风湿症、贫血等均可引起心肌炎的发生。

二、症状

急性非化脓性心肌炎以心肌兴奋为主要特征,表现心搏动亢进,心音增强。当病犬稍做运动之后,心跳加快并可持续较长时间,这种心机能试验往往是确诊本病的依据之一。

慢性心肌炎表现为虚弱、呼吸困难、心动过速、心跳无力、节律失常,多伴有缩期杂音。心脏代偿能力下降,黏膜发绀,体表静脉怒张,颌下、四肢末端发生水肿。严重心肌炎的犬食欲废绝、精神沉郁、神志昏迷,最终因心力衰竭而突然死亡。

三、诊断

1. 心机能试验,是诊断心肌炎的一个指标。方法是:让犬在安静状态下,测定病犬的心跳次数,然后当犬运动5 min后停止运动,再测心跳次数。如有心肌炎时,停止运动2~3 min后,心跳次数仍继续加快,须较长时间后才能恢复原来的心跳次数。

2. 心电图检查,T波减低或倒置,S-T间缩短。

3. X射线检查,心脏阴影扩大。

四、治疗

减轻心脏负担,增强心肌营养,提高心肌收缩机能,治疗原发病。

1. 消除心肌炎症:及时应用抗生素或磺胺类药物治疗。如日用先锋霉素50 mg/kg体重,肌肉注射或和10%葡萄糖注射液静脉滴注,2次/d。也可用磺胺嘧啶钠注射液50 mg/kg

体重，静脉注射，2次/d。

2.促进心肌代谢：三磷酸腺苷 2~3 mg/kg 体重，辅酶 A 10 IU/kg 体重，肌苷 10 mg/kg 体重，维生素 C 50 mg/kg 体重，10%葡萄糖注射液 30 mg/kg 体重，混合静脉滴注。对于急性高热的犬可用地塞米松 2~7 mg，肌肉注射或静脉注射，1次/d。

3.加强护理：让患犬保持安静，避免过度兴奋或运动，给予营养丰富、维生素含量高的食物。

任务十一 贫血

单位容积血液中红细胞数、红细胞压积容量（比容）及血红蛋白含量低于正常值的临床综合征称为贫血。贫血按病因分为溶血性、出血性、营养不良性及再生障碍性贫血。

一、溶血性贫血

各种原因引起红细胞大量溶解导致的贫血称为溶血性贫血。

(一)病因

1.某些感染性疾病：如巴贝斯虫、锥虫、巴尔通氏体、钩端螺旋体、溶血性链球菌等感染均可引起红细胞溶解，导致溶血性贫血；魏氏梭菌产生强烈的溶血素也可致病。

2.中毒性疾病：铅、铜等重金属中毒；石碳酸、萘、酚、噻嗪类等药物中毒；蛇毒中毒；犬喂食大量洋葱及大葱等引起的中毒；某些警犬执行任务时吸入 TNT 炸药均可导致溶血性贫血。

3.抗原—抗体反应：见于新生幼犬的溶血性贫血(是由于母仔血型不同所致)；血型不配的输血。

4.其他因素：发热及大面积烧伤可使红细胞碎裂积聚并伴有机械性损伤，损伤的红细胞迅速从循环血液中外渗即发生溶血。此外，由于红细胞丙酮酸激酶缺乏，而发生遗传性溶血性贫血（先天性溶血性贫血、猫先天性卟啉症等）。

(二)症状

主要症状是黄疸，肝、脾肿大，血红蛋白尿或胆红素尿。通常表现为昏睡，无力，食欲不振甚至废绝，体重减轻，黏膜黄白。犬体温升高，而猫无明显变化。粪便颜色橘黄，偶有腹泻。犬大多会出现黄疸，而猫发生概率仅为18%。严重时心率加快，呼吸困难，极不耐运动。

病猫晚期因疼痛而惨叫，体温降低。血检红细胞形态及大小正常，但数量和压积容量减少，网织红细胞增多，血中游离血红蛋白量增多，黄疸指数升高。尿中可见大量胆红素，粪便因胆红素代谢增强而变黄。

(三)诊断

主要依据临床症状、血检指标建立诊断。但确定病因须做特殊检验,如为感染性疾病,需检出病原体;中毒性疾病,需调查病史结合临床症状,并分析毒物;对疑为丙酮酸激酶缺乏的病例,还需测定红细胞中该酶的含量。

(四)治疗

确定病因后施行对症治疗。若为原虫感染,给予杀虫药,如为巴贝斯虫感染,可用贝尼尔（12 mg/kg 体重,分 2 次肌肉注射）；中毒性疾病,应排出毒物并给予解毒处理；感染因素引起的需控制感染。溶血严重者还可输血。亦可进行肾上腺皮质激素疗法,肌肉或静脉注射强的松或地塞米松。

二、出血性贫血

出血性贫血为红细胞或血红蛋白丧失过多所致。

(一)病因

1. 急性出血：外伤出血、内脏器官(如肝、脾、血管)破裂、手术引起的大出血；赘生物或感染所产生的血管糜烂或血凝不全(如香豆素类杀鼠剂中毒、黄曲霉毒素中毒等)；或特发性血小板减少性血斑病及脾脏机能亢进等造成的急性大出血可迅速导致缺血性贫血。

2. 慢性出血：慢性胃肠机能障碍、溃疡、胃肠道寄生虫及鼻腔、肺脏和泌尿生殖器官等内脏器官炎症造成长期、反复失血而致慢性出血性贫血。犬、猫常见的为肾或膀胱结石及赘生物引起的尿血。体腔及组织的出血性肿瘤(如犬的血管肉瘤),也可引起慢性出血性贫血。

(二)症状

常见症状为皮肤及可视黏膜苍白,心跳加快,肌肉无力。

1. 急性出血：发病急,可视黏膜迅速苍白,并表现虚弱,不安,脉搏细弱,心跳加快,心音高朗,呼吸加快,血压下降,步态不稳,四肢末端厥冷,肌肉震颤,后期嗜睡。若失血达体重的4%~5%时,多发生休克。

2. 慢性出血：发病缓慢,可视黏膜逐渐苍白,犬、猫日趋瘦弱,后期常伴浮肿及体腔积水。

血液检验：血红蛋白含量降低,血沉加快,红细胞总数减少,压积容量降低,网织红细胞比例上升,表现为低色素性贫血。

(三)治疗

治疗原则：制止出血,恢复血容量。

对急性出血立即急救,可用绷带结扎,填充法或药物止血。如组织内小血管出血,可在出血部位喷洒血管收缩剂(如肾上腺素),或全身应用止血药(如肌肉注射安络血或止血敏或维生素 K_3 注射液),亦可静脉注射10%葡萄糖酸钙溶液等。同时,针对原发病治疗各器官慢性炎症、溃疡或赘生物,如驱虫、消炎或摘除赘生物等。对失血严重者,可输给血液或血液代用品，如葡聚糖、乳酸林格氏液、复方氨基酸或右旋糖酐等，以维持正常血容量，解除循环衰竭。对于出血性休克的犬、猫，可静脉注射7.2%高渗NaCl溶液(4 mL/kg体重)，能有效改善患病犬、猫的平均动脉压。

三、营养不良性贫血

机体营养物质摄入不足或消化吸收不良，影响红细胞和血红蛋白的生成而引起的贫血称为营养不良性贫血。

(一)病因

主要由某些代谢物质缺乏和营养不足所致。常见病因有：

1. 微量元素缺乏：铁、铜、钴缺乏，尤其是缺铁性贫血最为常见，通常是由内外寄生虫、慢性尿血或胃肠道出血而引起铁的大量流失，又得不到及时补充所致。

2. 维生素缺乏：参与红细胞生成、血红蛋白合成的维生素(如叶酸、烟酸、维生素B_6和B_{12}等)摄入不足或代谢障碍，可导致贫血。其中叶酸主要影响细胞核成熟，若缺乏或代谢紊乱可引起猫巨红细胞贫血，犬较少见。大部分食物富含叶酸，但体内不能贮存，故吸收不良或长期衰弱的病猫最易缺乏。此外，长期使用某些叶酸拮抗剂，如氨甲蝶呤、二苯乙内酰脲(苯妥英钠)、乙酰嘧啶和甲氧苄氨嘧啶等也可导致叶酸缺乏。

3. 血浆蛋白缺乏：由于蛋白质摄入不足或长期丧失，如出血、蛋白尿等，使血浆蛋白含量降低，影响血红蛋白合成，导致贫血。

(二)症状

基本同于慢性出血性贫血，但发展速度更慢。一般症状为虚弱无力，黏膜逐渐苍白，运动耐力差和呼吸困难等。

缺铁引起小细胞低色素性贫血：正常平均红细胞容积(MCV)犬为60~77 fL、猫为24~45 fL，缺铁性贫血初期MCV无异常，但后期犬常低于60 fL，从而使平均红细胞血红蛋白浓度(MCHC)降低，当成年犬低于290 g/L，成年猫低于300 g/L时，即为缺铁性贫血。患病犬、猫血清铁为80~600 μg/L。红细胞像可见嗜铬性小红细胞。网织红细胞虽不明显，但超出正常范围。幼龄犬、猫可导致发育迟缓，精神萎靡，食欲不振。心脏检查可发现心脏肥大，严重时可听到贫血性杂音。

叶酸缺乏引起巨红细胞贫血：猫的MCV可超过60 fL，但缺乏网织红细胞，还可出现脑水肿或大肠炎等。

低蛋白性贫血：除一般症状外，尚伴有全身水肿和血红蛋白浓度降低。

(三)治疗

确定病因后补充所缺乏的造血必需营养物质。

1. 维生素缺乏可口服或肌肉注射维生素制剂或多喂富含维生素的饲料，可采用复合维生素B，1~2 mL/次，每日1次。如维生素B_{12}缺乏可多喂动物肝脏或注射维生素B_{12}(0.1~0.2 mg/次，每日1次)。叶酸缺乏可口服或注射叶酸制剂(犬5~10 mg、猫1~2 mg，每日1次)。

2.铁缺乏可肌肉注射25%的葡聚糖铁溶液0.2~1 mg/次，每日1次，或内服葡聚糖铁50 mg/次，每日2~3次。钴缺乏可注射或内服葡聚糖铁钴溶液，1~2 mL/次，每2日1次，重症贫血可重复1~2次。同时，加强营养及管理，给予全价饲料，以提高机体抵抗力。

四、再生障碍性贫血

由于某种原因使机体造血机能发生障碍，从而导致贫血，称为再生障碍性贫血。

(一)病因

1.中毒：某些重金属(如铅、砷、铋等)中毒及某些有机化合物(如苯、三氯乙烯等)中毒均可导致再生障碍性贫血。

2.放射性损伤：由于核污染、过量X射线照射，使骨髓细胞遭受不可逆损伤，造血机能丧失。

3.某些疾病：慢性间质性肾炎和某些病毒病（如猫泛白细胞减少症、白血病病毒感染)及造血器官肿瘤等，均可并发再生障碍性贫血。另外，睾丸塞尔托利氏细胞瘤引起的雌激素过多等，也可使红细胞生成减少而贫血。

(二)症状及诊断

再生障碍性贫血的临床症状发展缓慢，呈现贫血的一般症状，但可视黏膜苍白有增无减，全身症状日趋增重，常发生难以控制的感染，伴有出血性素质综合征。

血象变化明显，全血细胞减少(红细胞数和血红蛋白含量降低，粒细胞和血小板均显著减少)，外周血液中网织红细胞消失。骨髓穿刺，无红细胞再生相。猫泛白细胞减少症还可见淋巴结肿大。如为中毒性再生障碍性贫血，除可见黏膜苍白外，还可见出血斑。

诊断应首先调查有无重金属及毒物接触史，所处环境是否被放射线污染，且血液学检验无细胞再生相，即可确诊。

(三)治疗

再生障碍性贫血不易治愈。若由于偶尔感染所致，经输血和抗感染治疗后，几周内可自行恢复造血机能。具体步骤为：

1.消除病因：更换环境，杜绝接触毒物，停用可引起中毒的药物，即使有感染亦尽量避免使用氯霉素。

2.促进骨髓造血机能：应用同化激素（如雄性激素)可刺激红细胞生成。肌肉或静脉注射丙酸睾丸酮，20~50 mg/次，每2~3日1次；口服氟羟甲睾酮氯化钴0.5~2 mg/kg体重，隔日一次；此外，可口服康复龙(羟甲烯龙)、康力龙(吡唑甲烯龙)或诺龙(19-去甲睾酮)等。亦可应用醋酸可的松每日2~4 mg/kg体重，分3~4次口服。

3.输血疗法：输血有一定疗效。

任务十二 肾炎

肾炎是指肾小球、肾小管或肾间质组织的炎症。其主要特征是肾区敏感，尿量减少，尿液中含有病理产物(如红细胞、白细胞、肾上皮细胞、蛋白尿及管型)等。临床上分为急性肾小球肾炎、慢性肾小球肾炎、间质性肾炎。多见于中龄犬、猫，犬发病率高，其中母犬更为常见。

一、病因

目前认为肾炎的发生与感染、中毒、变态反应等因素有关。

(一)感染因素　多继发于某些病毒(如犬瘟热病毒、犬传染性肝炎病毒、猫传染性腹膜炎病毒、猫白血病病毒)，细菌(溶血性链球菌、葡萄球菌、肺炎双球菌、结核杆菌)，寄生虫(犬恶丝虫、弓形虫)等感染。系病毒、细菌及其毒素作用于肾脏所引起，或是由于病愈后的变态反应所致。

(二)中毒因素

1.内源性毒物中毒：胃肠道炎症、皮肤疾病、代谢障碍性疾病、皮肤大面积烧伤或烫伤时所产生的毒素、代谢产物或组织分解产物等。

2.外源性毒物中毒：误食有毒植物及被砷、汞、铅、磷等毒物污染的食物，应用有强烈刺激性的药物(松节油、石碳酸、水杨酸等)。

(三)邻近器官的炎症

膀胱炎、子宫内膜炎、阴道炎及乳腺炎等蔓延而引起本病。

(四)机械因素

因撞击、踢打等外力造成肾脏损伤所致。

(五)受寒感冒

由于机体遭受寒冷的刺激，引起全身血管发生反射性收缩(尤其是肾小球毛细血管的痉挛性收缩)，导致肾血液循环及营养发生障碍，肾脏防御机能降低，病原微生物侵入，促使肾炎发生。

二、症状

1.急性肾小球肾炎：患病初期精神沉郁，体温升高，食欲减退。由于肾区敏感，犬、猫不愿活动。站立时背腰拱起，强迫行走时步态强拘，小步前进。肾区轻轻压迫表现不安、躲避或抗拒检查。频频排尿，但每次尿量较少，有的甚至无尿，尿的比重增高，并有血尿现象。出现肾性高血压、主动脉口第二心音增强。尿液检查发现尿中蛋白质含量增高，出现肾上皮细胞，并见有透明及颗粒管型、红细胞管型、上皮细胞管型、白细胞、病原菌等。

血液生化检验呈现低蛋白血症。严重病例由于大量含氮物质蓄积，使血中非蛋白氮含量增高，出现不同程度肾功能障碍，内生肌酐清除率或尿素清除率均显著降低，呈现尿毒症症状(如机体衰弱无力，昏迷，全身肌肉呈发作性痉挛，严重腹泻，呼吸困难等)。

2.慢性肾小球肾炎：多由急性肾炎发展而来。初期表现全身衰弱，无力，食欲不定。继则出现食欲减退，消化机能障碍，间歇性呕吐和腹泻，逐渐消瘦。后期可见眼睑、胸腹下或四肢末端出现水肿，严重时发生肺水肿和体腔积水。早期多饮多尿，尿量为正常时的2倍左右，比重降低；后期尿少，比重增高。尿液中有多量肾上皮细胞、管型及少量红细胞和白细胞。晚期尿蛋白反而减少。严重病例由于血中非蛋白氮大量蓄积，引起慢性氮质潴留性尿毒症。同时，心血管系统发生机能障碍。

3.间质性肾炎：主要表现为初期尿量增多，后期减少。尿沉渣中亦见有少量红细胞、白细胞及肾上皮细胞，一般无蛋白尿。压迫肾区时动物无疼痛表现。血压升高，心脏肥大，皮下水肿(心性水肿)，最后可因肾功能障碍导致尿毒症而死亡。

三、诊断

主要根据病史、典型临床症状、尿液化验结果进行诊断。同时，应注意与肾病相区别。肾病有明显的水肿，大量蛋白尿及低蛋白血症，但不见有血尿及肾性高血压现象。

四、治疗

治疗原则：消除病因，抑制免疫反应，消炎利尿及对症治疗。

1.加强饲养管理：首先在发病初期使患病犬、猫处于1~2 d的饥饿或半饥饿状态。动物置于温暖、干燥的房间中安静休养。在食物中酌情给予营养丰富、易消化的乳制品，适当限制肉和食盐的摄入量（急性肾小球肾炎少尿期及出现水肿的犬、猫），而慢性肾小球肾炎多尿期易造成低钠血症，可适当补给食盐。

2.消除感染：可选用抗生素、氨苄青霉素或硫酸链霉素，或氟苯尼考10~20 mg/kg体重，肌肉注射，每日2~3次。亦可肌肉或静脉注射环丙沙星、恩诺沙星、洛美沙星等。最好不用磺胺类药物，亦不宜使用卡那霉素或庆大霉素(对肾脏毒性较大)。

3.抑制免疫反应：可应用肾上腺皮质激素(既影响免疫过程的早期反应，又具有一定的抗炎作用)，地塞米松0.5~1 mg/kg体重，肌肉注射，每日1~2次，或犬肌肉注射2.5%醋酸可的松，猫口服去炎松(0.05 mg/kg体重)，每日1次。

抗肿瘤药物因能抑制抗体蛋白的形成，亦具有免疫抑制效应。如环磷酰胺，每日内服量为6.6 mg/kg体重，连服3日后再按每日2.2 mg/kg体重内服，或静脉注射，剂量为2 mg/kg体重，每7~10日1次，可抑制蛋白尿。

4.利尿消肿：当有明显水肿时，可选用利尿剂水药。速尿2~4 mg/kg体重(静脉注射总量为5~20 mg)；或双氢氯噻嗪2~4 mg/kg体重，内服，每日2次；或乙酰唑胺10 mg/kg体重，内服，每6 h 1次；甘露醇2~3 g/kg体重，采用50%葡萄糖注射液10~30 mL

静脉注射。同时应注意补钾，用 KCl 0.1~0.3 g/次，缓慢静脉注射，每日 1 次。

5.对症治疗：心衰时强心；出现尿毒症时，用5%碳酸氢钠注射液(犬 5~30 mL)静脉注射。有严重血尿时，用止血药物。大量出现蛋白尿时，用苯丙酸诺龙 2 mg/kg 体重，肌肉注射，每 10~15 日 1 次，或丙酸睾丸酮，10~50 mg/只，肌肉注射，每 2~3 日 1 次。并发尿路感染时，用呋喃妥因 3~5 mg/kg 体重，口服，每日 3 次。尿路消毒用乌洛托品，50~100 mg/kg 体重，静脉注射。

多尿的病例，补给乳酸林格氏液，适当补钾；少尿的病例（急性肾炎、慢性肾炎后期），要限制输液，不宜补钾。当脱水、高钙血症、代谢性酸中毒时，以 5%葡萄糖与乳酸林格氏液按 2:1 比例输液，同时补给维生素 B_1。

6.缓解尿毒症：对于慢性肾小球肾炎引起的尿毒症，可口服透析液（氯化钠 12.02 g、氯化钾 0.894 g、氯化钙 0.441 g、甘露醇 98.4 g、碳酸氢钠 5.04 g，用温开水 3000 mL 稀释后即成)以缓解尿毒症的症状。

任务十三　膀胱炎

膀胱炎是指膀胱黏膜或黏膜下层的炎症。临床特征为尿频、尿痛，膀胱触痛，尿液中出现较多的膀胱上皮细胞、白细胞、红细胞等。常见于母犬、猫和老龄犬、猫。

一、病因

1.细菌感染：膀胱炎多由变形杆菌、化脓杆菌、葡萄球菌、绿脓杆菌、大肠杆菌等所引起，这些细菌通过血液、淋巴或尿道侵入膀胱。

2.邻近器官炎症蔓延：肾炎、输尿管炎、阴道炎、子宫内膜炎、前列腺炎蔓延至膀胱。

3.机械性损伤及刺激：导尿管损伤膀胱黏膜；膀胱结石或新生物（肿瘤）、各种有毒物质或强烈刺激性药物（如松节油、甲醛、环磷酰胺等)的刺激；各种原因引起的尿潴留(如尿道结石、肿瘤及排尿神经障碍等)均可引起本病。

二、症状

1.急性膀胱炎：特征是排尿频繁和排尿疼痛。由于膀胱黏膜敏感性增高，患病动物频繁排尿或做排尿姿势，但每次排出的尿量很少或呈点滴状流出，排尿时，表现疼痛不安，严重时由于膀胱颈黏膜肿胀或膀胱括约肌痉挛性收缩，引起尿闭，动物不时做排尿动作，但不见尿液排出。触诊膀胱时，表现疼痛不安，膀胱体积缩小。但在膀胱颈组织增厚或痉挛时或尿闭时，膀胱高度充盈。尿检时，见尿液混浊恶臭，间或含有黏膜絮片、脓液絮片、血液或血凝块及坏死组织碎片；尿沉渣中有大量白细胞、脓细胞、少量红细胞、膀胱上皮细胞、磷酸铵镁结晶及散在的细菌。全身症状一般不明显，当炎症波及深层组织时，体温升高，食欲降低，精神沉郁。严重的出血性膀胱炎，可出现贫血现象。

2.慢性膀胱炎：与急性膀胱炎相似，但程度轻，病程长，往往无排尿困难表现，膀胱壁增厚。

三、治疗

治疗原则：改善饲养管理、抑菌消炎、防腐消毒及对症治疗。

1.改善饲养管理：首先使犬、猫安静。饲喂无刺激性、富营养且易消化的优质食物，如奶、蔬菜等，给予充足的饮水，并在饮水中添加适量的食盐，造成生理性利尿，有利于膀胱的净化和冲洗。适当限制高蛋白食物。

2.局部疗法：进行膀胱冲洗。冲洗前，先用导尿管经尿道外口插入膀胱内，使膀胱内积尿排出。然后用消毒或收敛性药液反复灌洗2~3次。常用药物有0.05%~0.1%高锰酸钾溶液，0.02%呋喃西林溶液，0.1%雷佛奴尔溶液，2%~3%硼酸溶液，1%~2%明矾溶液或0.5%鞣酸溶液。对慢性膀胱炎还可用0.02%~0.1%硝酸银溶液等。严重膀胱炎最好在膀胱冲洗后，灌注青霉素溶液(40万~80万单位溶于5~10 mL蒸馏水中)或庆大霉素，每日1~2次。严重的膀胱炎在继发膀胱麻痹而排尿困难时，导尿管先不拔出，留置于膀胱内以便随时将尿液放出，并每日用消毒液冲洗膀胱，直至膀胱炎消退，才拔出导尿管。

3.全身疗法：应用尿路消毒药或抗生素等。最好抽取尿液做细菌培养和药敏试验，选用最有效的抗菌药物。口服磺胺甲基异噁唑或复方新诺明等(25 mg/kg体重，首次量加倍，每日3次)，服药期间多饮水，并适量补充碳酸氢钠。呋喃妥因5~7 mg/kg体重，内服，每日3次。环丙沙星、恩诺沙星、洛美沙星等亦有较好疗效。革兰氏阳性菌感染时，氨苄青霉素有高效。绿脓杆菌感染时，可应用吖啶黄，剂量为3~4 mg/kg体重，配成1%的溶液静脉注射。当发现变形杆菌时，宜用四环素，静脉注射量为1万单位/kg体重，每日1次。当发现大肠杆菌时，用庆大霉素或卡那霉素。尿路消毒用乌洛托品。

4.净化尿液：口服氯化铵，50~100 mg/kg体重，每日1次，能使尿液酸化起到净化作用并可增强抗菌药物的效果。

5.止血：肌肉注射安络血或口服云南白药胶囊(1粒/次，每日3次)。

任务十四　尿道感染

尿道黏膜的细菌感染称为尿道感染，因主要表现为尿道黏膜的炎症变化，故亦称尿道炎。其主要症状为尿频、尿痛、尿道肿胀，敏感，尿液混浊或血尿。该病多发生于雄性犬、猫。

一、病因

1.邻近器官组织炎症的蔓延：见于膀胱炎、包皮炎、阴道炎、子宫内膜炎等。

2.其他原因：①外伤，如雄性犬、猫相互咬伤或骨盆骨折；②尿结石的机械刺激及药物的化学刺激；③导尿时由于导尿管消毒不彻底，无菌操作不严密，或导尿时操作粗鲁致使尿道黏膜损伤；④交配时过度舔舐或其他异物(如草刺等)刺入尿道等。

二、症状

患病犬、猫常常表现疼痛性尿淋漓，排尿时由于炎性疼痛，使尿液呈断续状排出，此时，雄性动物阴茎频频勃起，雌性动物阴唇不断开张，严重时可见到黏液性或脓性分泌物不时自尿道口流出。尿液多于开始排出阶段混浊，其中含有黏液、血液或脓汁，有时排出坏死、脱落的尿道黏膜。患病犬、猫频频舔舐外阴部。

尿道口红肿，尿道探诊时动物表现疼痛不安，导尿管插入困难。触诊可见阴茎肿胀、敏感。

三、治疗

治疗原则：消除病因、抑菌消炎和尿道消毒。

1.清洗尿道：选用膀胱冲洗药物进行尿道冲洗，每日1~2次。

2.抗菌消炎：在进行尿道冲洗的同时配合应用尿路消毒剂、磺胺类和抗生素药物。可选用呋喃妥因每次内服 5~7 mg/kg 体重，每日 3 次；乌洛托品，犬每次内服 0.2~0.5 g，每日 2~3 次，或按 50~100 mg/kg 体重静脉注射。当尿液呈碱性时，可改用樟脑酸乌洛托品，每次内服0.5 g，每日 2 次。口服妇炎康片，每次 2~6 片，每日 2~3 次，或口服头孢羟氨苄，每次 50~100 mg，每日 2 次。庆大霉素、青霉素和硫酸链霉素等肌肉注射。

3.对症治疗：止血用安络血，每次 1~2 mL，每日 2 次。若为创伤所致可修复创口。

任务十五　尿结石

尿结石是由尿中的无机盐类析出形成结石，引起尿路黏膜发炎、出血和尿路阻塞的疾病，又称尿石症。临床上以排尿障碍、肾性腹痛和血尿为特征。根据尿结石形成和阻塞部位不同，可分为肾盂结石、输尿管结石、膀胱结石和尿道结石。

尿结石是在某些核心物质（如黏液、凝血块、脱落的上皮细胞、坏死组织片和异物等)的外周由矿物质盐类（如磷酸盐、碳酸盐、草酸盐、尿酸盐等）和保护性胶体物质(如黏蛋白、胱氨酸、核酸、黏多糖)环绕凝结而形成的。临床以磷酸盐结石最多见（约占犬尿结石的 60%）。尿结石的形状很不相同，有的呈球形、椭圆形或多边形，有的呈细颗粒或沙石状，其大小也不一样。该病多发生于老龄犬、猫。公犬、猫以尿道结石多见，母犬、猫以膀胱结石多见。

一、病因

目前病因及机理不完全清楚。一般认为尿结石的形成乃是诸因素综合作用的结果，但主要与机体矿物质代谢障碍、泌尿器官疾病尤其是肾脏的机能活动密切相关。所以尿石症并非一种单纯的泌尿器官疾病，亦非某些矿物质的简单堆积，而是一种伴有泌尿器官病理状态的全身矿物质代谢紊乱的结果。

促使尿结石形成的因素主要有：①饮水不足引起尿液浓缩，致使盐类浓度过高；②食物不当（饲喂高蛋白、高镁饲料，易促进磷酸铵镁结石的形成）或食物饮水中矿物质含量过高（长期饲喂富含钙质的食物或饮水）；③维生素A缺乏或雌激素过剩（肾及尿路上皮不全、角化及脱落，使尿结石的核心物增多）；④肾脏及尿路感染（尿中细菌和炎性产物积聚，可成为盐类晶体沉淀的核心）及尿液潴留（尿素分解而生成氨，使尿呈碱性，碱化的尿液有利于盐类结晶的沉淀）；⑤其他疾病，如甲状旁腺机能亢进（甲状旁腺激素分泌过多，血钙升高，致使肾脏排出的钙盐增多，尿液晶体浓度增高），磺胺类药物及某些重金属（如铅）中毒等，亦促进尿结石的形成。

二、症状

当尿结石的体积细小而数量较少时，一般不显任何症状。当结石体积较大或阻塞尿路时，则出现明显的临床症状。

1. 肾结石：结石位于肾盂时，称为肾结石。多呈现肾炎、肾盂炎症状，并有血尿、脓尿及肾区敏感现象。当结石移动时，引起短时间的急性疼痛，此时动物拱背缩腹，拉弓伸腰、运步强拘、步态紧张、大声悲叫，同时患病动物常做排尿姿势。触摸肾区发现肾肿大并有疼痛感。

2. 输尿管结石：临床不常见，呈现剧烈持续性腹痛，输尿管部分阻塞时，可见尿频尿痛、血尿、蛋白尿，若两侧输尿管阻塞，出现尿闭现象，腹部触诊发现膀胱空虚。

3. 膀胱结石：临床最常见，结石位于膀胱腔时，有时并不出现任何症状，但多有频尿、血尿，膀胱敏感性增高，出现类似膀胱炎的症状。当结石位于膀胱颈部时，可出现明显的疼痛和排尿障碍，动物频频做排尿姿势，强力努责，但尿量很少或无尿，腹部触诊膀胱轮廓十分明显，压迫不见尿液排出。腹壁触诊可摸到膀胱内结石。

4. 尿道结石：犬的尿道结石多发生于阴茎骨的后端。当尿道不完全阻塞时，动物排尿疼痛且排尿时间延长，尿液呈断续或点滴状流出，多排出血尿。当尿道完全阻塞时，则出现尿闭或肾性腹痛现象。拱背缩腹，屡做排尿姿势而无尿液排出。尿道探诊时，可触及结石部位，尿道外部触诊有疼痛感。腹壁触诊膀胱时，感到膀胱膨满，体积增大，按压也不能使尿液排出。当长期尿闭时，可引起尿毒症或发生膀胱破裂。

三、诊断

根据尿频、尿痛等排尿障碍及血尿，提示有本病的可能。膀胱结石和尿道结石可经探诊和触诊发现结石部位。X射线检查及超声探查可确定结石的部位和数量。

四、治疗

治疗原则：加强护理，及时排出结石，控制感染。

1.加强饲养管理：应改善饲养，减少富含钙质的食物；大量饮水，以便形成大量稀释尿，借以冲淡尿液晶体浓度，减少析出并防止沉淀，起"冲洗"作用。

2.手术疗法：肾结石，一般应切除肾脏。对体积较大的膀胱结石和尿道结石，特别是伴发尿路阻塞时，要施行膀胱或尿道切开取石术。术后每日肌肉注射透明质酸酶10 RFu（赖氏单位），连用1周，此后每周1次，连用4周，对结石症有治疗和防止复发的作用。

3.激光、超声碎石：有条件的，可用激光、超声波碎石，然后排出结石。

4.疏通尿路、排出结石：对于肾结石和输尿管结石，为了促进尿结石的排出，对犬可试用中药。同时应用利尿剂，促进细砂粒结石的排出。亦可用生理盐水冲洗尿路，扩张尿道，使体积细小的尿道结石随冲洗液排出。

5.膀胱减压：当尿液潴留时，应及时减压（导尿管导尿或膀胱穿刺导尿），以防膀胱破裂引起尿毒症。

6.防止和控制继发感染及对症治疗：应用抗生素等控制继发感染，实施尿路消毒（乌洛托品）、止血等对症处理。为了缓解疼痛，可皮下注射盐酸吗啡1 mg/kg体重。

任务十六　日射病及热射病

热射病是在高温潮湿环境下，机体产热和散热平衡失调，积热过多引起中枢神经机能紊乱的现象。而日射病是在高温季节头部受阳光直射，引起脑膜充血和脑实质的急性病变，导致中枢神经系统机能严重障碍的现象。犬多发生上述疾病，猫因对热抵抗力强，较少发生。

一、病因

本病多发生于关在通风换气不良的高温环境中的犬，如阳光直射的密闭汽车内、水泥地面的铁皮小屋、通风不良的饲养场所等；热性疾病、心血管系统及泌尿系统疾病、过度肥胖阻碍散热会导致此病发生；手术中长时间的气管插管也是发病因素之一；容易发生上呼吸道疾病的短头品种犬及经常不安、神经质的犬易患此病。

二、症状

通常没有前驱症状，突然出现特征性的高热（体温急剧升高到41 ℃~42 ℃）；呼吸浅表急促，严重者并发肺充血和肺水肿，出现呼吸困难；心跳加快，末梢静脉怒张，黏膜开始鲜红,随后发紫;皮肤发热、干燥,瞳孔散大;如不治疗则站立困难、出现肌肉痉挛和抽搐。

三、诊断

根据发病史、热喘、高体温、脑神经症状容易诊断。血液检验PCV显著升高。蛋白尿、管型、血液尿素氮(BUN)浓度上升反映肾机能障碍。出现弥散性血管内凝血(DIC)时,纤维蛋白原减少,凝血时间、凝血酶原时间延长,纤维蛋白原降解产物1,6-二磷酸果糖(FDP)增加。

四、治疗

1.迅速消除病因:将动物放在阴凉、通风良好的环境中安静休息。

2.降温:采取冷水冲洗、灌肠、冰袋冷敷或灌服0.2%冷盐水等措施降温;药物降温可用氯丙嗪1~2 mg/kg体重,肌肉或静脉注射,同时具有镇静作用。

3.维护心肺功能:强心补液可肌肉注射安钠咖、静脉注射林格氏液。治疗酸中毒用5%碳酸氢钠,静脉注射。呈现肺水肿时,可静脉注射10%葡萄糖酸钙以防止渗出。

4.抗凝血、抗休克:症状严重时,用肝素1 mg/kg体重,静脉注射,地塞米松1 mg/kg体重,肌肉或静脉注射。患严重日射病或热射病的犬猫,如果抢救不及时或不当,常导致死亡。

任务十七 低血糖症

低血糖症是由多种原因引起的血糖浓度过低所致的症候群,血糖值低于500 mg/L时,称为低血糖症。本病多见于幼犬和成年母犬。

一、病因

(一)暂时性低血糖

1.特发性新生犬猫低血糖:多发生在3月龄前的玩具犬及小型品种犬,以贵妇犬、约克夏犬和吉娃娃犬发病率最高。一般多因受凉、饥饿或因仔多奶少、奶质差、胃肠功能紊乱、肠内寄生虫(包括原虫)、肝糖原合成酶不足等引起。

2.工作犬超负荷工作:多见于工作犬和猎犬(拉布拉多犬、塞特犬),病犬有工作前一天未增加饲喂量的病史。

3.母犬猫低血糖:妊娠母犬猫妊娠后期和哺乳期严重营养不良,胎儿数过多,初生仔畜大量哺乳而致病。临床多见于分娩前后1周左右的母犬猫。

4.胰岛素使用过量：由于胰岛素是降血糖的唯一激素，因此当体内胰岛素过量后，主要的危险来自血糖过低，严重者可发生昏迷甚至至死亡。

(二)持久性低血糖

1.I型糖原累积病：因6-磷酸葡萄糖酶先天性不足，最终导致肝脏累积糖原而发生低血糖症。多发于断乳前后（6~12周龄）的玩具犬及小型犬，如波兰拉尼亚犬、马耳他犬、吉娃娃犬等。

2.继发于胰岛素瘤(B细胞瘤)：犬的胰腺癌，发病率高达60%，且多见于右侧胰叶。B细胞瘤（亦称胰岛瘤），是由于胰岛B细胞产生过多的胰岛素，使血糖转入细胞增加，从而造成低血糖。多发生于成年犬、老龄犬（一般为6~13岁）。各品种犬均可发生，但拳师犬发病率高。

3.非胰腺性肿瘤引起的低血糖症：多由肝癌、肺癌、胃肠癌、肾上腺癌、迁移性腹膜瘤及其他癌症性疾病引起。

4.肝源性低血糖：肝脏疾病所致，因肝糖原的分解和合成异常而引起低血糖。

二、症状

患低血糖症的犬、猫，可见全身性或局部性神经症状。轻者表现后肢无力、运动耐力差、共济失调、步态强拘，呈虚弱状态，甚至行为异常（烦躁不安、奔跑、吠叫）、全身肌肉呈间歇性抽搐或强直性痉挛，严重低血糖出现癫痫样发作。体温高达41℃~42℃，呼吸迫促，心搏加速。尿酮呈阳性，血酮达300 mg/L以上（母犬），血糖为1.68~2.24 mmol/L或更低。

幼龄期低血糖症多呈现虚弱、严重沉郁甚至昏迷，并伴有面部肌肉抽搐。血糖迅速降低所致的低血糖主要表现神经过敏、颤抖、搐搦、呕吐、心动过速等；而血糖缓慢降低主要引起神经系统的抑制、昏迷。

三、诊断

根据病史、临床症状，结合血糖测定可对低血糖症建立诊断。病因学诊断需结合发病年龄、病史、原发病特点及对补糖的治疗性诊断综合分析。临床上本病与低钙血症(泌乳惊厥)相似，通过血糖、血钙及尿酮检测不难鉴别。

四、治疗

(一)机能性低血糖

1.补糖：50%葡萄糖1 mL/kg体重，或20%葡萄糖1.5 mL/kg体重，静脉注射，疗效显著。静脉注射困难时，亦可按250 mg/kg体重口服葡萄糖。

2.肾上腺皮质激素疗法：可用氢化可的松或地塞米松。

3.镇静、保暖、加强管理：幼犬猫应注意保持体温正常，让其多吃母乳或替代性乳制品。怀疑产后缺钙，可加输10%葡萄糖酸钙10~30 mL（母犬）。

(二)胰岛 B 细胞瘤所致的低血糖

1.药物治疗：药物治疗只能减轻症状，短期恢复正常生命活动。国外用氯苯甲噻二嗪（首次剂量 10 mg/kg 体重，最高可增加到 40 mg/kg 体重）对患胰岛 B 细胞瘤的犬进行低血糖控制，有效期长达 6 个月，同时口服双氢克尿噻（2~4 mg/kg 体重）以增强疗效。作为辅助治疗，可用糖皮质激素和勤喂高碳水化合物食物的方法控制低血糖。据报道，心得安（B 受体阻断药）对患胰岛 B 细胞瘤的病犬有提高血糖的作用。一种新抗癌药链脲霉素（Streptozotcin），对人的 B 细胞瘤有抑制作用，国外正研究将此药用于犬的治疗。

2.手术治疗：手术对功能性 B 细胞瘤有明显效果。但 B 细胞瘤多为恶性，往往在术前便转移到淋巴结、肝或脾，因此手术只对少数腺瘤有效，仅能起暂时缓解作用。

(三)I 型糖原累积病所致的低血糖

除采取补糖、加强饲喂（应每 2~3 h 饲喂一次）外，可行门静脉吻合术，术后动物的生长发育、脂肪代谢等均可得到明显改善。

任务十八　佝偻病

佝偻病是犬、猫生长发育期，由于维生素 D 缺乏及钙、磷缺乏或比例不当，使钙磷代谢失常，钙盐不能正常地沉着所致的一种营养性骨病。临床上以异嗜，生长缓慢，骨骼关节变形为特征。本病是 1 岁以内的犬、猫，尤其是 2~5 月龄的幼犬常发的一种疾病。

一、病因

犬、猫发生佝偻病常与下列因素有关：

1.食物中钙磷不足或比例不当，是导致该病的重要原因：犬、猫食物中最合适的钙磷比，犬为(1.2~1.4):1，猫为(0.9~1.1):1，并应占食物总成分的 0.3%。生、熟肉中钙磷比为 1:20，所以用去骨骼鱼和肉饲喂犬、猫时容易发生钙缺乏，导致钙磷比例不当而致发本病。

2.食物中维生素 D 不足：由于喂养不当，母乳不足或早期断乳；幼犬、猫的饲料以淀粉食物为主体，缺乏矿物质、蛋白质和维生素 D。

3.光照不足：幼龄犬、猫长期家养，尤其是长毛品种，舍饲犬由于运动地狭小，运动不足，缺乏阳光照射(皮肤 7-脱氢胆固醇不能转化为维生素 D_3)，尤其冬季出生的犬更易发病。

4.维生素 D 需要量增加：生长迅速的犬(西德牧羊犬、藏獒犬)需要维生素 D 的量增加，容易发生维生素 D 缺乏。

5.维生素 A 过量：犬、猫喜食肝脏(含大量维生素 A)，过量的维生素 A 竞争性抑制维生素 D 在肠道的吸收，影响骨骼的生长和代谢而发生骨质疏松。

6.先天性佝偻病：常由于怀孕母犬、猫营养失调或缺乏阳光照射，运动不足，饲料中缺乏矿物质、维生素D和蛋白质，以致胎儿发育不良。

7.其他因素：慢性腹泻可影响脂溶性维生素D的吸收；肝肾疾病不能使维生素D转化为活性维生素D；饲料中金属离子(铁、镁、锶、锰、铝)过多影响钙磷的吸收。

二、症状

(一)先天性佝偻病　出生后动物体质软弱，肢体有异常弯曲，出生数天仍不能站立。

(二)后天性佝偻病　患病的初期往往被忽视，当关节肢体变形后才引起注意。

1.初期症状：不爱活动，精神不振，食欲减退，消化不良，逐渐消瘦，生长缓慢。X射线检查尚无典型改变。

2.进行期症状：早期症状更为明显，发生异嗜，喜欢舔食墙壁、地板、泥土、砖石或自己的粪便，表现腹泻或便秘等消化障碍。随后动物常表现为四肢关节疼痛，站立时四肢频频交替负重，运步时四肢僵直，屈伸不灵活。严重时表现骨骼变形，出现跛行或卧地不能站立。

3.骨骼出现特征性变形：

(1)胸部畸形：肋骨与肋软骨交界处膨大呈"串珠肿"；由于肋骨内陷，胸廓变小，胸骨凸出，成为"鸡胸"。

(2)四肢畸形：腕(跗)关节粗大，四肢负重时管骨逐渐变形，呈现各种异常姿势，呈"O"形腿或"X"形腿。

(3)骨盆部左右压扁而变狭小。

(4)脊柱畸形：脊柱向上凸起呈弓形弯曲。

4.其他并发症：重症的佝偻病，患病动物骨骼异常疏松，常引起四肢、骨盆和脊柱的骨折，卧地不能站立。由于胸壁畸形影响肺扩张及肺循环，很容易并发肺炎和肺不张。因腹肌无力，常导致便秘、膀胱积尿或膀胱破裂。

早期轻型佝偻病如能及时治疗，可以完全恢复正常。重型佝偻病，至恢复期可遗留轻重不等的骨骼畸形。

三、诊断

根据病史，临床上呈现异嗜为主的消化紊乱运动障碍、骨关节肿胀变形、生长发育不良等典型症状，结合X射线检查骨骺板增宽(为正常的3~5倍)、结构疏松、骨髓腔扩大、骨骺小梁稀疏，血清钙和磷含量降低(血清钙低于90 mg/L，血磷低于25 mg/L)，碱性磷酸酶活性显著升高而建立诊断。

四、治疗

应重视早期治疗，发现佝偻病早期症状，及时治疗。

(一)加强管理

经常带犬、猫到户外活动，进行日光浴。冬季舍内以紫外线灯照射。

(二)应用维生素 D 制剂

1.维丁胶性钙 0.25 万~0.5 万单位，腿部肌肉注射，每日 1 次，连用 3 d。

2.维生素 D_3 注射液，犬 1 000~3 000 单位/kg 体重，猫 300~500 单位/kg 体重，口服或肌肉注射。

3.鱼肝油，口服 10~30 mL，每日 1 次，连用一周。

(三)加强饲养管理

补充钙剂，防止钙磷比例不当。在用维生素 D 前，对动物应补充钙盐和磷盐，如贝壳粉、骨粉、蛋壳粉等，犬 5~15 g/d，猫 1~5 g/d；或静脉注射 10%葡萄糖酸钙 5~30 mL，每日 1 次；或口服碳酸钙 1~2 g/kg 体重，或乳酸钙 0.5~2 g/d，每日 1 次。

犬、猫食物每 100 g 鲜肉中添加碳酸钙 0.5 g；每 100 mL 牛奶中添加碳酸钙 0.15 g，或食物中添加 5%~10%骨粉，可满足猫对钙的需要。

任务十九　泌乳惊厥

以低钙血症和产后突发全身强直性痉挛为特征的代谢性疾病称为泌乳惊厥，亦称产后子痫、产后搐搦症。多发于分娩后 2~4 周(早发型多发于分娩后 2~4 d)且产仔数多的小型母犬，中型母犬亦可发病。

一、病因

产后子痫的直接原因是分娩后血钙浓度急剧降低。引起血钙浓度急剧降低的原因有以下三种：

(一)产后大量泌乳，大量钙质进入初乳，是血钙浓度下降的主要原因。这是临床产仔数多的母犬发病率高的原因。当血钙低于 70 mg/L(正常为 84~112.7 mg/L)时，就会发病。

(二)动用骨骼中储备钙的能力降低和骨骼中钙储备量减少，这是血钙浓度下降的重要原因。

1.怀孕前甲状腺机能减退，甲状旁腺素分泌不足，动用骨骼中储备钙的能力降低。

2.怀孕末期饲喂高蛋白、高钙日粮。

3.分娩应激，大脑皮质受抑制，影响甲状旁腺机能，降钙素的分泌增加。

4.怀孕后期由于胎儿发育，母体钙储备量减少。

(三)分娩前后，母体从肠道吸收的钙量减少，也是引起本病的原因。

二、症状

典型症状为全身肌肉强直、痉挛、抽搐。开始运步蹒跚、后躯僵硬、步态失调，以后表现烦躁不安、到处乱跑、易惊恐、对外界刺激表现敏感；站立不稳，倒地抽搐，呼吸迫促，口不停开合并流白色泡沫；多有呕吐、心跳加快及体温升高明显等症状。病犬猫瞳孔散大或昏睡，若未及时治疗，则反复发作以致死亡。发病后经补钙治疗，症状很快缓解或消失，如不坚持治疗或继续哺乳，数小时或数日后可复发，且第二次发作症状比上一次更明显。

三、诊断

根据临床症状结合血钙水平降低，补钙后迅速收到疗效即可确诊（正常血钙值犬为 2.75 mmol/L，猫为 1.75 mmol/L）。

四、治疗

1.补钙疗法：确诊后立即缓慢静脉注射 10%葡萄糖酸钙溶液，犬为 10~30 mL、猫为 5~10 mL，症状可迅速缓解，经 12 h 后重复注射 1 次，多数病犬可康复，严重病犬重复注射 3~4 次亦可痊愈。若心律失常者改服钙片，伴低血糖者同时静脉注射 50%葡萄糖溶液，并口服维生素 D(30 万单位/kg 体重，连服 10 d)。

2.镇静：补钙后症状无明显改善，可用戊巴比妥钠 20~30 mg/kg 体重，静脉注射。

3.肾上腺皮质激素疗法：泼尼松 2 mg/kg 体重口服或皮下注射，每日 2 次，至幼犬断乳为止。此法可不用给幼犬断乳。

4.加强饲养管理：母犬发病后要与仔犬隔离，采取提早断乳，仔犬采用人工喂养。同时改善母犬的营养状态。

任务二十　中毒性疾病

一、中毒性疾病的一般治疗措施

(一)排出毒物

1.排出消化道内毒物

(1)催吐：经口食入毒物尚不超过 1~2 h，毒物未被吸收或吸收不多时，应催吐，使毒物连同胃内容物吐出体外。通常犬选用阿朴吗啡（0.04~0.09 mg/kg 体重，皮下注射）、1%硫酸锌溶液(20~40 mL 灌服)、2%碘酊(2~5 mL，10 倍稀释后灌服)。猫选用隆朋(1 mg/kg 体重，肌肉注射)。也可用 1%硫酸铜溶液灌服，犬为 20~100 mL，猫为 5~20 mL。当毒物食入已久，并进入十二指肠已被吸收时，催吐治疗无效。此外，误食强酸、强碱、腐蚀性毒物时，不宜催吐，以防对食道和口腔黏膜损伤或使胃破裂。

(2)洗胃：经口食入毒物不久尚未吸收时，可采取洗胃措施。

(3)吸附毒物：经口食入毒物已超过1~2 h，虽进入肠道但尚未完全吸收时，可服用活性炭(剂量为 2~8 g/kg 体重，并以每克活性炭加水 3~5 mL，经胃导管灌注胃内)吸附毒物，以减少肠道吸收，半小时后再灌服缓泻剂(如硫酸钠 1 g/kg 体重，加水配成 5%~10%溶液)。

(4)灌肠：促进肠道内有毒物质排出，选用灌肠法。液体选用温热(38 ℃~39 ℃)自来水、1%~2%小苏打水或肥皂水(敌百虫中毒禁用)、0.1%高锰酸钾溶液等灌肠。

(5)导泻：加速肠道内容物排出体外，以减少肠道对毒物的吸收。一般多用盐类泻药(如硫酸钠或硫酸镁 1 g/kg 体重，配成 5%~10%溶液口服或灌服)，或选用润滑性泻药(液体石蜡 3~5 mL/kg 体重口服或植物油投服)。但对脂溶性毒物，不宜使用植物油(植物油会促进毒物吸收)。

2.清除皮肤和黏膜上的毒物

对皮肤和黏膜上的毒物，应及时用冷水洗涤(为防止血管扩张，加速对毒物吸收，不宜用热水)，洗涤愈早愈彻底愈好。

对不宜用水洗涤的毒物，可酌情使用酒精或油类物质迅速擦洗，并且边擦洗边用干毛巾擦净(因毒物溶解于酒精或油脂后促进其吸收)。对已知毒物，最好选用具有中和或对抗作用的药物来清洗体表或黏膜的有毒物质。但注意选用洗涤药物时，不能使被清洗的毒物增加毒性，如敌百虫中毒时，严禁用碱性溶液清洗。

3.加速毒物从体内排出

多数毒物通过肝脏代谢后由肾脏排出，有的毒物通过肺或粪便等途径排出。保护肝脏，可给予葡萄糖(增加肝糖原和葡萄糖醛酸等，从而增强肝脏的解毒功能)。猫肝脏与犬不同，缺乏葡萄糖醛酸转移酶，因而某些化学物质不能及时与葡萄糖醛酸结合由肾排出，导致这些物质排泄缓慢，使其毒性增强。

投予利尿剂增加排尿量，以加速排毒。但必须在动物机体肾功能正常情况下方可投予利尿剂，如速尿(2~4 mg/kg 体重，肌肉注射)或甘露醇(2 g/kg 体重，静脉注射)。此外，改变尿液pH时，可促使某些毒物排出。当中毒动物发生少尿或无尿，甚至肾功能衰竭时，可进行腹膜透析，从而使体内代谢产物或某些毒物通过透析液排出体外。

(二)解毒药物

1.常用一般解毒药物

(1)吸附剂：除氰化物毒物外，任何经口食入消化道的毒物，都可使用吸附剂解毒。使用吸附剂后配合泻下、洗胃、催吐，效果将会更好。常用吸附剂有：药用炭、木炭末等，剂量为 1~3 g/kg 体重，一般配成2%~5%混悬液灌服，剂量可根据情况酌情加减。

(2)保护剂：常用黏浆剂和黏滑性保护剂(如蛋白水、牛乳、米汤和面粉糊等)，不受剂量限制，对经口进入消化道内的毒物一般均可使用。应用黏浆剂时，首先用催吐剂或泻剂，以免使过多的毒物沉积于胃肠壁上不易清除，造成不良后果。黏浆剂可多次使用，但不宜同时与其他药物混合使用。

(3)凝固剂：只能应用于铅、铜、汞、石碳酸等易被凝固剂所凝固的毒物。常用凝固剂有蛋白水、花生油、菜油和猪油等。应用凝固剂后，再灌服盐类泻剂将更为安全。

(4) 中和剂：当毒物为已知酸性或碱性毒物时，使用中和剂是重要的解毒措施。常用弱酸性解毒剂有：食醋、酸奶、0.25%~0.5%稀盐酸和1.5%~3%稀醋酸等；弱碱性解毒剂有：氧化镁、石灰水上清液、小苏打水和肥皂水等。在用于灌肠或洗胃时，浓度可加大几倍，使之增强效果。

(5) 氧化剂：氧化剂只能用于能被氧化的毒物，如生物碱、氰化物、无机磷、巴比妥类药物、砷化物等。有的毒物（如有机磷）中毒应用氧化剂后其毒性增强，故禁止使用。氧化剂常用于洗胃或口服，以及深部灌肠。常用的氧化剂有：0.1%高锰酸钾和0.3%过氧化氢溶液等。前者有刺激性和腐蚀性，应用时注意药液的浓度；后者易产生气体，不宜用于腐蚀性毒物中毒。

(6) 沉淀剂：使毒物沉淀，以减少毒性或延缓吸收而达到解毒目的。常用沉淀剂有：鞣酸、浓茶、稀碘酒和蛋白水等。主要用于砷、汞等重金属，以及生物碱类中毒。

(7) 拮抗剂：利用药物与药物间，药物与毒物间，甚至毒物与毒物间的相互拮抗作用来达到解毒目的。常见拮抗剂有：①阿托品、东莨菪碱类拮抗毛果芸香碱、槟榔及其制剂、新斯的明等，阿托品还对有机磷、西维因、吗啡类药物和毒蕈碱等有一定的拮抗解毒作用；②水合氯醛、巴比妥类药物拮抗士的宁、美解眠等；③氯丙嗪、奋乃静拮抗盐酸苯海拉明等（对抗肌肉震颤等）；④阿片、吗啡、杜冷丁和其他阿片类药物等拮抗盐酸丙烯去甲吗啡、麻黄碱、戊四氮、尼可刹米、安钠咖、回苏灵、山梗茶碱等；⑤巴比妥类药物、水合氯醛拮抗麻黄碱、苯丙胺、戊四氮、尼可刹米、山梗茶碱、安钠咖、美解眠等。

2.特效解毒药

对中毒毒物具有特殊拮抗作用和解毒功能的药物称为特效解毒药。常用的有以下几种。

(1) 美蓝：1%美蓝溶液，剂量为0.5~1 mL/kg体重，静脉注射，应用于氢氰酸中毒；剂量为0.1~0.2 mL/kg体重，静脉注射，可解除亚硝酸盐、非那西丁、安替比林、硝基苯等中毒。

(2) 解磷定、氯磷定、双复磷等：用于有机磷中毒，如配合阿托品使用，效果更佳。

(3) 依地酸钙钠、青霉胺、二巯基丙醇、硫代硫酸钠等：主要用于铅、汞、砷、锇等重金属和类金属中毒。

(4) 葡萄糖醛酸内酯(肝泰乐)：是石碳酸、来苏儿、煤焦油等芳香族碳氢化合物中毒的特效解毒药，但主要用于犬而不宜应用于猫。

(三)液体疗法及对症治疗

液体疗法在中毒病治疗中具有非常重要的意义。它为缓解中毒症状，抢救中毒动物生命赢得了时间。当前仍有许多毒物中毒后无特效解毒药，多通过对症治疗，增强机体的代谢和调节功能，降低毒性作用，从而获得康复。补充体液和能量、调节酸碱平衡、强心、利尿、止痛、中枢神经过度兴奋给予镇静药、过度抑制给予兴奋药，均是中毒治疗中不可忽视的重要措施。

二、有机磷杀虫药中毒

有机磷杀虫药有上百种，用于植物和动物杀灭害虫，按毒性分为剧毒类：有对硫磷（1605）、内吸磷（1059）、甲拌磷（3911）、硫特普等；强毒类：有敌敌畏、甲基1059等；低毒类：有敌百虫、乐果、马拉硫磷（4049）等。犬、猫对有机磷杀虫药比其他动物敏感。

(一)病因

有机磷杀虫药能经犬、猫消化道、呼吸道和皮肤进入体内，引起中毒。

1.误食撒布有机磷杀虫药的食物，误饮撒布有药物的饮水或舔舐沾有药物的用具和被毛或灭蝇纸。

2.误用配药用具做犬、猫食盆或饮水盆。

3.滥用或误用杀虫药杀灭犬、猫体内外寄生虫或将犬、猫留放在喷有药液的房间等。

(二)症状

有机磷杀虫药中毒，主要表现为副交感神经过度兴奋，包括3种类型：①毒蕈碱样症状：唾液分泌增多，瞳孔缩小，呕吐，腹泻，尿频，腹痛，由于支气管收缩和分泌物增多引起呼吸困难；②烟碱样症状：肌肉无力或自发性收缩，引起肌肉震颤；③中枢神经系统症状：表现神经质，兴奋，运动失调，惊恐，逐渐发展成惊厥或癫痫等。中毒症状多在毒物进入机体后几小时内出现，中毒轻重受毒物量的多少和进入机体途径影响。急性严重中毒，表现呼吸困难，呼吸衰竭，最后死于呼吸麻痹。

(三)诊断

根据接触有机磷杀虫药史、临床症状、胃内容物毒物检验和血液胆碱酯酶活性降低即可诊断。

(四)治疗

1.防范措施：避免犬、猫再接触有机磷杀虫药。

2.口服中毒：未超过2 h，用催吐疗法（用阿朴吗啡或硫酸铜催吐，犬还可用碘酊）。也可口服液体石蜡，减少毒物在肠道吸收，尽快排出体外。口服活性炭，吸附胃肠内毒物，然后随粪便排出。

3.皮肤接触中毒：可用清洁水冲洗。

4.药物治疗：可采用解磷定或氯磷定或双复磷与阿托品联合疗法。硫酸阿托品，犬、猫0.2~1.5 mg/kg体重（根据中毒程度确定剂量），皮下或静脉注射，每3~6 h 1次。解磷定或氯磷定20~50 mg/kg体重，配成10%溶液，肌肉或静脉注射，或双复磷15~20 mg/kg体重，肌肉或静脉注射。必要时应重复给药。

5.对症治疗：中毒严重休克时，进行人工呼吸、吸氧等措施。呕吐、腹泻严重者需静脉输液治疗。

三、氟乙酰胺中毒

有机氟化物主要有氟乙酰胺(敌芽胺)、氟乙酸钠和 N-甲基-N-萘基氟乙酸盐等剧毒农药，通常用于杀灭农林蚜螨和鼠害。由于有机氟对人、畜、禽有剧毒，国家1992年明文规定不许再生产和使用有机氟化物，特别不许使用氟乙酰胺作为杀鼠药使用，但目前市场仍有此类药品销售。因此，其有造成犬、猫和畜禽发生中毒的可能。

(一)病因和发病机理

最常见的原因是犬、猫吃了用氟乙酰胺毒死的鼠和其他动物引起中毒。误食了有机氟化物（尤其是氟乙酰胺)污染的食物、毒饵、饮水等，也常引起中毒。氟乙酰胺可经过消化道、呼吸道和皮肤进入机体。犬、猫最敏感，0.05~0.2 mg/kg体重便可致死。

氟乙酰胺在机体脱胺成氟乙酸，氟乙酸经活化与草酰乙酸结合，生成氟柠檬酸。氟柠檬酸拮抗柠檬酸，阻断柠檬酸代谢，抑制乌头酸酶，中断三羧酸循环，导致体内柠檬酸蓄积和ATP生成不足。其毒性作用对脑和心脏危害最重，引起中毒犬猫出现神经症状和猫心搏加快，脉搏微弱。

(二)症状

氟乙酰胺进入机体，30 min后就可中毒发病，毒物主要毒害犬、猫中枢神经系统和猫心脏。急性中毒表现精神沉郁，呕吐和频排粪尿(犬粪尿失禁)。严重中毒主要表现为兴奋、狂暴、嚎叫、狂奔、跳跃和爬墙，不久倒地打滚、抽搐、角弓反张、呼吸加快，猫心搏快而弱。

安静片刻后又重复发作，发作数次后，强直而死亡。病程只有十几分钟至1 h左右。尸体剖解病变为脑膜充血、出血，心肌变性松软，心包及心内膜有出血点。肝和肾脏肿大瘀血，有卡他性或出血性胃肠炎。

实验室检验：血液中柠檬酸含量增多，经口食入毒物，食物和胃内容物中含有氟乙酰胺毒物。

(三)诊断

根据病史、临床症状、实验室检验和尸体剖检等做出中毒诊断。

(四)治疗

1.脱离毒物现场：更换可疑食物或饮水。

2.一般措施：见本节"中毒性疾病一般治疗措施"。首先催吐，也可用1:5 000高锰酸钾溶液洗胃，然后口服鸡蛋清，保护胃黏膜，最后用硫酸钠，犬每只10~25 g，猫5~10 g，配成5%~10%溶液，口服导泻。

3.应用特效解毒药：解氟灵（乙酰胺），每日0.1~0.3 g/kg体重，分2~4次肌肉注射，首次用日量一半，连用3~5 d。此外，可用乙二醇乙酸酯(醋精)100 mL，加入500 mL水中，让犬、猫自饮或灌服；或用95%酒精10~20 mL，加水口服，每日1次；也可用5%酒精和5%醋酸溶液，犬、猫2 mL/kg体重，口服。

4.对症治疗：镇静用氯丙嗪，犬、猫 1.1~6.6 mg/kg 体重。解除呼吸抑制用尼可刹米，犬 0.12~0.5 g/次，猫 7.8~31.2 mg/kg 体重，皮下或肌肉注射，必要时 2 h 后重复 1 次。解除痉挛可静脉输注钙和葡萄糖溶液。控制脑水肿，可静脉输注甘露醇溶液等。可应用维生素 C、地塞米松等缓解病情。

四、抗凝血杀鼠药中毒

抗凝血杀鼠药种类较多，一般用于杀灭鼠害的有：华法令钠（杀鼠灵）、敌鼠钠盐、溴敌隆(溴敌鼠)、杀鼠隆、克灭鼠、杀鼠迷、双杀鼠灵(敌害鼠)、杀它仗、氯敌鼠(氯鼠酮)等。以动物全身各个部位自发性大出血，创伤、手术或针扎后出血不止为特征。

(一)病因和发病机理

犬、猫中毒多发于：①犬、猫采食了凝血杀鼠药杀死的老鼠，发生二次性中毒；②犬、猫误食了抗凝血杀鼠药；③用华法令钠等抗凝血药物，防治血栓性疾病，用药量大或用药时间过长，或者在用华法令钠时，同时应用能增强其毒性的保泰松、阿司匹林、广谱抗生素和氯丙嗪等。

抗凝血杀鼠药都含有华法令类抗凝血毒物香豆素，香豆素和维生素 K 拮抗，影响维生素 K 依赖性凝血因子 Ⅱ（凝血酶原）、因子 Ⅶ、因子 Ⅸ 和因子 Ⅹ 在肝脏里的生成和羧化，未经羧化的维生素 K 依赖性凝血因子无凝血活性，从而导致出血倾向。华法令钠在犬体内半衰期为 20~24 h。

(二)症状

急性中毒，无任何症状表现而死亡。尸体剖检多见脑内、心包内、胸腹腔内有出血。亚急性中毒，从吃入毒物到引起动物死亡，一般需经 2~4 d 时间。中毒初期精神不振，厌食，稍后不愿活动，出现跛行，厌站喜卧，呼吸费力，眼结膜发白、有出血点，齿龈、唇黏膜等出血，心搏快而失调。继续发展，表现共济失调、贫血、血肿、血便、眼前房出血、血尿、吐血和衄血等，最后痉挛、昏迷而死亡。死后尸检，全身器官组织呈现泛发性出血。

实验室检验，凝血因子 Ⅱ、Ⅶ、Ⅸ、Ⅹ 减少，凝血时间延长。

(三)诊断

根据接触抗凝血杀鼠药史，广泛性出血症状，可初步诊断。确诊需检验血液的凝血时间、凝血酶原及香豆素含量。

(四)治疗

1.维生素 K：是治疗抗凝血杀鼠药中毒的特效药物，尤其是维生素 K_1。最初可用维生素 K_1 进行治疗，犬 5 mg/kg 体重，猫 5~25 mg，加入葡萄糖或生理盐水中，缓慢静脉注射，也可肌肉或皮下注射，每 12 h 1 次，连用 2~3 次。然后改为口服维生素 K，每日 5 mg/kg 体重，连用 10~20 d。

2.如果出血过多：应输血治疗，10~20 mL/kg 体重，开始稍快速，后缓慢。另外，再配合一些支持疗法。

3.已中毒的犬、猫：不能行手术或放血；皮下或胸腹腔的血液，如果不危及生命，可让其慢慢吸收。

4.病愈恢复期：应加强饲养管理，多饲喂些有营养的食物，最好是犬、猫商品性食品。

五、洋葱和大葱中毒

洋葱和大葱都属百合科，葱属。犬、猫采食后易引起中毒，主要表现为排红色或红棕色尿液。犬发病较多，猫少见。动物洋葱中毒世界各国均有报道，我国1998年首次报道了犬大葱中毒。

(一)病因和发病机理

犬、猫采食了含有洋葱或大葱的食物后可引起中毒。实验性投喂一个中等大小的熟洋葱即可引起犬中毒，中毒剂量为15~20 g/kg体重。研究证明，洋葱和大葱中含有具有辛香味挥发油–N–丙基二硫化物或硫化丙烯(此类物质不易被蒸煮、烘干等加热破坏，越老的洋葱或大葱其含量越多)，能降低红细胞内葡萄糖–6–磷酸脱氢酶(G-6-PD)的活性(G-6-PD能保护红细胞内血红蛋白免受氧化变性破坏)，从而使红细胞更易氧化变性溶解。红细胞溶解后，从尿中排出血红蛋白，使尿液变红，严重溶血时，尿液呈红棕色。

(二)症状

犬、猫采食洋葱或大葱中毒1~2天后，最明显特征表现为排红色或红棕色尿液。中毒轻者，症状不明显，有时精神欠佳，食欲差，排淡红色尿液。中毒较严重犬，表现精神沉郁，食欲减退或废绝，走路蹒跚，不愿活动，喜卧，眼结膜或口腔黏膜发黄，心搏增快，喘气，虚弱，排深红色或红棕色尿液，体温正常或降低，严重中毒可导致死亡。

血液检验：血液随中毒程度轻重，逐渐变得稀薄，红细胞数、血细胞比容和血红蛋白减少，白细胞数增多。红细胞内或边缘上有海恩茨氏小体。

生化检验：血清总蛋白、总胆红素、直接及间接胆红素、尿素氮和天门冬氨酸氨基转移酶活性均呈不同程度增加。

尿液检验：尿液颜色呈红色或红棕色，比重增加，尿潜血、蛋白和尿血红蛋白检验阳性。尿沉渣中红细胞少见或没有。

(三)诊断

根据有采食洋葱或大葱食物史；尿液红色或红棕色，内含大量血红蛋白；红细胞内或边缘上有海恩茨氏小体等建立诊断。引起血红蛋白尿有多种原因，注意鉴别。

(四)治疗

立即停止饲喂洋葱或大葱类食物；应用抗氧化剂维生素E；支持疗法进行输液，补充营养；给以适量利尿剂，促进体内血红蛋白排出；溶血引起贫血严重的犬、猫，可进行输血治疗，10~20 mL/kg体重。

复习思考题

1. 胃炎、肠炎、小肠梗阻、肝炎、胰腺炎、肺炎、贫血、尿石症各有何临床特征？如何建立诊断？怎样治疗？
2. 母犬低血糖症与产后搐搦症在临床诊疗中如何鉴别？
3. 犬、猫为何容易发生佝偻病？应如何防治？
4. 中毒性疾病有哪些一般治疗措施？
5. 有机磷杀虫剂、氟乙酰胺、抗凝血杀鼠剂、洋葱等中毒各有何临床特征？如何治疗？

项目七 常见外、产科疾病诊治

知识目标

掌握犬、猫常见外、产科疾病的特征、诊断方法及防治措施。

技能目标

会对犬、猫常见外、产科疾病进行诊断和治疗。

任务一 创伤

创伤是因锐性外力或强烈的钝性外力，作用于机体的组织或器官，使受伤部位的皮肤或黏膜出现伤口，使深在组织与外界相通的机械性损伤。

创伤一般由创缘、创口、创壁、创底、创腔、创围等部分组成。创缘为皮肤或黏膜及其下的疏松结缔组织；创缘之间的间隙称为创口；创壁由受伤的肌肉、筋膜及位于其间的疏松结缔组织构成；创底是创伤的最深部分，根据创伤的深浅和局部解剖特点，创底可由各种组织构成；创腔是创壁之间的间隙，管状创腔又称为创道；创围指围绕创口和创缘周围的皮肤或黏膜。

症状

创伤的一般症状有：

1. 出血：出血量的多少决定于受伤的部位、组织损伤的程度、血管损伤状况和血液的凝固性等。

2. 创口裂开：创口裂开是因受伤组织断离和收缩而引起的。创口裂开的程度取决于受伤的部位，创口的方向、长度和深度以及组织的弹性。

3. 疼痛：疼痛是因为感觉神经受损伤或炎性刺激而引起的。疼痛的程度决定于受伤的部位、组织损伤的性状、动物种属和个体差异。

4.机能障碍：由于疼痛和受伤部位的解剖组织学结构被破坏，常出现局部或全身的机能障碍。

分类

1.按伤后经过的时间：分为新鲜创和陈旧创。

2.按创伤有无感染：分为无菌创、污染创、感染创和保菌创。

3.按致伤因素：分为刺创、切创、砍创、挫创、裂创、压创、搔创、缚创、咬创、毒创、火器创。

4.按创伤的形状：分为整形创、不整形创、瓣状创、组织缺损创。

创伤的愈合

创伤愈合分为一期愈合、二期愈合、三期愈合和痂皮下愈合。

1.一期愈合：创伤一期愈合是一种较为理想的愈合形式。特点是创缘、创壁整齐，创口吻合，无肉眼可见的组织间隙，临床上炎症反应较轻微。创内无异物、坏死灶及血肿，组织仍有生活能力，失活组织较少，没有感染，具备这些条件的创伤可完成一期愈合。无菌手术创绝大多数可达一期愈合。新鲜污染创如能及时做清创术处理，也可以期待达到此期愈合。

2.二期愈合：特征是伤口增生多量的肉芽组织，充填创腔，然后形成疤痕组织被覆上皮组织而治愈。一般当伤口大，伴有组织缺损，创缘及创壁不整，伤口内有血液凝块，细菌感染、异物、坏死组织以及由于炎性产物、代谢障碍等致使组织丧失一期愈合能力时，要通过二期愈合而治愈。临床上多数病例在此期愈合。

3.三期愈合：感染创口予以敞开和引流后，待感染控制和肉芽组织健康时再进行延期缝合。这种创伤愈合后瘢痕组织较多，但比二期愈合时间短，功能也较好，达到近似一期愈合，称三期愈合。用植皮来闭合创口的，也属于三期愈合。

4.痂皮下愈合：特征是表皮损伤，伤面浅在并有少量出血，以后血液或渗出的浆液逐渐干燥而结成痂皮，覆盖在伤的表面，具有保护作用，痂皮下损伤的边缘再生表皮而治愈。若感染细菌时，于痂皮下化脓取二期愈合。

检查

(1)先询问病史，然后检查患病动物的体温、呼吸、脉搏、可视黏膜颜色及精神状态，检查前，动物应镇静或全身麻醉，局部剪毛、消毒。(2)视诊创伤的部位、大小、形状、方向、性质、创口裂开的程度，有无出血，创围组织状态和被毛情况，有无创伤感染现象。(3)观察创缘及创壁是否整齐、平滑，有无肿胀及血液浸润情况，有无挫灭组织及异物。(4)对创围进行触诊，以确定局部温度的高低、疼痛情况、组织硬度、皮肤弹性及移动性等。(5)检查创壁，注意组织的受伤情况、肿胀情况、出血及污染情况。(6)检查创底，注意深部组织的受伤情况，有无异物、血凝块及创囊的存在。必要时可用消毒的探针、硬质胶管或用带消毒乳胶手套的手指进行创底检查，摸清创伤深部的具体情况。

治疗

创伤治疗的一般原则：抗休克、防止感染、纠正水与电解质失衡、消除影响创伤愈合的因素、加强饲养管理。

创伤治疗的基本方法：

1.创围清洁法：先用数层灭菌纱布块覆盖创面或创腔，防止异物落入创内。后用毛剪或电推刀将创围被毛除去。创围被毛如被血液或分泌物黏着时，可用3%过氧化氢和氨水(50:1)混合液将其除去，再用70%酒精棉球反复擦拭紧靠创缘的皮肤，直至清洁干净为止。

2.创面清洁法：揭去覆盖创面的纱布块，用生理盐水冲洗创面后，持消毒镊子除去创面上的异物、血凝块或脓痂。再用生理盐水或防腐液反复清洗创伤，至清洁为止。

3.清创手术：(1)手术前均需进行彻底的消毒和麻醉。(2)修整创缘，用外科剪除去破碎的创缘皮肤和皮下组织，造成平整的创缘以便于缝合。(3)沿创口的上角或下角切开组织，扩大创口，消灭创囊、凹壁，充分暴露创底，除去异物和血凝块。(4)对于创腔深、创底大和创道弯曲不便于从创口排液的创伤，可选择创底最低处且靠近体表的健康部位做适当长度的辅助切口，以利排液。(5)创伤部分切除时，还应切除创内所有失活破碎组织，造成新创壁。(6)随时止血，除去异物和血凝块。(7)清创手术完毕，用防腐液清洗创腔，按需要用药、引流、缝合和包扎。

4.创伤用药：药物的选择和应用决定于创伤的性状、感染的性质、创伤愈合过程的阶段等。

5.创伤缝合法：根据创伤情况可分为初期缝合、延期缝合和肉芽创缝合。

6.创伤引流法：当创腔深、创道长、创内有坏死组织或创底潴留渗出物等时，使创内炎性渗出物流出创外为目的，常用引流疗法。

7.创伤包扎法：一般经外科处理后的新鲜创都要包扎。当创内有大量脓汁、厌氧性及腐败性感染以及炎性净化后出现良好肉芽组织的创伤，一般可不包扎，采取开放疗法。

8.全身性疗法：患病动物因组织损伤轻微、无创伤感染及全身症状等，可不进行全身性治疗。但当受伤动物出现体温升高、精神沉郁、食欲减退、白细胞增数等全身症状时则应施行必要的全身性治疗。

任务二　挫伤

挫伤是机体在钝性外力的直接作用下，引起组织的非开放性损伤。如被棍棒打击、车辆冲撞、车辕砸压、跌倒或坠落于硬地上都容易发生挫伤。其受伤的组织或器官可能是皮肤、皮下组织、筋膜、肌肉、肌腱、腱鞘、韧带、神经、血管、骨膜、关节、胸腹腔及内脏器官等。

挫伤的分类和症状

1.皮下组织挫伤：由皮下组织的小血管破裂引起。极少量的出血常形成局限性的小出血斑，出血量大时常发生溢血。

2.皮下裂伤：发生皮下裂伤时，皮肤仍完整，但皮下组织与皮肤发生剥离，常有血液和渗出液等积聚皮下。如为肋骨骨折，其断端伤及肺部时，在发生裂创的皮下疏松结缔组织间可形成皮下气肿。

3.深部组织挫伤：常见的有肌肉的挫伤、神经的挫伤、腱的挫伤、滑液囊的挫伤、关节的挫伤、骨的挫伤。

4.破裂：重度挫伤的同时常伴有内脏器官破裂，筋膜、肌肉、腱的断裂。肝脏、肾脏、脾脏较皮肤和其他组织脆弱，在强烈的钝性外力作用下更容易发生破裂。脏器破裂后形成严重的内出血或体腔的污染，常导致休克的发生。

5.皮下挫伤的感染：严重的挫伤，若发生感染时，全身及局部症状加重，可形成脓肿或蜂窝织炎。有的部位反复发生挫伤，可形成淋巴外渗、黏液囊炎及患部皮肤肥厚、皮下结缔组织硬化。

挫伤的治疗

治疗原则：制止溢血和渗出，促进炎性产物的吸收，镇痛消炎，防止感染，加速组织的修复能力。

具体方法有冷疗和热疗法。热痛时施行冷却疗法，使动物安定，消除急性炎症，缓解疼痛，制止渗出。热痛肿胀特别严重时给予冰袋冷敷，2~3 d后改用温热疗法、中波疗法、超短波疗法、红外线疗法等，以恢复机能。在炎症慢性化时可行刺激疗法。涂氨擦剂（氨：蓖麻油为1:4），樟脑酒精或5%鱼石脂软膏、复方醋酸铅散，可引起一过性充血促进炎性产物吸收，对促进肿胀的消退有良好的效果。或用中药山栀子粉加淀粉或面粉，以黄酒调成糊状外敷。

任务三　骨折

在外力作用下，使骨的完整性或连续性完全遭受机械破坏时称为骨折。车祸等常造成犬的四肢骨、骨盆骨骨折或脊柱损伤；猫的骨折多是从高楼掉下来或鼠夹夹住造成的。

病因和分类

按骨折的病因可将其分为外伤性骨折和病理性骨折。

1.外伤性骨折是由直接暴力、间接暴力或者肌肉过度牵张造成的。直接暴力如车辆冲撞、重物压轧、蹴踢、角顶等。间接暴力如奔跑中扭闪或急停、跨沟滑倒等；家养猎犬由于营养差或者缺乏锻炼等原因，在有落差的山地上奔跑、跳远时，偶有四肢长骨发生骨折的现象。肌肉过度牵引使肌肉突然强烈收缩，而导致肌肉附着部位骨的撕裂。

2.病理性骨折是指有骨质疾病的骨发生的骨折。如患有骨髓炎、骨疽、佝偻病、骨软症或衰老、妊娠后期及高产奶牛泌乳期中，营养神经性骨萎缩，这些处于病理状态下的骨骼，疏松脆弱，应力抵抗降低，有时遭受不大的外力也可引起骨折。

症状

1.闭合性骨折：骨折部皮肤或黏膜无创伤，骨断端与外界不相通。损伤2~3 d后，因组织破坏后分解产物和血肿的吸收，可引起轻度体温上升。

2.开放性骨折：骨折伴有皮肤或黏膜破裂，骨断端与外界相通。此种骨折病情复杂，可以见到皮肤及软组织的创伤。有的形成创囊，骨折断端暴露于外，创内变化复杂，常含有血凝块、碎骨片或异物等，容易继发感染化脓。

3.单纯性骨折：骨折部不伴有主要神经、血管、关节或器官的损伤。

4.复杂性骨折：骨折时并发邻近重要神经、血管、关节或器官的损伤。如股骨骨折并发骨动脉损伤，骨盆骨折并发膀胱或尿道损伤等。

5.骨干骨折：发生于骨干部的骨折。

6.骨骺骨折：多指幼龄动物骨骺的骨折，在成年动物多为干骺端骨折。如果骨折线全部或部分位于骨骺线内，使骨骺全部或部分与骨干分离，称骨骺分离。

7.不全骨折：骨的完整性或连续性仅有部分中断，也称为骨裂。

8.全骨折：骨的完整性或连续性完全被破坏。骨折处形成完整的骨折线。如果骨断离成两段（块）以上，称粉碎性骨折。这类骨折复位后大都不稳定，容易移位，因此只能做内固定。全骨折时具备下列特有症状：肢体变形、异常活动、骨摩擦音等。

骨折的其他症状有出血与肿胀、疼痛、患病动物不安、功能障碍等。

诊断

骨折可根据外伤史和局部症状诊断。可用下列方法做辅助检查。

1.X射线检查：可以清楚地了解到骨折的形状、移位情况、骨折后的愈合情况等，也能鉴别诊断关节附近的骨折和关节脱位。摄片时一般要摄正、侧两个方位，必要时加斜位比较。

2.直肠检查：用于大动物髋骨或腰椎骨折的辅助诊断，常有助于了解到骨折部变形或骨的局部病理变化。

治疗

1.闭合性骨折的治疗：包括整复、固定和功能锻炼三个环节。

（1）骨折的整复：整复是将移位的骨折段恢复正常或接近正常解剖位置，重建骨骼的支架结构。整复的原则是"欲合先离，离而复合"。整复的时间要越早越好，力求做到一次整复正确。整复可分为闭合性整复和开放性整复两种。

1)闭合性整复：即用手法整复，并结合牵引和对抗牵引。闭合性整复适用于新鲜、较稳定的骨折，容易触摸的动物，如猫、小型犬的骨折，用此法复位可获得满意的效果。有下列几种方法：

①利用动物自身体重牵引、反牵引作用整复。动物仰卧于手术台上，患肢垂直悬吊，利用身体自重，使痉挛收缩的肌肉疲劳，产生牵引、对抗牵引力，悬吊10~30 min，可使肌肉疲劳，然后进行手法整复。

②戈登伸展架整复。通过缓慢逐渐增加压力维持一定时间（如10~30 min），待肌肉疲劳、松弛时整复。使用时，逐步旋扭蝶形螺母，增加患肢的牵引力，每间隔5 min旋紧螺母，增加其牵引力。

2)开放性整复：指手术切开骨折部的软组织，暴露骨折段，在直视下采用各种技术，使其达到解剖复位，为内固定创造条件。开放性整复技术在小动物骨折时利用率很高，其适应证为：骨折不稳定和较复杂；骨折已数天以上；骨折已累及关节面；骨折需要内固定。

①利用某些器械发挥杠杆作用，如骨刀、拉钩柄或刀柄等，借以增加整复的力量。②利用抓骨钳直接作用于骨断段上，使其复位。③将力直接加在骨断段上，向相反方向牵引和矫正、转动，使骨断端复位和用抓骨钳或创巾钳施行暂时固定。④利用抓骨钳在两骨断段上的直接作用力，同时并用杠杆的力。⑤重叠骨折的整复较为困难，特别是受伤若干天后，肌肉发生挛缩，整复时翘起两断端，对准并压迫到正常位置。

(2)骨折的固定：一般包括外固定和内固定。

1)外固定：整复之后，尤其闭合性整复，必须要进行外固定，限制关节活动。

①夹板绷带固定法：采用竹板、木板、铝合金板、铁板等材料，制成长、宽、厚与患部相适应，强度能固定住骨折部的夹板数条。包扎时，将患部清洁后，包上衬垫，于患部的前、后、左、右放置夹板，用绷带缠绕固定。

②石膏绷带固定法：石膏具有良好的塑形性能，制成石膏管型与肢体接触面积大，不易发生压创，对大、小动物的四肢骨折均有较好固定作用。但用于大动物的石膏管型最好夹入金属板、竹板等加固材料。

③改良 Thomas 支架绷带：是用小的石膏管型，或夹板绷带，或内固定骨折部，外部用金属支架像拐杖一样将肢体支撑起来，以减轻患部承重。该支架用铝或铝合金管制成，其他金属材料亦可，管的粗细应与动物大小相适应。这种支架也适用于不能做石膏绷带外固定的桡骨及胫骨的高位骨折。

2)内固定：

①髓内针固定法：将特制的金属针插入骨髓腔内固定骨折段的方法。这种方法普遍适用于小动物的长骨骨折、髋骨骨折。临床上常用髓内针固定臂骨、股骨、桡骨、胫骨的骨干骨折，适用于骨折端呈锯齿状的横骨折或斜面较小又呈锯齿形的斜骨折等，特别是对骨折断端活动性不大的安定型骨折尤为适用。对不安定型骨折，因易于发生骨折断端转位，一般不用此法。而对粉碎性骨折，由于不能固定粉碎的游离骨片，也不适于应用此法。

②骨螺丝固定法：适于骨折线长于骨直径 2 倍以上的斜骨折、螺旋骨折和纵骨折及干骺端的部分骨折。根据骨折的部位和性质，必要时，应并用其他内固定或外固定法，以加大固定的牢固性。

③环形结扎和半环形结扎金属丝固定：该技术很少单独使用，主要应用于长斜骨折或螺旋骨折以及某些复杂骨折，辅助固定或帮助使骨断段稳定在整复的解剖位置上。

④张力带金属丝固定：多用于肘突、大转子和跟结等部位的骨折，与髓内针共同完成固定。其操作方法是，先切开软组织，将骨折端复位，选肘突的后内或后外角将针插入，针朝向前下皮质，以稳定骨断端。

⑤接骨板固定法：是用不锈钢接骨板和螺丝钉固定骨折段的内固定法。应用这种固定法损伤软组织较多，需剥离骨膜再放置接骨板，对骨折端的血液供应损害较大，但与

髓内针相比，可以保护骨痂内发育的血管，有利于形成内骨痂。适用于长骨骨体中部的斜骨折、螺旋骨折、尺骨肘突骨折，以及严重的粉碎性骨折、老龄动物骨折等，是内固定中应用最广泛的一种方法。

⑥贯穿术固定法：用不锈钢骨栓，通过肢体两侧皮肤小切口，横贯骨折段的远、近两端，结合外涂塑料粉糊剂，硬化后，将骨栓连接起来，也可应用石膏硬化剂或金属板将骨栓牢固连接。这是一种内外固定相结合的一种方法。适用于小动物和体重不大的牛、马的桡骨、胫骨中部的横骨折或斜骨折。

⑦移植骨固定法：在四肢骨折时，有较大的骨缺损，或坏死骨被移除后造成骨缺失，应考虑做骨移植。同体骨移植早已成功地运用到临床上，尤其是带血管蒂的骨移植可以使移植骨真正成活，不发生骨吸收和骨质疏松现象。

(3)功能锻炼：骨折的功能锻炼包括早期按摩、对未固定关节做被动的伸展活动、牵行运动及定量使役等。

2.开放性骨折的治疗：开放性骨折的治疗也要遵循复位与固定和功能锻炼三个基本环节。此外，还要注意下列问题：

(1)新鲜而单纯的开放性骨折，要及时而彻底地做好清创术，对骨折端正确复位，创内撒布抗菌药物。创伤经过彻底处理后，根据不同情况，可对皮肤进行缝合或做部分缝合，尽可能使开放性骨折转化为闭合性骨折。

(2)软组织损伤严重的开放性骨折或粉碎性骨折，可按扩创术和创伤部分切除术的要求进行外科处理。

(3)在开放性骨折的治疗中，控制感染化脓十分重要。必须全身运用足量（常规量的一倍）敏感的抗菌药物2周以上。

3.骨折的药物疗法和物理疗法：骨折初期局部肿胀明显时，宜选用有关的中草药外敷，同时结合内服有关中药方剂，如接骨散（血竭、土鳖虫各100 g，没药、川断、牛膝、乳香各50 g，自然铜、当归、天南星、红花各25 g，研为细末，分两次服，白酒250~500 mL为引），每天一剂。

为了加速骨痂形成，需要增加钙质和维生素。可在饲料中加喂骨粉、碳酸钙和增加青绿饲料等。幼龄动物骨折时可补充维生素A、维生素D或鱼肝油，必要时可以静脉补充钙剂。

骨折愈合的后期常出现肌肉萎缩、关节僵硬、骨痂过大等后遗症。可进行局部按摩、搓擦，增强功能锻炼，同时配合物理疗法如石蜡疗法、温热疗法、直流电钙离子透入疗法、中波透热疗法及紫外线治疗等，以促使早日恢复功能。

任务四　关节脱位

关节骨端的正常位置关系，因受力学的、病理的以及某些其他作用，失去其原来状态，称关节脱位。关节脱位常是突然发生，有的间歇发生或继发于某些疾病。本病多发生于犬、猫的髋关节和膝关节。肩关节、肘关节、指(趾)关节也可发生。

分类

按病因可分为：先天性脱位、外伤性脱位、病理性脱位、习惯性脱位。按程度可分为：完全脱位、不全脱位、单纯脱位、复杂脱位。

病因

(一)外伤性脱位最常见，以间接外力作用为主，如蹬空、关节强烈伸曲、肌肉不协调地收缩等；直接外力是第二位的因素，使关节活动处于超生理范围的状态下，关节韧带和关节囊受到破坏，使关节脱位，严重时引发关节骨或软骨的损伤。

(二)先天性因素，少数动物由于胚胎异常或者胎内某关节的负荷关系，引起关节囊扩大，多数不破裂，但造成关节囊内脱位，轻度运动障碍，不痛。

(三)关节的解剖学缺陷，或者是曾经患过结核病、产后虚弱或者维生素缺乏的患病动物，当外力不是很大时，也可能反复发生间歇性习惯性脱位。

(四)病理性脱位，是关节与附属器官出现病理性异常等，加上外力作用引发的脱位。这种情况分以下四种：

1.发生关节炎，关节液积聚并增多，关节囊扩张而引起扩延性脱位。

2.关节损伤或者关节炎，使关节囊以及关节的加强组织受到破坏，出现破坏性关节脱位。

3.变形性关节炎引发变形性关节脱位。

4.控制固定关节的有关肌肉弛缓性麻痹或痉挛，引起麻痹性脱位。

共同症状

1.关节变形：构成关节的骨端位置改变，使正常的关节部位出现隆起或凹陷。

2.异常固定：构成关节的骨端离开原来的位置被卡住，使相应的肌肉和韧带高度紧张，关节被固定不动或者活动不灵活，他日运动后又恢复异常的固定状态，带有弹拨性。

3.关节肿胀：关节的异常变化，造成关节周围组织受到破坏，因出血、形成血肿及比较剧烈的局部急性炎症反应，引起关节的肿胀。

4.肢势改变：呈现内收、外展、屈曲或者伸张的状态。

5.机能障碍：伤后立即出现。由于关节骨端变位和疼痛，患肢发生程度不同的运动障碍，甚至不能运动。

预后

临床实践表明，小动物关节脱位的整复效果比大动物好。当未出现合并损伤而且整复及时的时候，固定的好坏决定预后的效果。如果并发关节囊、腱、韧带的损伤或者有骨片夹在骨间并且并发骨折时，很难得到令人满意的整复效果。病理性脱位时，整复后仍可能再次发生关节的脱位。

治疗

关节脱位的治疗原则是整复、固定和功能锻炼。

1.整复：就是复位，使关节的骨端回到正常的位置，整复越早越好，炎症出现后会影响复位。整复在麻醉状态下实施，以减少阻力，易达到复位的效果。整复的方法有按、揣、揉、拉和抬。为了达到整复的效果，整复后应当让动物安静1~2周。

2.固定：为了防止复发，固定是必要的。整复后，下肢关节可用石膏或者夹板绷带固定，经过3~4周后去掉绷带，牵遛运动让患病动物恢复。在固定期间用热疗法效果更好。由于上肢关节不便用绷带固定，可以采用5%的灭菌盐水5~10 mL或者自家血向脱位关节的皮下做数点注射（总量不超过20 mL），引发周围组织炎症性肿胀，因组织紧张而起到生物绷带的作用。在实施整复时，一只手按在被整复的关节处，可以较好地掌握关节骨的位置和用力的方向。犬、猫在麻醉状态下整复关节脱位比马牛相对容易一些。整复后应拍X片检查。对于一般整复措施整复无效的病例，可以进行手术治疗。

3.功能锻炼：固定解除后适当进行牵遛运动，并结合适当的理疗方法。

一、髋关节脱位

犬因髋关节发育异常和髋臼窝与韧带的异常，有出现髋关节脱位的，髋关节窝浅、股骨头的弯曲半径小、髋关节韧带薄弱是其主要内因。

1.类型：当股骨头完全处于髋臼窝之外时，是全脱位；股骨头与髋臼窝部分接触时是不全脱位。根据股骨头变位的方向，又分为前方脱位、上方脱位、内（下）方脱位和后方脱位。多数为髋关节前方脱位和上方脱位，仅少数为下方或后方脱位。

2.症状：动物患肢不能负重。股骨头前上方脱位时，患肢呈外展、外旋姿势，大转子与坐骨结节间距离变长。

3.诊断：拇指试验可用于诊断前上方脱位。具体方法，将动物侧卧保定，患肢在上，检查者站在动物背后，一手紧贴脊椎，其拇指抵压大转子与坐骨结节间的凹陷处，另一手抓住膝关节，并向外旋转。如拇指不被移动，则表明股骨头前方脱位。另一种方法为动物仰卧或侧卧位保定，两后肢向后牵引，如前方脱位，患肢短于健肢；如下方脱位，患肢则长于健肢。根据临床症状一般能做出初步诊断，但X射线检查可进一步查明股骨头脱位精确位置、髋臼骨折及股骨头颈骨折等，也有助于鉴别诊断髋部发育异常和骨盆其他部位骨折。

4.治疗：

（1）闭合性复位：适用于最急性髋关节脱位。动物侧卧保定，患肢在上。如左髋关节脱位，术者右手抓住膝部，左手拇指或食指按压大转子。先外旋、外展和伸直患肢，使股骨头整复到髋臼水平位置，再内旋、外展股骨，使股骨头滑入髋臼内。如复位成功，可听到复位声，患肢可做大范围的活动。术后用"八"字形吊带将肢屈曲悬吊，使髋关节免负体重，连用7~10 d，动物限制活动2周以上。

(2)开放性整复固定：闭合性复位不成功、长期脱位或脱位并发骨折者，应施开放性整复固定。一般选择背侧手术通路。在暴露髋关节后，彻底清洗关节内血凝块、组织碎片，再将股骨头整复至髋臼内。固定股骨头有多种方法，常用的方法有：①缝合关节囊和其周围软组织；②骨螺钉固定，即骨螺钉钻入髋臼上缘，再用不锈钢丝将股骨颈固定在螺钉上；③钢针固定，根据动物体重，选择不同粗细的髓内针或克氏钢针，用钢针将股骨头固定在髋臼中，钢针通常在大转子下穿入股骨头至髋臼。术后患肢系上"八"字形吊带10~14 d，动物限制活动3周，以后逐步增加活动量2~3周，术后14~21 d拔除髓内针。

二、膝盖骨脱位

1.病因：营养状态不良，突然向后踢，或由卧位起立时后肢向后方强伸、跌跤、在泥泞路上的剧烈跳跃、撞击、竖立时，由于股四头肌的异常收缩，常能引起膝盖骨上方脱位。膝盖内直韧带或膝盖内侧韧带剧伸和撕裂，慢性膝关节炎，营养不良性病态均能引起膝盖骨外方脱位，犬膝盖骨外方脱位又称为膝外翻，一般为两侧性，5~6月龄多发。犬有先天性膝盖骨脱位。膝盖滑车形成不全（可能与遗传有关），或损伤外侧韧带时，则可发生内方脱位。

2.症状

(1)膝盖骨内方脱位常分为4级：

①一级脱位，动物很少出现跛行，偶见跳跃行走，此时膝盖骨越过滑车嵴。膝盖骨可人为地脱位，但释手可自行复位。

②二级脱位，从偶尔跳行到连续负重，出现跛行，膝关节屈曲或伸展时，膝盖骨脱位或人为脱位，并可自行复位。

③三级脱位，跛行程度不同，从偶尔跳行到不能负重，多数病例负重时出现轻度到中度跛行。出现中度或严重的弓形腿，胫骨扭转。触摸膝盖骨常呈脱位状态，能人为离位到滑车内，但释手能重新脱位。

④四级脱位，常两肢跛行，免负体重，前肢平衡差。虽然有的动物能支撑体重，但膝关节不能伸展，后肢呈爬行姿势，趾部内旋。膝盖骨持久性脱位，不能复位。

(2)膝盖骨外方脱位也有4级之分，常累及两肢，最明显的症状是两后肢呈膝外翻姿势。膝盖骨通常可复位，内侧韧带明显松弛。膝关节内侧支持组织常增厚，负重时，趾部外旋。X射线检查可发现股骨或胫骨呈现不同程度的扭转样畸形。

(3)膝盖骨上方脱位多突然发生。相对较短的膝内直韧带，转位稽留于内侧滑车嵴上，不能复位，称为膝盖骨上方脱位，又称膝盖骨垂直脱位。站立时大腿、小腿强直，呈向后伸直姿势，膝关节、跗关节完全伸直而不能屈曲。运动时以蹄尖着地拖曳前进，同时患肢高度外展，或患肢不能着地以三肢跳跃。如两后肢膝盖骨上方脱位同时发生时，患病动物完全不能运动。上方脱位有时在运动中，突然发出复位声，脱位的膝盖骨自然复位，恢复正常肢势。

(4)习惯性脱位，主要是膝盖骨上方脱位，多并发于某些全身疾病的恢复期。其特征是经常反复发作，患病动物在运动中毫无任何原因突发上方脱位，继续前行，可自然复位，症状立即消失。如此反复发作。再发间隔时间不定。

3.诊断：根据临床症状、触诊和X射线检查可做出诊断。本病症状与股神经麻痹、十字韧带断裂或膝关节炎、骨软骨炎相似，临床上应注意鉴别诊断。

4.治疗：一时性脱位，可给患病动物注射肌松剂后强迫使其急速侧身后退或直向后退，脱位的膝盖骨可自然复位。这是比较简易而又行之有效的方法，但应耐心地反复做如上动作。如确实不能整复再改变为牵引整复法，即用长绳系于患肢的系部，从腹下部向前，由对侧颈基部向上向前，从颈部上方紧拉该绳，可将患肢向前上方牵引，使膝关节屈曲，同时术者以手用力向下推压脱位的膝盖骨，促进复位。还可以倒卧复位，患肢在上侧卧保定，全身麻醉，对患肢做前方转位，用力牵引，同时术者从后上方向前下方推压膝盖骨，可复位。上述复位方法无效时，可进行手术疗法。

对于犬膝盖骨内方一级脱位，采用膝盖骨上方固定的方法即膝关节外侧支持带重叠术。自近端外侧滑车嵴，伸展至远侧滑车嵴，横过关节腔，到外侧胫骨嵴的远端切开皮肤，分离皮下组织，切开深筋膜和关节囊，打开关节腔。用单股非吸收缝合材料做支持带的重叠缝合。第一排用水平褥式缝合，将关节的内侧创缘拉向外侧缘的深侧。第二排缝合是把外侧缘与内侧缘的表面做单纯间断缝合。皮肤用非吸收缝线间断缝合。术后24 h做有垫绷带包扎，对易活动的犬局部绷带应多保留几天。术后限制活动1~2周，如需要可给予止痛剂。

犬膝盖骨内方二级脱位，如滑车沟变浅，可采用滑车再造术。切开关节囊，膝盖骨向外移位，暴露滑车。测量膝盖骨的宽度，确定滑车再造术的范围。滑车软骨可用手术刀(幼年动物)、骨钻、骨钳或骨锉去除。其深度达至骨松质足以容纳50%的膝盖骨。新的两滑车嵴应彼此平行，并垂直于新的滑车沟床。再造术完成后，将膝盖骨复位，伸屈关节，以估计其稳定性。

如胫结节向内旋转，可施胫结节外侧移位术，以使附着于胫结节的膝盖骨韧带矫正到正常的位置。先用骨凿在胫前肌下做胫结节切除术，向外侧移位，再用1~2根钢针将其固定。伸屈膝关节，如仍有膝盖骨内方脱位的倾向，可进一步将胫结节外移，或外侧关节囊做间断内翻缝合。如有必要，可做内侧松弛术。

犬膝盖骨内方三级脱位，其手术方法同二级脱位。四级脱位，由于骨的严重变形，上述手术方法难以矫正膝盖骨脱位，一般需做胫骨和股骨的切除术。

任务五　椎间盘突出

椎间盘突出症又叫椎间盘脱位，是由于椎间盘变性，其纤维环局限性膨出或髓核经破裂的纤维环突出，压迫脊髓或脊神经根而引起相应部位感觉和运动障碍等为特征的一种脊椎疾病。临床上，小动物尤以小型犬种多见。

病因

1. 外伤：可引起纤维环和软骨终板的破裂，促使椎间盘突出。外力因素包括动物从高处跳下，上下楼梯，嬉戏时跑跳，两后肢触地直立，在光滑的地板上突然跌倒等。

2. 遗传：本病多发于某些小型犬种，如腊肠犬、北京犬、法国斗牛犬、贵宾犬、可卡犬、西施犬、拉萨狮子犬等，且近亲繁殖发病率高，但无性别差异。

3. 内分泌因素：某些激素，如雌激素、雄激素、甲状腺素等可能导致椎间软骨的病变。

症状

椎间盘突出的临床症状与损伤部位、突出物大小、脊髓受压或受损程度有关。常见病变部位在胸腰段，胸腰段椎管与脊髓直径的比值较小，椎间盘突出容易产生急性脊髓压迫性病变。

患病动物主要表现后躯感觉和运动障碍。病初疼痛，弓背，腰背肌肉紧张，尾下垂，疼痛剧烈的动物一旦触及背部就会发出叫声。动物后躯无力，喜卧，强行驱赶时走路不稳，左右摇摆，严重者后躯瘫痪，针刺后肢感觉迟钝或消失。急性病例突然出现两后肢瘫痪，痛觉消失，粪尿失禁。

诊断

根据病史、临床表现、神经学检查和X射线检查等做出诊断。

神经学检查的内容包括姿势反射、腱反射、膜反射、膀胱功能试验和疼痛敏感试验。

X射线检查对腰椎间盘突出有重要意义。一般取侧位和腹背位拍摄。腰椎间盘突出可见髓核和纤维环矿物化、椎间隙变窄、椎管内有矿物化团块和椎间孔模糊等。为了准确地确定脊髓病变范围及区别脊髓和脊椎疾病（如肿瘤），可做脊髓造影术。脊髓造影，可见脊索明显变细，椎管内有大块矿物阴影。

另外，CT和MRI对腰椎间盘突出症的诊断也有重要参考价值。

治疗

(一)保守疗法

初期疼痛、共济失调或轻瘫者适用保守疗法。治疗原则是限制活动，镇痛消炎，促进神经机能的恢复。

减轻脊髓及神经根炎症，可选用皮质类固醇(如强的松)、水杨酸类等药物治疗。此法可用于犬腰椎间盘突出只有背痛或轻度至中度共济失调和轻瘫的患病动物，以及截瘫和失去深部疼痛感觉在24~36 h的患病动物。有疼痛或轻度截瘫的患病动物使用强的松0.5~1.0 mg/kg体重，皮下注射或口服，一天2次，连续3~5 d一个疗程。急性发生中度轻截瘫(能走动)的患病动物可用地塞米松，开始静注2 mg/kg体重，6~8 h后皮下注射0.5~1.0 mg/kg体重，一天2~3次，24 h后以0.1 mg/kg体重皮下注射或口服，一天2次，连用3~5 d。同时给予肌肉弛缓药氨甲酸愈甘醚酯，方法同前。

另外可采用针灸、电针、按摩、温敷、红外线照射、温水浴、超声波和穴位药物注射等治疗。尿失禁者每天定时挤压膀胱排尿2次或人工导尿，便秘者可进行灌肠。许多患病动物经保守治疗后病情得到改善。同时严格限制活动至少21 d。

(二)手术疗法

手术疗法针对经保守治疗无效的疼痛病例或轻瘫病例；截瘫且有痛觉存在的病例；截瘫且痛觉消失，发病不超过24 h者。

一般认为手术应尽早进行，截瘫且痛觉消失的病例预后不良。腰椎间盘突出手术主要有两种：偏侧椎板切除术和背侧椎板切除术，做或不做椎骨关节面切除和椎间孔切开，以除去椎间盘突出的物质。发生超急性严重截瘫的患病动物，建议作硬脊膜切除术，以观察脊髓。硬脊膜切除的同时可做脊髓切除术。如果团块直径大于4 mm，需要除去团块，以达到神经的恢复。

外科手术应尽快完成，有深部疼痛感觉的患病动物在急性病症发生的48 h内进行手术可以获得好的结果。发生急性病症的犬，除外科手术外，开始时要同时用皮质类固醇治疗。

任务六　脓肿

在任何组织或器官内形成外有脓肿膜包裹，内有脓汁潴留的局限性脓腔时称为脓肿。如果在解剖腔内有脓汁潴留时也可称之为蓄脓。如关节蓄脓、上颌窦蓄脓、胸膜腔蓄脓、子宫蓄脓等。

病因

引起脓肿的致病菌主要是葡萄球菌，其次是化脓性链球菌、化脓性棒状杆菌、大肠杆菌、绿脓杆菌和腐败性细菌等。

除感染因素外，误注或漏注水合氯醛、氯化钙、高渗盐水及砷制剂等刺激性强的化学药品到静脉外也能发生脓肿；其次是注射时不遵守无菌操作规程而引起注射部位脓肿。有的是由于血液或淋巴将致病菌由原发病灶转移至新的组织或器官内所形成转移性或多发性脓肿。

分类及症状

(一)浅在性热性脓肿

常发生于皮下结缔组织、筋膜下及表层肌肉组织内。初期局部肿胀无明显的界限，而稍高出于皮肤表面。触诊时局部温度升高，出现剧烈的疼痛反应。以后肿胀的界限逐渐清晰并在局部组织破坏最严重的地方开始软化并出现波动。

(二)浅在性冷性脓肿

一般发生缓慢，局部缺乏急性炎症的主要症状，即虽有明显的肿胀和波动感，但缺乏或仅有非常轻微的温热和疼痛反应。

(三)深在性脓肿

常发生于深层肌肉、肌间、骨膜下、腹膜下及内脏器官。由于脓肿部位深在，局部肿胀增温的症状少见。但常出现皮肤及皮下结缔组织的炎性水肿，触诊时有疼痛反应并常有指压痕。由于患病动物从局部吸收大量的有毒分解产物而出现明显的全身症状，严重时还可能引发败血症。

(四)内脏器官脓肿

常是转移性脓肿或败血症的结果。如在牛创伤性心包炎时，心包、膈肌、网胃和膈连接处常见到多发性脓肿。患病动物慢性消瘦，体温升高，食欲和精神不振。

诊断

根据上述症状对浅在性脓肿比较容易确诊，深在性脓肿可进行诊断性穿刺和超声波检查后确诊。

脓肿诊断时，必须与其他肿胀性疾病如血肿、淋巴外渗、挫伤和某些疝、肿瘤等相区别，且不能盲目穿刺，以免损伤重要器官组织。

治疗

(一)消炎、止痛及促进炎症产物消散吸收

当局部肿胀正处于急性炎性细胞浸润阶段时可局部涂擦樟脑软膏，或用冷疗法(如复方醋酸铅冷敷，鱼石脂酒精、栀子酒精冷敷)，以抑制炎症渗出并具有止痛作用。病灶周围可用0.25%~0.5%普鲁卡因青霉素溶液进行封闭。当炎性渗出停止后，可用温热疗法(热敷、红外线、TDP照射等)、短波透热疗法、超短波疗法以促进炎症产物的消散吸收或促进脓肿的成熟。

(二)促进脓肿的成熟

局部可用鱼石脂软膏、鱼石脂樟脑软膏、超短波疗法、温热疗法等以促进脓肿的成熟。待局部出现明显的波动、脓肿成熟时，立即进行手术治疗。

(三)手术疗法

常用的手术疗法有三种：

1.脓汁抽出法：适用于病变部位不宜进行脓肿切开、脓肿膜形成良好的小脓肿，如关节部脓肿。其方法是利用灭菌注射器将脓肿腔内的脓汁抽出，然后用生理盐水反复冲洗脓腔，抽净腔中的液体，最后灌注敏感抗生素溶液。

2.脓肿切开法：脓肿成熟，出现波动后立即切开。切口应选择在波动最明显且容易排脓的部位。切开时一定要防止外科刀损伤对侧的脓肿膜。切口要有一定的长度并做纵向切口以保证在治疗过程中脓汁能顺利地排出。深在性脓肿切开时除进行全身麻醉外，最好进行分层切开，并对出血的血管进行仔细的结扎或钳夹止血。

脓肿切开后，要尽量排尽脓汁，但切忌用力压挤脓肿壁。如果一个切口不能彻底排空脓汁时可根据情况做必要的辅助切口，如反对孔等。对浅在性脓肿可用较温和的防腐液(3%双氧水、0.1%新洁尔灭溶液等)或生理盐水反复清洗脓腔。刺激性大的防腐剂，如碘、汞、黄色素等用于伤口处理时，会破坏细胞，延迟愈合。最后用灭菌脱脂纱布轻轻吸出残留在腔内的液体。切开后的脓肿创口可按化脓创进行外科处理，装置油剂类或高渗引流条，定时(24~48 h)清洗脓腔和更换引流条，直至伤口愈合。

3.脓肿摘除法：常用于治疗脓肿膜完整的浅在性小脓肿。在小脓肿周围的健康组织上完整切除脓肿，留下的手术创腔按新鲜手术创处理，即用生理盐水冲洗干净并消毒后进行密闭缝合。在切除的过程中需注意勿刺破脓肿膜，防止新鲜手术创被脓汁污染。

任务七 疝

疝多指腹腔内的组织器官从异常扩大的自然孔道或病理性破裂孔脱至皮下或其他解剖腔的一种常见腹部疾病。以幼犬、猫、仔猪、犊牛、羔羊更为常见。

疝的组成

疝由疝孔、疝囊和疝内容物组成。

1.疝孔：又称疝轮，系自然孔的异常扩大(如脐孔、腹股沟环)或是腹壁上任何部位病理性的破裂孔(如钝性暴力造成的腹肌撕裂)，内脏可由此脱出。疝孔可呈圆形、卵圆形或是不规则的狭窄通道。

2.疝囊：由腹膜及腹壁的筋膜、腱膜、肌肉、皮下组织和皮肤等构成的囊袋。典型的疝囊应包括狭窄的囊颈和膨大的囊体、囊底。

3.疝内容物：为经疝孔脱入到疝囊内的一些组织器官。以小肠肠襻、肠系膜、网膜最常见，其次为胃、肝、大肠，偶尔有子宫、膀胱等，几乎所有病例疝内容物中都含有数量不等的液体——疝液。正常的疝液常为透明、微黄色的浆液。当发生嵌闭性疝时，疝内容物发生血液循环障碍，血管渗透性增加，疝液增多，变浑浊，呈淡紫红色，严重时有恶臭腐败气味。

疝的分类

(一)依发病部位命名

疝可分为脐疝、腹股沟(阴囊)疝、腹壁疝、会阴疝、膈疝、闭孔疝、网膜内疝等。

(二)根据疝内容物的可复性

疝分为可复性疝与不可复性疝。

1.可复性疝：当改变动物体位或压挤疝囊时，疝内容物可通过疝孔还纳腹腔。

2.不可复性疝：无论是改变体位还是挤压疝囊，疝内容物都不能回到腹腔内。不可复性疝根据其病理变化有两种情况：一为粘连性疝，即疝内容物与疝囊壁发生粘连、肠管与肠管之间相互粘连、肠管与网膜发生粘连等；二为嵌闭性疝，嵌闭性疝又可分为粪性嵌闭、弹力性嵌闭及逆行嵌闭等数种。

症状

1.先天性外疝，如脐疝、腹股沟(阴囊)疝、会阴疝等的发病都有其固定的解剖部位。

2.可复性疝一般不引起动物任何全身性障碍，而只是在局部突然呈现隆起，隆起物呈圆形或半圆形，触诊柔软。当改变动物体位或用力挤压时隆起部可能缩小或消失，可触摸到疝孔。当患病动物强烈努责或腹腔内压增高或吼叫挣扎时，隆起会变得更大，表明疝内容物随时有增减的变化。

3.外伤性腹壁疝随着腹壁组织受伤的程度而异，在破裂口的四周往往有不同程度的炎性渗出和肿胀，严重的逐步向下或向前向后蔓延，压之有指痕，很容易发展形成粘连疝。

4.嵌闭性疝则突然出现剧烈的疝痛，局部肿胀增大、变硬、紧张，排粪、排尿受到影响，严重的大小便不通或继发胃肠臌气。

诊断

外疝的诊断并不难，可从病史及全身性和局部性症状中加以分析，同时要注意与腹壁的血肿、脓肿、淋巴外渗、蜂窝织炎、精索静脉肿、阴囊积水及肿瘤等进行鉴别诊断，主要从发生部位、有无疝孔、可否还纳、有无胃肠蠕动音和穿刺液的性质等进行区别诊断。

内疝的诊断除了一般临床检查外，必要时还需做实验室诊断或剖腹探查，有的甚至是死亡后剖解时才发现。

(一)脐疝

引起脐疝的原因是脐孔发育不良或闭锁不全、脐部化脓或腹壁发育缺陷等。

1.症状

脐部呈现局限性球形肿胀，质地柔软，有的紧张，缺乏红、热、痛等炎性反应。病初多数能在挤压疝囊或改变体位时疝内容物还纳到腹腔，并可摸到疝轮。猪仔和幼犬在饱食或挣扎时脐疝可增大。后期由于结缔组织增生及腹压大，往往摸不清疝轮。脱出的网膜常与疝轮粘连或肠壁与疝囊粘连，也有疝囊与皮肤发生粘连的。肠粘连往往是广泛而多处发生，因此手术时必须仔细剥离。嵌闭性脐疝虽不多见，一旦发生就有明显的全身症状，患病动物表现极度不安，食欲废绝，呕吐，呕吐物常有粪臭。可很快发生腹膜炎，体温升高，脉搏加快，如不及时进行手术则常引起死亡。

2.诊断

应注意与脐部脓肿和脐部肿瘤相区别，必要时可做诊断性穿刺。

3.治疗

①非手术疗法(保守疗法)：适用于疝孔较小的脐疝。可用疝气磁疗带(纱布绷带或复绷带)、局部涂擦强刺激剂(如碘化汞软膏或重铬酸钾软膏)等促使局部炎性增生闭合疝口。但强刺激剂能使炎症扩展至疝囊壁及其中的肠管，引起粘连性腹膜炎，所以应慎用。用95%酒精(碘液或10%~15%氯化钠溶液代替酒精)，在疝轮四周分点注射，每点3~5 mL，有一定效果。

②手术疗法：术前禁食，全身麻醉或局部浸润麻醉，仰卧或半仰卧保定，切口在疝囊底部，呈梭形。皱襞切开疝囊皮肤，仔细切开疝囊壁，以防伤及疝囊内容物。有粘连者仔细剥离粘连的脏器。若有肠管坏死，需行坏死肠管切除术。若无粘连和坏死，可将疝内容物直接还纳腹腔内，然后缝合疝轮。若疝轮较小，可做荷包缝合或纽扣缝合，但缝合前需将疝轮光滑面做轻微切削，以致形成新鲜创面便于术后脐孔闭合。如果病程较长，疝轮的边缘变厚变硬，此时一方面需要切割疝轮，形成新鲜创面，进行纽扣缝合，另一方面在闭合疝轮后，需要分离囊壁形成左右两个纤维组织瓣，将一侧纤维组织瓣缝在对侧疝轮外缘上，然后将另一侧的组织瓣缝合在对侧组织瓣的表面上。修整皮肤创缘，结节缝合皮肤。

4.术后护理

术后不宜喂得过饱，限制剧烈活动，防止腹压增高。术部包扎绷带，保持7~10 d，可减少复发。连续应用抗生素5~7 d以控制感染。

(二)腹股沟(阴囊)疝

腹股沟疝常见于母犬。腹股沟阴囊疝常见于公犬、公猪，也见于公马，其他雄性动物比较少见。正常情况下，猪胎儿的睾丸在受精后80~90 d之间下降至腹股沟管的下方，在100 d后睾丸下降至阴囊内，此时腹股沟管关闭，腹壁完整，即使腹内压力增高时，腹壁仍有足够的抵抗力起到保护作用，不会发生疝。若腹股沟环过大，或腹壁薄弱或缺损，抵抗力不足时，腹内压力一旦增高，则容易发生疝。

1.症状

腹股沟疝有单侧性或双侧性两种。其疝内容物直接脱至腹股沟外侧的皮下，耻骨前腱膜腹白线两侧，局部膨胀突起，肿胀物大小随腹内压及疝内容物的性质和多少而定。触之柔软，无热、无痛，无全身症状，常可还纳于腹腔内。若脱出时间过长可发生粘连或嵌闭，触诊有热痛，疝囊紧张，动物有腹痛或因粪便不通而腹胀，肠管瘀血、坏死，食欲下降等全身症状。

当发生腹股沟阴囊疝时，一侧性或双侧性阴囊增大，皮肤紧张发亮，触诊时柔软有弹性，无热无痛；有的呈现发硬、紧张、敏感。先天性及可复性疝时直肠检查可触知腹股沟内环扩大，落入阴囊的肠管随腹内压的大小而有轻度变化。

嵌闭性腹股沟阴囊疝的全身症状明显，若发现和采取措施不及时，往往因耽误治疗而发生死亡。患病动物表现为剧烈的腹痛，一侧（或两侧)阴囊变得紧张，出现浮肿、皮肤发凉（少数病例发热)，阴囊的皮肤因汗液而变湿润。患病动物不愿走动，并在运步时后肢开张，步态紧张；脉搏及呼吸数增加。随着炎症的发展，全身症状加重，体温增高。

当嵌闭的肠管坏死时，表现为嵌闭疝综合征，必须采取急救手术切除坏死肠段，方能挽救动物生命。

2.诊断

根据临床症状较易做出诊断。

3.治疗

手术切口选在靠近腹股沟内环稍后方处，纵切皮肤，分离皮下结缔组织，然后剥离总鞘膜，并将疝内容物还纳入腹腔，同时大动物可由助手将手伸向直肠内帮助牵引，或者鉴定整复是否彻底。将总鞘膜及精索捻转成索状后于距离腹股沟内环约2~3 cm处，用7号缝线贯穿双重结扎精索，随即连同总鞘膜一并切除睾丸。将切断精索的游离端送回腹股沟管中作为生物填塞，用缝线在每边缝1~2针，起固定作用，然后撒布磺胺结晶粉，皮肤结节缝合。

修补腹股沟疝时，平行于腹皱褶，在外环处疝囊的中间切开皮肤，钝性分离，暴露疝囊，向腹腔挤压疝内容物，或抓起疝囊扭转，迫使内容物通过腹股沟管整复到腹腔。若不易整复，可切开疝囊，扩大腹股沟管。紧贴疝囊内缘结扎疝囊后，切除疝囊。然后，用结节缝合法将围成内环的腹内斜肌和腹直肌缝到腹股沟韧带（即腹外斜肌腱膜的后缘）上，闭合内环；将腹外斜肌腱膜的裂隙对合在一起，闭合外环；结节缝合皮肤。

(三)会阴疝

会阴疝是由于盆腔肌组织缺陷，网膜及腹腔脏器从直肠膀胱褶或直肠生殖褶处向骨盆腔后结缔组织凹陷内突出，以致脱向会阴部皮下一侧或两侧。疝内容物常为肠管、膀胱或子宫等。

1.病因

病因较复杂，包括先天性因素和各种原因引起的盆腔肌无力和激素失调等。严重便秘、妊娠后期、难产、强烈努责或脱肛等情况下，常诱发本病。脱出通道可以为腹膜的直肠膀胱凹陷(雄性)、直肠子宫凹陷（雌性)或直肠周围的疏松结缔组织间隙。瘦弱的动物，特别是发生习惯性阴道脱的动物易发生本病。

2.症状

在肛门、阴门近旁或其下方出现无热、无痛、柔软的肿胀，常为一侧性。犬的疝内容物常为直肠囊或膀胱。

3.治疗

术前绝食12~24 h，温水灌肠，清除直肠内粪便，导尿。取倒立保定或头颈低于后躯的斜台面、后躯半仰卧保定，全身麻醉。手术径路在肛门外侧，自尾根外侧向下至坐骨结节内侧做一弧形切口。钝性分离皮下组织及筋膜，暴露疝囊，分离疝囊。用长止血钳夹住疝囊底，沿长轴捻转疝囊，直至盆腔深处，然后在钳子上套上线圈，用另一把钳子把线圈推向疝囊颈部，在尽可能的深处打一个外科结，并在靠近疝囊的地方进行结扎，其残余部分可作为生物学栓保留。在漏斗状凹陷部可见到直肠壁终止于括约肌，可利用肛门括约肌来封闭此凹陷窝。在漏斗凹陷的上部是软而平的尾肌，从尾肌到肛门括约肌上部用肠线做2~3针缝合打结，然后再由侧面的荐坐韧带到肛门括约肌作1~3针荷包缝合。漏斗状凹陷的下壁是软而平的闭锁肌，由此肌到肛门括约肌做2~3针结节缝合。梭形切除多余的皮肤，皮肤创做结节缝合，覆以保护绷带。经 8~10 d 拆线。

4.术后护理

保持术部清洁干燥，遇有粪便污染时，应随时清除并消毒或换绷带。术后应避免腹压过大或强烈努责，对并发直肠脱或阴道脱的病例亦应采取相应措施，以减少会阴疝的复发。

任务八　直肠脱

直肠和肛门脱垂是指直肠末端的黏膜层脱出肛门(脱肛)或直肠一部分，甚至大部分向外翻转脱出于肛门外(直肠脱)。严重的病例在发生直肠脱的同时并发肠套叠或直肠疝(肠管从肛门脱出)。

病因

直肠脱是由多种因素综合作用的结果，但主要原因是直肠韧带松弛，直肠黏膜下层组织和肛门括约肌松弛和机能不全。而直肠全层肠壁脱垂，则是由于直肠发育不全、萎缩或神经营养不良、松弛无力，不能保持直肠正常位置所引起。直肠脱的诱因为长时间泻痢或便秘、病后瘦弱、病理性分娩，或用刺激性药物灌肠后引起强烈努责，腹内压增高促使直肠向外脱出。

症状

轻者直肠在病畜卧地或排粪后部分脱出，即直肠部分性或黏膜性脱垂。在发生黏膜性脱垂时，直肠黏膜的皱襞往往在一定的时间内不能自行复位，若此现象经常出现，则脱出的黏膜发炎，很快地在黏膜下层形成高度水肿，失去自行复原的能力。由于脱出的肠管被肛门括约肌箍压，而导致血循障碍，水肿更加严重，同时因受外界的污染，表面污秽不洁，沾有泥土等，甚至发生黏膜出血、糜烂、坏死和继发损伤。此时，病畜常伴有全身症状，体温升高，食欲减退，精神沉郁，并且频频努责，做排粪姿势。

诊断

可依据临床症状做出诊断。

治疗

1.整复是治疗直肠脱的首要任务，其目的是使脱出的肠管恢复到原位，适用于发病初期或黏膜性脱垂的病例。整复应尽可能在直肠壁及肠周围蜂窝组织未发生水肿以前施行。方法是先用 0.25%温热的高锰酸钾溶液或 1%明矾溶液清洗患部，除去污物或坏死黏膜，然后用手指谨慎地将脱出的肠管还纳原位。为了保证顺利地整复，可将两后肢提起。

为防再度脱出，应做肛门环缩术：用弯三角针系 7 号缝线，线端穿上青霉素胶盖，缝针距肛门缘 1.5~2 cm 处的 6 点钟处刺入皮下，经皮至 3 点钟处穿出，再缝合上一个胶盖，缝针于 2~3 点钟之间的皮外进针，经皮下于 12 点钟处出针，再系上一个胶盖，在 9 点钟处同样出针，至 6 点钟处胶盖进针与出针，缝线绕肛门一周，抽紧两线头使肛门缩小。

2.直肠部分截除术。手术切除用于脱出过多、整复有困难、脱出的直肠发生坏死、穿孔或有套叠而不能复位的病例。在充分清洗消毒脱出肠管的基础上，取两根灭菌的兽用麻醉针头或细编织针，紧贴肛门外交叉刺穿脱出的肠管将其固定。在固定针后方约2 cm处，将直肠环形横切，充分止血后(应特别注意位于肠管背侧痔动脉的止血)，用细丝线和圆针，把肠管两层断端的浆膜和肌层分别做结节缝合，然后用单纯连续缝合法缝合内外两层黏膜层。缝合结束后用0.25%高锰酸钾溶液充分冲洗、蘸干，涂以碘甘油或抗生素药物。

当并发套叠性直肠脱时，采用温水灌肠，力求以手将套叠肠管挤回盆腔，若不成功，则切开脱出直肠外壁，用手指将套叠的肠管推回肛门内，或开腹进行手术整复。为防止复发，应将肛门固定。

3.普鲁卡因溶液盆腔器官封闭，效果良好。

护理

手术后喂以流体食物，多饮温水，防止卧地。根据病情给予镇痛、消炎等对症疗法。

任务九　耳病及眼病

一、耳血肿

耳血肿是耳部组织在钝性或锐性外力作用下，较大血管破裂，血液流至耳软骨与皮肤之间形成的血肿。多发生于耳郭内面，也见于耳郭外面或两侧。

(一)病因

1.机械性损伤：如对耳壳的压迫、挫伤、抓伤、咬伤等均可导致耳血肿。

2.耳部疾患：如外耳道炎、耳螨病等引起耳部瘙痒，动物剧烈摇头甩耳也能损伤血管而发病。

(二)症状

耳郭内面的耳前动脉损伤时，于耳郭内面迅速形成肿胀，触之有波动、弹性及疼痛反应。数天后因出血凝固，触诊肿胀周围呈坚实感，有捻发音，中央有波动，局部增温。沿耳郭软骨外面行走的耳内动脉损伤时，可在耳郭外面形成相似的肿胀。血肿形成后，耳增厚数倍并下垂。耳部皮毛色白者，变成暗紫色。穿刺可见有血液或血色液体流出。穿刺放血后往往复发。肿胀阻塞听道时，可引起听觉障碍。血肿感染后可形成脓肿。

(三)诊断

根据临床症状和穿刺结果容易做出诊断。

(四)治疗

小血肿不经治疗也能自愈。血肿形成的第一天内宜用干性冷敷并结合压迫绷带制止出血。大血肿不宜过早手术，因术后出血较多。一般在肿胀形成数日后，可于肿胀最明显处切开，为防止血水进入耳道，可于术前用一小块棉花填塞耳道，并及时用干棉花吸干流出的血水。排出积血和凝血块后，切口不缝合，做平行于切口的水平纽扣缝合(如图7-1A)。缝合时，先在耳郭凸面进针，穿过耳郭全层至凹面，再从凹面进针穿过凸面，并在凸面打结(如图7-1C)。实践证明，为防止术后再出血形成血肿和因炎性肿胀而使缝线陷入耳部组织，在进行水平纽扣缝合时，可在耳郭两侧相应的位置放置纱布卷成的圆枕，能起到明显的压迫止血效果，防止血肿的再形成。

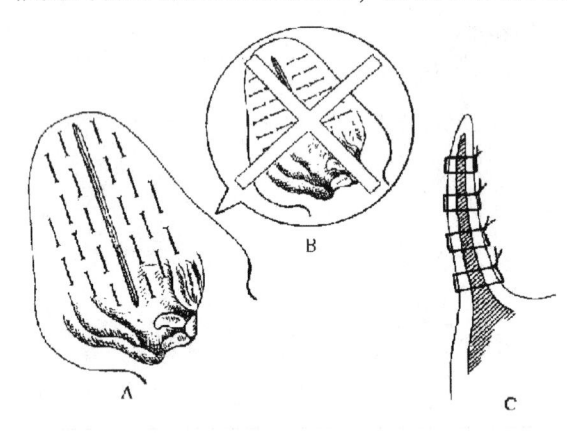

图 7-1　A.血肿切除后正确缝合方法　B.血肿切除后错误缝合方法
C.缝线全层穿过耳郭，结打在耳凸面

(五)术后护理

耳部保持安静，必要时使用止血剂，同时配合使用广谱抗生素进行抗菌消炎。术后7~8 d拆除缝线。

二、中耳炎

中耳炎是指鼓室及耳咽管的炎症。

(一)病因

常继发于上呼吸道感染如流行性感冒、一般感冒、传染性鼻炎和化脓性结膜炎等，其炎症蔓延至耳咽管，再蔓延至中耳而引起。此外，外耳炎、鼓膜穿孔也可引起中耳炎。链球菌和葡萄球菌是中耳炎常见的病原菌。

(二)症状

单侧性中耳炎时，动物将头倾向患侧，患耳下垂，向患侧转圈。两侧性中耳炎时，动物头颈伸长，以鼻触地。化脓性中耳炎时，动物体温升高，食欲不振，精神沉郁，有时横卧或出现阵发性痉挛等症状。炎症蔓延至内耳时，动物表现耳聋和平衡失调、转圈、头颈倾斜而倒地。中耳炎症侵害面神经和副交感神经时，则引起面部麻痹、角膜和鼻黏膜干燥、张口疼痛等。若炎症继续发展，波及脑膜，则出现脑膜炎，或引起小脑脓肿而死亡。

(三)诊断

无特征性症状，耳镜检查和X射线检查有助于本病的诊断。X射线检查可见急性中耳炎时鼓室积液；慢性中耳炎时鼓泡骨增生。

(四)预后

非化脓性中耳炎一般预后良好，化脓性中耳炎常因继发内耳炎和败血症而预后不良。

(五)治疗

1.局部和全身应用抗生素治疗：充分清洗外耳后，滴入抗生素药水，并配合全身应用抗菌药物，以使药物进入中耳腔。用药前，应对耳分泌物做细菌培养和药敏试验，抗菌治疗至少连用7~10 d。

2.中耳腔冲洗：上述治疗临床症状未改善时，可行鼓室冲洗治疗。动物全身麻醉。术者头带额镜，先用灭菌生理盐水冲洗外耳道，再用额镜检查鼓膜。如鼓膜已穿孔或无鼓膜，可用一根长10 cm、内径1 mm的中耳导管插入中耳深部进行冲洗；如鼓膜未破，可先施行鼓膜切开术或直接用吸管穿破鼓膜，伸入鼓室锤骨后方注液冲洗。冲洗时，细管不可移动，以防撕破鼓膜。冲洗后要经导管吸出冲洗液，反复冲洗至吸出的冲洗液洁净为止，最后滴注抗生素溶液。若两周后炎症仍在继续，可再次冲洗。

三、犬耳整容成形术

(一)适应证

对于某些品种的犬，为使耳竖起，达到标准的外貌要求，需施耳整容成形术。

耳修剪的长度和形状因犬性别、品种、体型不同而异。一般母犬耳比公犬细小，耳应修整直而狭，保留小腹部，耳屏和对耳屏多修剪，使耳弯向头侧，某些品种犬如拳师犬和雪纳瑞头宽，其耳比杜宾犬和大丹犬稍大而宽，故如按标准长度去修剪，又不愿剪得过短，耳就不会竖立；短而粗的耳应视犬外貌修整；公犬体型大，母犬骨架小，体姿优美，应量型修剪。

耳修剪的最佳年龄是8~12周龄，小犬为12周龄。年龄愈大，其整容成功率就愈低。表7-1列举了部分品种犬修耳的适宜年龄和耳的标准长度。

表 7-1 犬耳整容成形术的年龄及耳的标准长度

品　种	年　龄	保留耳的长度
Boxes	9~10 周龄	2/3~3/4
Schnauzers	10 周龄	2/2
Dobermans	8~9 周龄	3/4
Great Danes	9 周龄或 8~10 kg 体重	3/4
Boston terriers	4~6 月龄	尽可能长

(二)保定和麻醉

动物全身麻醉，行胸卧保定。犬下颌垫上折叠的毛巾，抬高其头部。两耳剃毛、消毒，外耳道口塞上棉球，以防止手术过程中血液流入外耳道中。

(三)手术方法

1.确定切除线：将下垂的一个耳尖向头顶方向拉紧伸展，根据不同犬种和需要的耳形，用尺子测量出需保留耳郭的长度，确定切除线，并用标记笔标明（图 7-2）。再在切除顶端剪一裂口。将两耳拉直合并对齐，在另一耳相应位置剪一裂口，确保两耳保留一致的长度。

也可从标记点(裂口)到耳屏间肌切迹(耳后缘的下端，耳屏与对耳屏软骨下方耳与头的连接处)之间的位置上装置断耳夹来确定切除线，断耳夹的凸面朝向耳前缘。断耳夹装好后，两耳应保持一致形态。

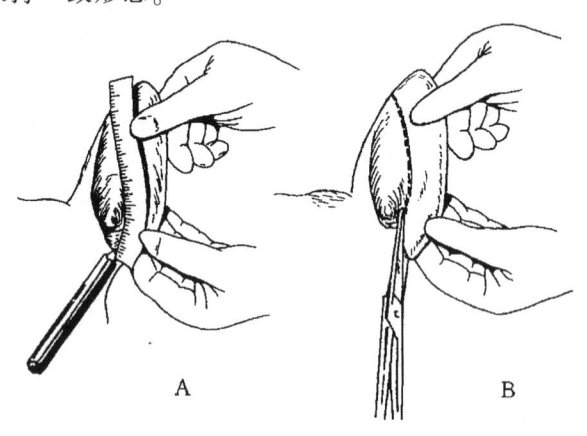

图 7-2 A.在耳内侧用尺测量，确定切除线，并用标记笔标明
B.剪除耳郭，实线为标准切除线，虚线为适当调整后的切除线

2.切除耳郭：助手固定欲切除耳郭的基部和上部。术者左手在切除线外侧向内顶托耳郭，防止剪除时剪头推移使皮肤松弛。右手持手术剪（最好有齿软骨剪）由耳基向耳尖(右耳)或由耳尖向耳基(左耳)沿切除线剪除耳郭(图 7-2B)。

在切除基部耳郭时，务必使保留的部分呈足够的喇叭形。否则，耳因失去基础支持而不能竖立。耳郭切除后，彻底止血(用电烙铁烧烙止血较好)，并修平创缘。

3.缝合耳郭：用4号丝线从耳基部开始。先结节缝合耳屏的皮肤切口(不包括软骨)(图7-3A)，其余创缘均做皮肤的简单连续缝合。先从内侧皮肤进针，越过软骨，再穿过外侧皮肤，再到内侧皮肤，如此反复连续缝合，针距8 mm左右，当缝至耳尖时，缝线不打结(图7-3B、7-3C)。这种缝合方法有助于促进创口的愈合，减少感染和瘢痕形成。

对于小型、耳部皮薄而紧的犬（如雪纳瑞)缝合时，因此时耳郭上部皮肤不能将软骨遮覆，建议全层连续缝合(缝针穿过皮肤和软骨)，以免影响创口的愈合。

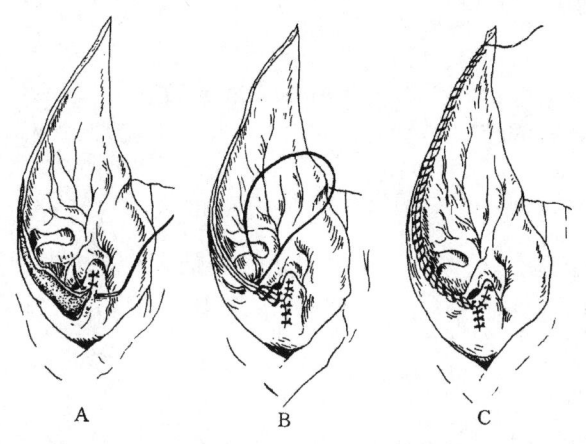

图7-3 A.仅结节缝合耳屏处皮肤切口 B.开始连续缝合皮肤创缘
C.耳郭创缘完全闭合，其耳尖部缝线不打结

(四)术后护理

1.手术后拆线前的护理：术后立即固定耳朵，防止犬因疼痛甩耳造成出血过多。术后固定耳朵的方法：可用一次性纸杯罩在头部，杯口在下，杯底在上，然后将耳拉直靠在纸杯上，再用黏性较强的风湿膏药的贴片将耳郭贴紧固定在纸杯上，贴片沿耳郭创缘而下，但不能粘连创缘，以免影响伤口愈合。全身抗菌消炎，耳部创缘每天喷洒抗菌液，防止创缘感染。术后7~10 d拆线。

2.竖耳：拆线后仍然同上面的方法固定耳部，待创缘完全愈合后，耳必须安置支撑物、包扎耳绷带、限制耳摆动，促使耳竖立。支撑物可用纱布卷、塑料管、塑料注射器筒、泡沫塞、纸筒及金属支架等材料。如用纱布卷作为支撑物，可将纱布卷曲成锥形填塞外耳内，锥体在下，锥尖在上。将耳直立，用多条短胶带由耳基部向上呈"鸠尾"形包扎，固定纱布卷(图7-4)。最后，两耳基部用胶带"八"字形固定，确保两耳直立。填塞物每3 d换1次，连用2周。如两周后耳不能直立，可按耳下垂的相反方向将耳卷曲固定。5 d换胶带1次。也可用硬质材料如塑料管、塑料注射器等支撑耳朵。包扎方法同上。

图 7-4 护理

用纱布卷成锥形填塞于外耳内,然后用多条短的胶带(约 2.5 cm 宽)由耳基向耳尖粘贴包扎,每圈盖住前圈胶带 1/3,两耳间"八"字形胶带缠绕,使耳直立。

四、角膜炎

角膜炎是指角膜因受微生物、外伤、化学试剂及物理性因素影响而发生的炎症,为最常见的眼病之一。临床上常见有外伤性、表层性、深层性(实质性)及溃疡性角膜炎等几种。

(一)病因

本病多因外伤或异物误入眼内而引起;角膜暴露、细菌感染、营养障碍、邻近组织病变的蔓延等均可诱发本病;某些传染病(如犬传染性肝炎)和浑睛虫病,能并发角膜炎。有些犬种对表层性角膜炎还有一定的家族史,如德国牧羊犬等。

(二)症状

角膜炎的共同症状是羞明、流泪、疼痛、眼睑闭合、角膜浑浊、角膜缺损或溃疡。轻度的角膜炎常不容易直接发现,只有在阳光斜照下可见到角膜表面粗糙不平。

1.外伤性角膜炎常可找到伤痕,透明的表面变为淡蓝色或蓝褐色。

2.当角膜面上形成不透明的白色瘢痕时叫作角膜浑浊或角膜翳,它主要是角膜水肿和细胞浸润的结果,最终导致角膜表层或深层变暗而出现浑浊。深层浑浊时,由侧面视诊,可见到在浑浊的表面被有薄的透明层;浅层浑浊则见不到薄的透明层,多呈淡蓝色云雾状。

3.溃疡性角膜炎即当角膜外伤或角膜上皮抵抗力降低时,如有致病菌侵入,角膜的一处或数处呈暗灰色或灰黄色浸润,形成脓肿,破溃后形成溃疡,可用荧光素点眼来确定溃疡的存在及溃疡的范围,但要注意角膜的后弹力膜处不着色。

4.严重的角膜损伤还可引起角膜穿孔,房水从眼前房流出,眼前房内压力降低,虹膜因前移或后移容易与角膜或晶状体发生粘连,从而丧失视力。

5.犬传染性肝炎恢复期,常见单侧性间质性角膜炎和水肿,有时呈双侧性,蓝白色角膜翳,称为"蓝眼病"。

（三）治疗

为了促进角膜浑浊的吸收，可向患眼吹入等份的甘汞和乳糖；40%葡萄糖溶液或自家血点眼；也可用自家血眼睑皮下或球结膜注射；1%~2%黄降汞眼膏涂于患眼内。还可静注5%碘化钾溶液或内服碘化钾，连用5~7 d；疼痛剧烈时，可用10%颠茄软膏或5%狄奥宁软膏涂于患眼内。为防止虹膜粘连或当同时发生眼色素层炎时，1%硫酸阿托品点眼有效。

角膜未出现溃疡或穿孔，可用青霉素、普鲁卡因、氢化可的松作球结膜下或作患眼上、下眼睑皮下注射，或单纯用醋酸强的松龙或甲强龙进行球结膜注射，对小动物外伤性角膜炎引起的角膜翳效果良好。角膜有穿孔或溃疡时，禁止使用糖皮质激素类药物，以免加重病情。

角膜穿孔时，应严格消毒防止感染。如保守疗法效果不佳，可采用结膜瓣或瞬膜瓣遮盖术提高该病的疗效。对新发的虹膜脱出病例，可将虹膜还纳展平；脱出已久的病例，可用灭菌的虹膜剪剪去脱出部，涂黄降汞眼膏，装眼绷带。若不能控制感染，可行眼球摘除术。

1%三七液煮沸灭菌后待冷却点眼，对角膜创伤的愈合起促进作用，且能使角膜浑浊减退。

中药成药如拨云散、决明子散、明目散等对慢性角膜炎有一定疗效。

五、瞬膜腺突出

瞬膜腺突出又称樱桃眼，是指位于瞬膜球面的腺体增生肥大、向外翻转越过瞬膜游离缘，而脱出于眼内侧的一种眼病。犬多发，且多发于小型犬，如北京犬、可卡犬、西施犬、英国斗牛犬等，性别不限，年龄一般为3~12月龄。其他动物发病率较低。

（一）病因

确切的病因不详。可能因腺体基部与眶周组织间或腺体与软骨间结缔组织附着先天性缺陷或发育不良。另外，该病的发生可能与饲喂高蛋白、高能量动物性饲料有一定的关系。

（二）症状

呈散发性，未见明显传染性。单眼或双眼发病。本病多发生于两个部位，多数增生物位于内侧眼角（图7-5），有薄的纤维膜状蒂与第三眼睑相连。有的发生在下眼睑结膜的正中央，纤维膜状蒂与下眼睑结膜相连。二者均为粉红色椭圆形肿物，外有包膜，呈游离状，大小为(0.8~1)×0.8 cm，厚度为0.3~0.4 cm。下眼睑结膜发生的病例多为单侧性。

发病后眼睑结膜潮红，部分球结膜充血，由于长时间暴露在外，腺体充血、肿胀、流泪。病犬不安，常因以眼揉触笼栏或家具，或用前爪搔抓患眼，而引起继发感染，造成不同程度的角膜炎症、损伤，甚至化脓。但一般无全身症状。

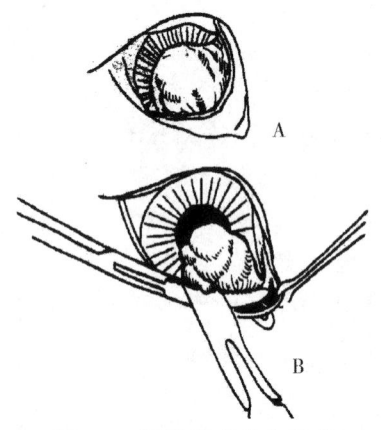

图 7-5 瞬膜腺突出全切术

(三)治疗

1.瞬膜腺切除术：动物全身麻醉，俯卧保定。用生理盐水冲洗患眼，并滴入含肾上腺素的局麻药。用有齿镊提起腺体，再用一弯止血钳夹住脱出物的基部，沿止血钳上缘将脱出物剪除。剪除时注意不要伤及瞬膜"T"形软骨。止血钳夹持 5~10 min 后松开，防止局部出血。如有出血，用灭菌干棉球压迫止血。全切手术简单易行，但当泪腺功能不全时，易引起干性角膜结膜炎。

2.瞬膜腺复位术：适用于泪腺功能不全，不能施行腺体全切手术时施行该复位术(图 7-6)。用组织钳夹持瞬膜并向外翻转，椭圆形切开腺体表面结膜，露出腺体（图7-6B）。钝性分离腺体周缘的结膜，暴露深部腺体（球面）和瞬膜缘远端的结缔组织。充分止血后，于腺体一端1/3处，用4-0可吸收线经腺体深部结膜下穿过眼球上的结缔组织和腺体（图7-6C）。将缝线引向腺体对侧，距瞬膜缘附近穿过结膜下结缔组织，缝线暂不打结(图7-6D)。按此缝合法，距腺体另一端1/3位置缝第二根线(图7-6E)。两根线分别抽紧打结，并轻轻向下推压腺体，使其内翻再打结。结应打在结膜下，线头应剪短（图7-6F、7-6G）。由于瞬膜腺已内翻，结膜创缘已完全对合，不需要缝合。如腺体脱出过大，可先切除部分腺体，再进行复位术。术后每天应用抗生素眼药水或眼膏2~3次，连用 5~7 d。术后不拆线。

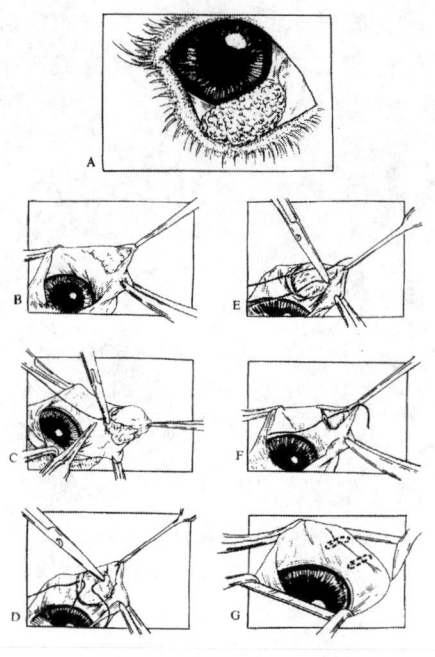

图 7-6　瞬膜腺突出复位术

六、眼睑内翻

眼睑内翻是指眼睑缘向眼球方向翻转，睫毛和睑毛刺激眼球表面的异常状态。眼睑缘可单边或双边内翻，而且可单侧或双侧眼发病，其中以下眼睑发病最为常见。临床上多见于沙皮犬、松狮犬。

(一)病因

该病可分为先天性、后天痉挛性和后天非痉挛性三种。

1.先天性眼睑内翻可能是一种遗传性缺陷，多见于下眼睑外侧，最常见于羔羊和犬，偶见于幼驹，猫也可发病。

2.后天痉挛性眼睑内翻主要是眼睑的撕裂创和愈合不良以及结膜炎与角膜炎刺激等因素引起，多发于一侧性眼睑。

3.后天非痉挛性眼睑内翻多由手术或外伤后所导致的眼睑疤痕收缩引起。

(二)症状

常见一侧或两侧眼睑内翻。可见眼睑边缘向内卷起，由于睫毛刺激结膜及角膜，致使结膜充血、潮红，角膜表层发生浑浊甚至溃疡，患眼疼痛、流泪、羞明、眼睑痉挛。

(三)治疗

先天性眼睑内翻的治疗主要以手术矫正为主，目的是保持眼睑边缘于正常位置。术部剃毛消毒，在局部麻醉后，在离眼睑边缘 0.6~0.8 cm 处做切口，切去圆形皮片，然后做水平纽扣缝合，矫正眼睑至正常位置。严重的应施行与眼睑患部同长的横椭圆皮肤切片，剪除一条眼轮匝肌，以肠线做结节缝合或水平纽扣缝合使创缘紧密靠拢，7 d后拆线。手术中不应损伤结膜(图7-7)。

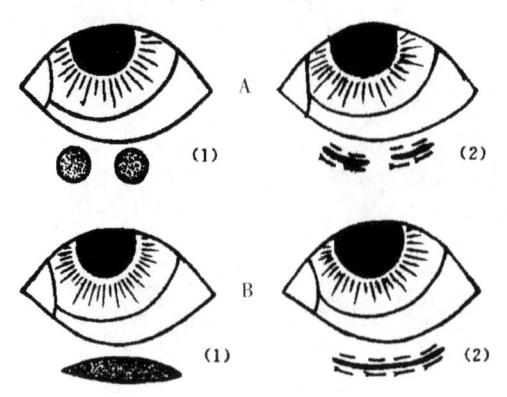

图7-7 眼睑内翻矫正手术
A.圆形皮片切除法 B.椭圆形皮片切除法
(1)切除皮片 (2)水平纽扣缝合皮片

痉挛性眼睑内翻的治疗主要以治疗原发病为主，多数病例在去除病因后，病情有所好转。应积极治疗结膜炎和角膜炎，给予镇痛剂，在结膜下注射0.5%普鲁卡因青霉素溶液。为减轻睑缘内翻程度和消除睫毛对眼球的持续刺激，可临时施第三眼睑瓣遮盖术或闭合眼裂术，2~3周后拆线，如无效，可施行眼睑内翻成形术。

后天性非痉挛性眼睑内翻的治疗可采用眼外眦固定术缩短睑裂，以矫正眼睑内翻。根据眼睑内翻矫正程度，在眼外眦上、下眼睑切开同等大小的皮瓣，上眼睑皮瓣切除掉，保留下眼睑皮瓣，并将其缝合到上眼睑皮肤缺损部。

七、眼睑外翻

眼睑外翻是眼睑缘离开眼球向外翻转显露的异常状态，以下眼睑多见。

(一)病因

多种原因均可导致本病的发生，先天性因素可能与遗传性缺陷（犬)有关。瘢痕性(眼睑损伤或手术、睑炎等)、生理性(疲劳、老年犬眼睑皮肤松弛等)和麻痹性等因素均可引起本病的发生。

(二)症状

表现眼睑外翻，结膜因暴露而充血、潮红、肿胀、流泪，结膜内有渗出液积聚。病程长的结膜及角膜粗糙且肥厚，最终因继发色素性角膜炎而影响视力。

(三)治疗

多数病例无须手术治疗。当继发严重的结膜炎、角膜炎保守疗法无效时，可施行手术疗法。

手术治疗有两种方法。一是在下眼睑皮肤做"V"形切口，然后将其缝成"Y"形，使下睑组织上推以矫正外翻。二是在外眼眦手术，先用两把镊子折叠下睑，估计需要切除多少下睑皮肤组织，然后在外眦将睑板及睑结膜做一三角形切除，尖端朝向穹窿部，分离欲牵引的皮肤瓣，再将三角形的两边对齐口缝合（缝前应剪去皮肤瓣上带睫毛的睑缘），然后缝合三角形创口，使外翻的眼睑复位（图7-8）。

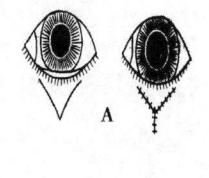

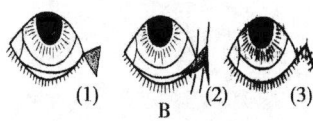

图7-8 眼睑外翻矫正手术
A."V"形切口，"Y"形缝合法 B.三角形切口缝合法

任务十 皮肤病

一、湿疹

湿疹患部皮肤发生丘疹、水泡痂皮等，伴有痛、痒，是一种炎症反应，不具有传染性，多发于夏、秋季节。

(一)病因

病因尚未明确，一般认为是一种过敏反应。

(二)诊断及症状

以颈部、背部、腹部、阴囊周围以及趾间常发。有红斑，粟粒大到豌豆大丘疹，充满浆液或脓汁，后期破溃，有痂皮，痂皮脱落有鳞屑。病畜痛、痒。

(三)治疗

主要采取制止渗出，脱敏，抗菌消炎。

1.抗菌消炎：用0.1%高锰酸钾或1%~2%鞣酸擦洗。
2.脱敏：用苯海拉明、扑尔敏等。

二、犬脓皮症

皮肤出现红疹、脱毛、小脓疱，是皮肤的化脓性感染。

(一)病因

主要以葡萄球菌、棒状杆菌、绿脓杆菌、链球菌感染为主。采用偏碱性洗液。

(二)症状

常发于前肢腋窝和后肢股内侧无毛部位，出现红疹、脱毛、小脓疱，多继发于螨虫感染。

(三)治疗

应用广谱抗生素，并协同外寄生虫药治疗。

三、脱毛症

全身或局部被毛病理性脱落。

(一)病因

有神经性、激素性、继发性、内分泌性、营养缺乏性、中毒性脱毛。

(二)症状

营养性、中毒性脱毛多伴有其他症状；内分泌性多呈对称性脱毛，并无瘙痒；继发性脱毛多伴有瘙痒症状。

(三)治疗

5%碘酊 1 mL 和樟脑酒精 30 mL 混合，涂擦，配合外寄生虫药物和广谱抗生素治疗。

任务十一　常见产科疾病

一、难产

由于自身骨盆或阴道狭窄，胎儿过大或胎儿姿势不正，导致不能正常分娩。

(一)病因

阵缩及努责微弱，胎儿过大或胎儿姿势不正。自身骨盆、阴道狭窄。

(二)症状

身体虚弱，有努责动作但很微弱等。

(三)治疗

1.助产：用手带上灭菌手套，从阴道伸入帮助摆正胎儿的位置，随母体阵缩及努责的动作往阴门方向牵拉胎儿。

2.手术疗法：如助产无效，可采取剖腹产。

二、阴道脱出

阴道一部分或全部从阴门中脱出。

(一)病因

阴道壁的结缔组织松弛，腹内压升高。运动不足、过度疲劳等。

(二)症状

拱背、做排尿姿势，可见鸡蛋到皮球大小的阴道壁，初期为粉红色，后期为暗紫色，伴有出血、坏死，同时可导致直肠脱。

(三)治疗

1.保定：俯卧保定。

2.清洗消毒：一般用0.1%高锰酸钾或0.1%新洁尔灭清洗，用针头刺扎，涂以明矾。

3.固定：用7号丝线，距阴门1~3 cm处内翻缝合，阴门裂下1/3处不缝，以便排尿。如已出现坏死，采取卵巢子宫摘除术。

三、子宫内膜炎

子宫内膜的急性炎症，多为黏液性或黏液脓性。

(一)病因

分娩时或产后细菌侵入引起。难产、子宫脱出等易导致急性炎症的发生。

(二)诊断与症状

食欲减少、精神沉郁、体温升高、拱背、常做排尿姿势，阴门处有黏液或脓性黏液排出。

(三)治疗

主要采取全身抗菌消炎：

1.采用广谱抗生素进行全身治疗。

2.内投广谱抗生素，如土霉素等。

3.促进炎性产物排出，可采用催产素、麦角新碱等。

四、乳房炎

乳房间质、实质或间质实质组织的炎症。乳房肿胀、温热，有疼痛感，乳汁变性。

(一)病因

可通过外伤、昆虫、肠炎、子宫炎等感染。病原菌主要为链球菌、大肠杆菌、葡萄球菌、真菌、病毒等。

(二)诊断

乳房肿大，乳汁变性，呈现红、肿、热、痛，触摸乳房有块状硬结物。

(三)治疗

1.乳房基部封闭疗法：在乳房基部与腹壁之间进针，注入含0.25%~0.5%普鲁卡因的抗生素，1 d 1次，连续2~3 d。

2.全身疗法：注射抗生素。

复习思考题

1.解释名词

创伤 外科感染 脓肿 骨折 骨髓炎 湿疹 皮炎 脐疝 腹股沟疝 阴囊疝 阴道脱出

2.创伤的一般临床症状有哪些？怎样检查和治疗？

3.怎样诊断和治疗脓肿？

4.怎样诊断和治疗骨折？

5.常见的关节脱位有哪些？各有哪些临床症状？如何诊断和治疗？

6.脓皮病有哪些症状？怎样治疗？

7.怎样诊断与治疗脐疝、腹股沟疝？

8.犬、猫结膜炎如何治疗？

参考文献

[1] 高得仪.犬猫疾病学 [M].北京:北京农业大学出版社,1991.

[2] 李志.宠物疾病诊治 [M].北京:中国农业出版社,2008.

[3] 胥洪灿,关小波,聂奎等.犬猫疾病诊疗学 [M].重庆:西南师范大学出版社,2006.

[4] 侯加法.小动物外科学 [M].北京:中国农业出版社,1996.

[5] 高得仪,张纯恒.养猫知识与猫病 [M].北京:北京农业大学出版社,1987.

[6] 韩谦等译.默克兽医手册 [M].北京:中国农业大学出版社,1997.

[7] 李宝林.犬猫驯养与疾病防治 [M].北京:中国农业出版社,1997.

[8] 杨廷梓,曲素娟.犬的饲养调教与疾病防治 [M].北京:中国林业出版社,1993.

[9] 邹尧坤.幼犬饲养与疾病防治 [M].北京:中国农业出版社,1998.

[10] 汪惠兰,李世保,薛荣.养狗与狗病防治 [M].河南:河南科学技术出版社,2000.